論理と計算のしくみ

論理と計算のしくみ

萩谷昌己
西崎真也

岩波書店

三上清光君に捧ぐ

はしがき

論理と計算に関する諸概念は計算機科学の基盤となっている．しかも，計算機科学における長年の研究によって，両者の間のさまざまな関係が発見され，論理と計算はもはや一体化していると言っても過言ではない．本書は，計算機科学の基盤となっている論理と計算に関する基本概念について解説するとともに，両者の間のさまざまな関係を理解してもらうことを目標としている．本書の題名にある「しくみ」には，論理と計算のそれぞれのしくみだけでなく，論理と計算を組み合わせる「仕組み」という思いが込められている．

本書は，萩谷による 2 冊の旧著『論理と計算』および『ソフトウェア科学のための論理学』の内容を取捨選択して併せつつ改訂を加えた後に，萩谷と西崎が加筆してできあがったものである．萩谷にとってはこの 2 冊の内容を統合することは長年の懸案であった．このたび，より現代的な内容も採り入れつつ，このような形にまとめることができた．ただし，旧著の記述の中で書き換える必要のない部分はあえてそのままにした．計算機科学の進歩は急速であるが，理論的基盤の中核部分は変わることがないという信念による．

本書がカバーしている内容に関連した分野として圏論がある．論理と計算は一体化していると述べたが，圏論は論理と計算に関して語るための統一的で適切な抽象度の言語を提供している．『ソフトウェア科学のための論理学』では簡単に触れられているが，残念ながら，本書の分量と著者の力量の都合もあって，本書では圏論について一切述べることができなかった．将来，「ソフトウェア科学のための圏論」というような本が世に出ることを望んでいる．

2007 年 5 月

萩谷昌己
西崎真也

謝　辞

本書の原稿を注意深く読んでいただき，章末問題のいくつかを提供していただいた安部達也氏に感謝します．5.2節(e)で紹介した標準化定理の証明は鹿島亮氏によるものです．

学習の手引

論理，特に形式論理とは，古くからの数学に現れる演繹の過程を，記号に対する操作として定式化した形式体系である．数学的な言明は論理式と呼ばれる記号列によって形式化され，既知の言明から新しい言明を得る演繹の過程は推論規則として形式化される．計算機科学においても形式論理は，計算機の機能や性質，計算機に関連するさまざまな現象を的確に表現するための枠組を与えてくれる．命題論理と述語論理は，そのための最も基本的な形式論理である．本書は，まず最初に，命題論理と述語論理に関する基本的な概念について簡潔にまとめている(第2章)．

これらの形式論理が計算機科学にとって重要である理由の一つは，これらが構文論と意味論の区別と関係について学ぶためのモデルケースになっているからである．構文論は，論理式がどのような記号からどのような文法によって作られるかを与える．また，公理と呼ばれる論理式から推論規則によって定理と呼ばれる論理式を証明する手続きを与えるのも構文論である．これに対して意味論は，そのような論理式が何を意味するのかを数学的に厳密に定義する．そして，構文論と意味論をつなぐ概念として健全性と完全性がある．健全性とは，証明可能な論理式が常に正しいことを意味する．完全性とは，逆に，常に正しい論理式が証明可能であることを意味する．

形式論理だけでなく，自然言語やプログラミング言語も含む，およそどのような言語も，構文論と意味論の二つの側面を有している．言語に関して議論する際には，これらの二つの側面を明確に区別することが重要である．計算機科学，特にソフトウェア科学の主役であるプログラミング言語や仕様記述言語も例外ではない．プログラミング言語の意味論を定義することは，ソフトウェア科学の中心的課題の一つであり続けている．命題論理と述語論理を通して，構文論と意味論の区別，それらの間の関係について学ぶことは決して無駄にはならないだろう．

先に，形式論理は計算機に関連するさまざまな現象を的確に表現するための枠組を与えてくれると述べたが，特に時間とともに状態が動的に変化する計算機の実行過程を記述するための形式論理として，時相論理が広く用いられている．時相論理を用いることにより，与えられた性質が将来にわたってずっと成り立つことや，将来のある時点において成り立つことなどを簡潔に記述できる．時相論理は，計算機システムの正しさを自動的に検証するモデル検査と呼ばれる方法論において，仕様記述を表現する言語として広く用いられている．モデル検査は当初はハードウェアに対して確立した技術であるが，現在ではソフトウェアに対しても広く用いられている．

時相論理は，様相論理と呼ばれる形式論理の一種である．様相論理の意味論として，多世界モデルもしくはクリプキ意味論と呼ばれる意味論が広く受け入れられている．クリプキ意味論においては，我々の住む現実世界とは別にさまざまな可能世界が存在すると考える．可能世界は独立に存在するのではなく，一つの世界から別の世界へ何らかの手段によって到達することができる．様相論理を用いることにより，特に計算に従って世界が変遷する過程を自然に定式化することができ，計算という動的な過程を的確に捉えることができる．本書では，様相論理の一般論に続いて，モデル検査の基礎となっている時相論理について紹介する(第3章)．

クリプキ意味論によって，様相論理だけでなく直観主義論理の意味論も与えることができる．非常に大雑把に述べると，直観主義論理は人間の知識に則した論理であって，論理式が直観主義論理において成り立つためには，その論理式が人間の知識に含まれている必要がある．直観主義論理のクリプキ意味論では，可能世界は人間の知識の状態を表し，人間の知識が増えると別の世界へ到達すると考える．本書では，直観主義論理のクリプキ意味論についても簡単に触れている(第3章)．

一方，計算に関する概念，特に各種の計算モデルにおける計算可能性の概念が，計算機科学にとって本質的であることはいうまでもない．そして，上述したように論理と計算の関係は深い．論理は計算の過程を記述し，その一方で計算は形式論理を実装する．論理と計算の間の相互の関係については，長年にわたる研究により数多くの成果が蓄積しており，まだ発展途上の研究分野もあるが，すでに論理学と計算機科学の両分野の基盤として確立している．

本書では，チューリング機械と部分帰納的関数を用いて計算可能性に関する基本的な概念について紹介した後，論理と計算の一つの関係として，ゲーデルの不完全性について解説する(第4章)．ゲーデルの不完全性は，計算可能性の概念を用いて，自然数に関する述語論理の演繹体系が完全にはなり得ないことを示している．すなわち，正しいにもかかわらず証明できない論理式が必ず存在することを示す．ゲーデルの不完全性は，20世紀の論理学における最も偉大な発見の一つであり，計算機科学やソフトウェア科学の理論的な基盤にとって欠かすことができない．

最後の章では，計算モデルの一つである λ 計算について解説する(第5章)．λ 計算は，数多くある計算モデルの中でも，実際のプログラミング言語，特に関数型のプログラミング言語に最も近い計算モデルである．関数プログラムの計算過程は，λ 計算における簡約の過程と捉えることができる．簡約とは，λ 計算における式がより簡単な形に変形される過程を形式化したものであり，合流性(チャーチ-ロッサー性)や標準化などの簡約の性質を調べることは，関数プログラムの計算過程を調べることに直結している．

現在広く使われている多くのプログラミング言語は型の概念を有している．型の概念によってプログラムの効率や信頼性，プログラムの生産性が向上することはよく知られている．プログラミング言語と同様に，λ 計算に対しても型を付けることができる．型付きの λ 計算は，型の概念に関する研究のためのモデルケースとして，これまでソフトウェア科学において活発に研究されてきた．

型付き λ 計算は，論理と計算のもう一つの重要な関係を与えている．これはカリー-ハワードの対応と呼ばれるもので，型付き λ 計算における型の概念が論理式に対応し，型付き λ 計算の式が論理式の証明を表現する，という対応である．この対応によって論理と計算の関係はますます密接となり，ソフトウェア科学における計算に関する研究が論理学に影響を及ぼすようにさえなった．ソフトウェア科学と論理学は，一心同体になって研究が進められていると言っても過言ではない．

本書では，以上の内容に先立って，集合と関係に関する基本的な概念についてまとめている(第1章)．この章は以後の章を読むための準備と考えて欲し

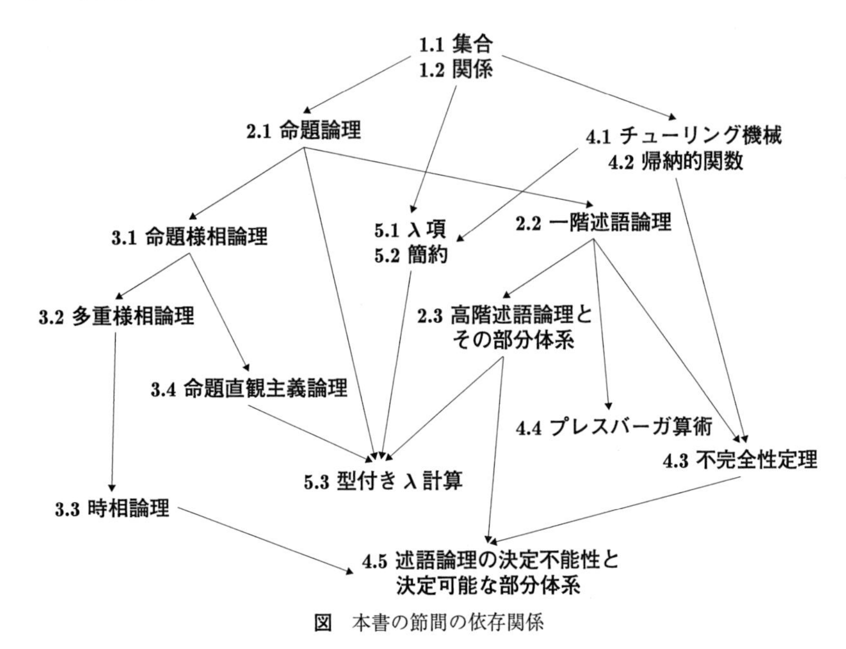

図　本書の節間の依存関係

い．これらの概念に馴染んでいる読者は読み飛ばしても差し支えないが，現在の日本の教育カリキュラムにおいては，このような概念について意識的に学ぶ機会が少なくなっている．もちろん，例えば数学科に学ぶ学生は自然と身に付くことであろうが，このようにきちんとまとめておくことは有意義であると考えた．また，本書で用いる各種の用語や記号の使い方に慣れるためにも，ざっと一読していただくのがよいと思う．

なお，本書の節の間の依存関係について図(上図)にまとめておいたので，読む際の参考にしていただければ幸いである．

目　次

5　λ計算

1

集合と関係

論理に先立って，本書で用いられる集合と関係に関する基本的な概念や用語についてまとめておく．「学習の手引」でも述べたように，日本の数学のカリキュラムの中でこのような概念について意識的に学ぶ機会は少なくなっているようである．むしろ，計算機科学に関連した授業の中で学ぶのが適当かもしれない．

1.1　集　合

本書では数学や計算機科学で普通に用いられているような素朴な集合論の知識を仮定するが，本書で用いる記法についての説明も兼ねて，集合の概念について簡単にまとめておく．特に，既存の集合から別の集合を新たに作る手段を中心に述べる．

(a)　集　合

集合(set)とは，ものの集まりのことである．ただし，特定のものが特定の集合に属しているかどうかは，数学的に厳密に判定できなければならない．例えば，自然数(natural number)[1]の全体 $\mathbb{N}$ や実数(real number)の全体 $\mathbb{R}$ は集合である．また，甲南女子大学の学生の全体は集合であるが，芦屋のお嬢様の全体が集合かどうかは疑わしい．集合に属するものを，その集合の**要素**もしくは**元**(element)という．$x \in A$ によって，もの x が集合 A の要素であることを表す．

要素の数が有限であるような集合を**有限集合**(finite set)という．有限集合は，その要素を網羅することにより記述できる．このような集合の記述を**外延的**(extensional)という．一般に n 個の要素 $x_1, \ldots, x_n$ から成る有限集合を $\{x_1, \ldots, x_n\}$ と書く．有限集合でない集合，すなわち，要素の数が無限であるような集合を**無限集合**(infinite set)という．一般に，$\{x \mid \cdots\}$ によって，$\cdots$ を満たすものの全体から成る集合を表す．この記法は無限集合に対しても用いることができる．このような集合の記述を**内包的**(intensional)という．

無限集合のうち，その要素に自然数の番号を振ることができる集合を，**可算**(countable)であるという．有限集合も可算であるという．可算でない無限集合を，**非可算**(uncountable)であるという．

ものの等しさに対して等号(=)を用いるように，集合の等しさに対しても等号(=)を用いる．集合 A と集合 B が等しい，すなわち，$A=B$ であるとは，

---

1) 本書では 0 も自然数とする．

A と B が同じ要素から成る集合であることを意味する．すなわち，A の要素は B の要素でもあり，B の要素は A の要素でもある．このような集合の等しさを，特に，**外延的な等しさ**(extensional equality)ということがある．素朴な集合論で一般に用いられるのは外延的な等しさである．

(b) 空集合

要素が一つもない集合を**空集合**(empty set)という．要素が一つもない集合は互いに等しい．すなわち，空集合はこの世の中に一つだけ存在する．その空集合を $\varnothing$ で表す．

(c) 部分集合

集合 A の要素が集合 B の要素にもなっているとき，すなわち，A が B に含まれるとき，A を B の**部分集合**(subset)という．A が B の部分集合であることを $A \subseteq B$ と書く．$A=B$ のときも $A \subseteq B$ は成り立つ．また，$A=B$ が成り立つことと，$A \subseteq B$ かつ $B \subseteq A$ が成り立つこととは同値である．

$\{a \in A \mid \cdots\}$ によって，$\cdots$ を満たすような A の要素 a から成る A の部分集合を表す．

空集合 $\varnothing$ は任意の集合の部分集合である．すなわち，空集合は任意の集合に含まれると考えられる．

$A \backslash B$ で，集合 A に入っているが集合 B には入っていないような要素の集合を表す．特に，$B \subseteq A$ のとき，$A \backslash B$ を $A-B$ と書く．A が固定されているとき，$A-B$ を B の**補集合**(complement)といい，B^c もしくは $\bar{B}$ などと書く．

(d) 結びと交わり

A と B を集合としたとき，A と B の**結び**もしくは**合併**(union)とは，A と B の両方の要素から成る集合のことである．また，A と B の**交わり**(intersection)とは，A と B に共通の要素から成る集合のことである．$A \cup B$ で A と B の結びを，$A \cap B$ で A と B の交わりを表す．すなわち，$A \cup B$ と $A \cap B$ は，

$$A \cup B = \{x \mid x \in A \text{ または } x \in B\}$$

$$A \cap B = \{x \mid x \in A \text{ かつ } x \in B\}$$

と定義される集合である．$A \cap B = \varnothing$ のとき，A と B は**互いに素**(disjoint)であるという．

(e)　直積と直和

一般に，もの x ともの y の**組**(tuple)を $\langle x, y \rangle$ と書く．二つのものの組は**対**(pair)ともいう．集合 A の要素 x と集合 B の要素 y から作られる組 $\langle x, y \rangle$ の全体から成る集合を A と B の**直積**(direct product)といい $A \times B$ で表す．すなわち，

$$A \times B = \{\langle x, y \rangle \mid x \in A,\ y \in B\}$$

と表される．ここで，$\{\langle x, y \rangle \mid x \in A,\ y \in B\}$ という記法は，$x \in A$ と $y \in B$ を満たす x と y のすべての組合せに対する組 $\langle x, y \rangle$ の全体から成る集合を表している．

三つの集合 A, B, C の直積 $A \times B \times C$ は，

$$A \times B \times C = \{\langle x, y, z \rangle \mid x \in A,\ y \in B,\ z \in C\}$$

と定義される．$\langle x, y, z \rangle$ は，x, y, z から成る三つ組を表している．三つ組 $\langle x, y, z \rangle$ と，x と $\langle y, z \rangle$ の組 $\langle x, \langle y, z \rangle \rangle$ は一対一に対応する(次の項(f)を参照)ので，両者を同一視して，

$$\langle x, y, z \rangle = \langle x, \langle y, z \rangle \rangle$$

と考えると，

$$A \times B \times C = A \times (B \times C)$$

が成り立つ．四つ以上の集合の直積も同様に定義される．

集合 A に対して，A の n 個の直積，すなわち，

$$\underbrace{A\times A\times\cdots\times A}_{n\text{ 個の }A}$$

を A^n と書く.

集合 $A+B$ を,

$$A+B=\{\langle 0,x\rangle \mid x\in A\}\cup\{\langle 1,y\rangle \mid y\in B\}$$

と定義する. この集合を A と B の**直和**(direct sum)という. $A+B$ の要素は, A の要素 x に A から来たことを表す 0 を付けた $\langle 0,x\rangle$ という形をしているか, B の要素 y に B から来たことを表す 1 を付けた $\langle 1,y\rangle$ という形をしている. 0 と 1 は, A から来たか B から来たかを区別するためのもので, 互いに異なる二つのものならば何でもよいが, 一応ここでは 0 と 1 を使うことにする. ただし, $\langle 0,x\rangle$ と x, $\langle 1,y\rangle$ と y は同一視し, $A\subseteq A+B$, $B\subseteq A+B$ と考えることが多い.

三つの集合 A,B,C の直和 $A+B+C$ は,

$$A+B+C=\{\langle 0,x\rangle \mid x\in A\}\cup\{\langle 1,y\rangle \mid y\in B\}\cup\{\langle 2,z\rangle \mid z\in C\}$$

と定義することができるが, このようにして定義される $A+B+C$ の要素と $A+(B+C)$ の要素とは一対一に対応する. したがって, $A+B+C$ と $A+(B+C)$ は同一視する.

(f) 関数空間とベキ集合

いうまでもなく, 集合 A から集合 B への**関数**(function)とは, A の各要素に B の要素を与える対応のことである. 関数は**写像**(mapping)ともいう. A の任意の要素に対して B のある要素が対応していなくてはならない. また, A の各要素に対応する B の要素は唯一に定まらなくてはならない. f が A から B への関数であることを $f\colon A\to B$ と書く. f によって, A の要素 a に対応する B の要素のことを $f(a)$ と書く.

関数 $f\colon A\to B$ と関数 $g\colon B\to C$ に対して, $h(a)=g(f(a))$ と定義される関数 $h\colon A\to C$ を f と g の**合成**(composition)といい, $g\circ f$ もしくは gf と書く.

B の任意の要素に対応する A の要素が存在するとき, すなわち, 任意の

$b \in B$ に対してある $a \in A$ が存在して $b = f(a)$ となるとき，f を A から B の上への関数もしくは A から B への**全射**(surjection)という．また，B の要素に対応する A の要素が(存在すれば)唯一であるとき，すなわち，任意の $a_1, a_2 \in A$ に対して $f(a_1) = f(a_2)$ ならば $a_1 = a_2$ であるとき，f を A から B への**単射**(injection)という．f が A から B への全射かつ単射であるとき，f は A から B(の上)への一対一の対応もしくは**全単射**(bijection)であるといい，A は f によって B と一対一に対応するという．f が A から B への一対一の対応のとき，$b \in B$ に $b = f(a)$ となる $a \in A$ を対応させることができる．この対応を f の**逆関数**(inverse function)といい f^{-1} で表す．f^{-1} は B から A への全単射になる．

A の部分集合 $D \subseteq A$ に対して，D から B への関数 f を，A から B への**部分関数**(partial function)と呼び，D を f の**定義域**(domain)という．f は $A - D$ において定義されていないが，$A - D$ の要素 a に対して $f(a) = \bot$ と定義することにより，f を A から $B \cup \{\bot\}$ への関数とみなすことができる．ここでは $\bot$ は「未定義」を表す記号であり，$\bot \notin B$ と仮定している．部分関数に対して，普通の関数を**全関数**(total function)ということがある．

集合 A と集合 B に対して，A から B への関数の全体から成る集合を B^A もしくは $A \to B$ で表す．B^A を**関数空間**(function space)という．B^A に属する二つの関数 f と g は，A の任意の要素 a に対して $f(a) = g(a)$ となるとき，そして，そのときに限り等しいものとする．このような関数の等しさを**外延的な等しさ**(extensional equality)という．

集合 A に対して，A の部分集合の全体から成る集合を A の**ベキ集合**(power set)といい，2^A もしくは $\mathfrak{P}(A)$ と書く．

集合 $\mathbf{2}$ を $\mathbf{2} = \{0, 1\}$ と定義する．S をベキ集合 2^A の要素，すなわち，S を A の部分集合としたとき，A から $\mathbf{2}$ への関数 ι_S を次のように定義することができる．

$$\iota_S(a) = \begin{cases} 0 & (a \in S) \\ 1 & (a \notin S) \end{cases}$$

逆に，関数空間 $\mathbf{2}^A$ に属する関数 f に対して，$\{a \in A \mid f(a) = 0\}$ という 2^A の

要素を対応させることができる．すなわち，2^A の要素と $\mathbf{2}^A$ の要素とは一対一に対応している．なお，関数 ι_S を部分集合 S の**特性関数**(characteristic function)という．

(g) 集合族

I を集合とする．I の各要素 i に集合 A_i が対応しているものとする．すなわち，$i \mapsto A_i$ は，I の要素に集合を対応させる対応である．このような対応を，一般に，**集合族**(family of sets)といい，$\{A_i\}_{i \in I}$ と書く．このとき，集合 I を**添数集合**(index set)という．

集合族 $\{A_i\}_{i \in I}$ に対して，その結び $\bigcup_{i \in I} A_i$ と交わり $\bigcap_{i \in I} A_i$ を，

$$\bigcup_{i \in I} A_i = \{x \mid \text{ある } i \in I \text{ に対して } x \in A_i\}$$

$$\bigcap_{i \in I} A_i = \{x \mid \text{任意の } i \in I \text{ に対して } x \in A_i\}$$

と定義する．$\bigcup_{i \in I} A_i$ は A_i の要素をすべて集めてできる集合である．$\bigcap_{i \in I} A_i$ はどの A_i にも属している要素の集合である．

(h) $\prod$ と $\sum$

集合族 $\{A_i\}_{i \in I}$ に対して $U = \bigcup_{i \in I} A_i$ と置き，f を I から U への関数とする．すなわち，$i \in I$ に対して $f(i) \in U$ が成り立つ．さらに，関数 $f \in U^I$ のうちで，$i \in I$ に対して必ず $f(i) \in A_i$ が成り立つようなもののみを考え，そのような関数の全体から成る集合を $\prod_{i \in I} A_i$ と書く．すなわち，集合 $\prod_{i \in I} A_i$ は，

$$\prod_{i \in I} A_i = \{f \in U^I \mid \text{任意の } i \in I \text{ に対して } f(i) \in A_i\}$$

と定義される．

$I = \{0, 1, 2\}$ とすると，$\prod_{i \in I} A_i$ の要素 f は，

$$f(0) \in A_0, \quad f(1) \in A_1, \quad f(2) \in A_2$$

を満たす．逆に，$f(0) \in A_0$ と $f(1) \in A_1$ と $f(2) \in A_2$ を定めれば $\prod_{i \in I} A_i$ に属する関数 f が定まるので，関数 f と三つ組 $\langle f(0), f(1), f(2) \rangle$ を同一視すること

により,

$$\prod_{i\in\{0,1,2\}} A_i = A_0\times A_1\times A_2$$

が成り立つ．これが $\prod$ という記法を用いる理由である．

集合の $\prod$ と同様に集合の $\sum$ も定義することができる．集合族 $\{A_i\}_{i\in I}$ に対して集合 $\sum_{i\in I} A_i$ は,

$$\sum_{i\in I} A_i = \{\langle i,x\rangle \mid i\in I,\ x\in A_i\}$$

と定義される．$I=\{0,1,2\}$ とすると,

$$\sum_{i\in\{0,1,2\}} A_i = A_0+A_1+A_2$$

が成り立つ．

1.2　関　係

本節では，集合の上の二項関係に関して，基本的なことをまとめる．特に，束を含む順序関係と同値関係について解説する．

(a)　二項関係

集合 A の上の**二項関係**(binary relation)とは，直積 $A\times A$ の部分集合のことである．R を A の上の二項関係，すなわち，$R\subseteq A\times A$ としたとき，組 $\langle a,b\rangle$ が R に属するとき，すなわち，$\langle a,b\rangle\in R$ であるとき，a と b の間に関係 R が成り立つといい，aRb と書く．以下，二項関係を単に**関係**(relation)という．

例えば，自然数の全体 $\mathbb{N}$ の上の大小関係 $\leqq$ は関係である．この関係は直積 $\mathbb{N}\times\mathbb{N}$ の次のような部分集合に対応する．

$$\{\langle a,b\rangle \mid a,b\in\mathbb{N},\ a\leqq b\}$$

関係 R に対して，その**逆関係**(inverse relation)は,

$$\{\langle b, a\rangle \mid aRb\}$$

と定義される．R の逆関係を R^{-1} と書く．

(b) 合成と閉包

集合 A 上の二つの関係 R と S に対して，R と S の**合成**(composition)とは，次のような組の集合のことである．

$$\{\langle a, c\rangle \mid \text{ある } b{\in}A \text{ が存在して，} aRb \text{ かつ } bSc\}$$

この集合も A 上の関係であり，$R{\circ}S$ もしくは RS と書く．関係 R の n 個の合成，すなわち，

$$\underbrace{R{\circ}R{\circ}\cdots{\circ}R}_{n \text{ 個の } R}$$

を R^n と書く．$n{=}0$ のとき，$R^0{=}\{\langle a, a\rangle \mid a{\in}A\}$ と定義される．

R の**閉包**(closure)もしくは**クリーネ閉包**(Kleene closure)とは，次のような組の集合のことである．

$$\left\{ \langle a, c\rangle \;\middle|\; \begin{array}{l} \text{ある } b_0, \ldots, b_n{\in}A \text{ が存在して，} a{=}b_0 \text{ かつ } b_n{=}c \text{ かつ} \\ 0{\leqq}i{<}n \text{ ならば } b_iRb_{i+1} \end{array} \right\}$$

すなわち，$\langle a, c\rangle$ が閉包に属する条件は，a と c を結ぶ要素の列 $a{=}b_0, \ldots, b_n{=}c{\in}A$ で，隣合う要素間に R が成り立つようなものが存在することである．$a{=}c$ の場合も含まれる．また，aRc の場合も含まれる．R の閉包は R^* と書く．定義より，任意の n に対して $R^n{\subseteq}R^*$ が成り立ち，R^* は $R^0, R^1, R^2, \ldots$ の結びに等しい．

$$R^* = \bigcup_{n\in\mathbb{N}} R^n$$

集合 A 上の関係 R に関して，任意の $a{\in}A$ に対して aRa が成り立つとき，R は**反射的**(reflexive)であるという．任意の $a, b, c{\in}A$ に対して，aRb かつ bRc ならば aRc が成り立つとき，R は**推移的**(transitive)であるという．

任意の関係 R に対して，その閉包 R^* は反射的かつ推移的になる．また，

$R \subseteq R^*$ が成り立つ．すなわち，aRb ならば aR^*b が成り立つ．実は，R^* はこのような条件を満たす最小の関係である．すなわち，関係 S が反射的かつ推移的で R を含むならば，$R^* \subseteq S$ が成り立つ．以上の意味により，R^* を R の**反射推移閉包**(reflexive transitive closure)と呼ぶ．

(c) 順　序

集合 A 上の関係 R に関して，任意の $a, b \in A$ に対して，aRb かつ bRa ならば $a=b$ が成り立つとき，R は**反対称的**(anti-symmetric)であるという．

関係 R が反射的かつ推移的かつ反対称的であるとき，R は**半順序**(partial order)であるという．例えば，自然数の大小関係 $\leqq$ は半順序である．また，任意の集合 A のベキ集合 $\mathfrak{P}(A)$ において，包含関係 $\subseteq$ は半順序である．

関係 R が反射的かつ推移的であるとき，R は**擬順序**(quasi-order)もしくは**前順序**(preorder)であるという．

半順序 R に関して，任意の $a, b \in A$ に対して，aRb または bRa が成り立つとき，R は**全順序**(total order)または**線形順序**(linear order)であるという．すなわち，全順序においては任意の二つの要素の間に順序関係が成り立つ．例えば，自然数の大小関係 $\leqq$ は全順序である．これに対して，集合 A のベキ集合 $\mathfrak{P}(A)$ における包含関係は一般には全順序ではない．

半順序が定義された集合を**半順序集合**(partially ordered set)という．全順序(線形順序)が定義された集合を**全順序集合**(totally ordered set)もしくは**線形順序集合**(linearly ordered set)という．

A の部分集合 $B \subseteq A$ と A の要素 $a \in A$ に関して，任意の $b \in B$ に対して bRa が成り立つならば，a は B の**上界**(upper bound)であるという．a が B の最小の上界であるとき，a は B の**上限**(supremum)であるという．すなわち，a は B の上界であり，かつ，B の任意の上界 a' に対して aRa' が成り立つ．B の上限は，もし存在すれば，一意的に定まる．同様にして，**下界**(lower bound)と**下限**(infimum)が定義される．

(d) 束

集合 A 上の半順序 R が以下の条件を満たすとき，A は R によって**束**(lat-

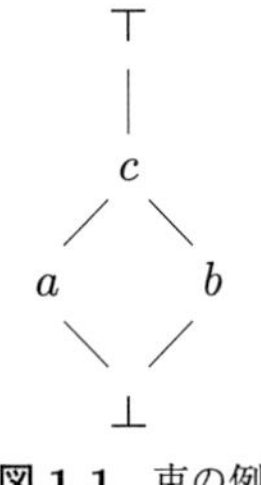

図 1.1　束の例

tice)を成すという．

・任意の $a, b \in A$ に対して，ある $c \in A$ が存在して，cRa かつ cRb が成り立ち，さらに，任意の $d \in A$ に対して，dRa かつ dRb ならば dRc が成り立つ．

・任意の $a, b \in A$ に対して，ある $c \in A$ が存在して，aRc かつ bRc が成り立ち，さらに，任意の $d \in A$ に対して，aRd かつ bRd ならば cRd が成り立つ．

例えば，自然数上の大小関係 $\leqq$ を考えると，最初の条件の c は，a と b の小さい方になり，二番目の条件の c は，a と b の大きい方になる．一般に，二番目の条件の c を a と b の**下限**(infimum)といい，$a \wedge b$ と書く．また，最初の条件の c を a と b の**上限**(supremum)といい，$a \vee b$ と書く．

例えば，任意の集合 A のベキ集合 $\mathfrak{P}(A)$ は，包含関係 $\subseteq$ によって束を成す．$a \wedge b = a \cap b$ が成り立ち，$a \vee b = a \cup b$ が成り立つ．

有限の要素から成る束は，図 1.1 のように表現することができる．この束の要素は $\top, a, b, c, \bot$ であり，半順序 R は以下のように定義される．($\bot$ はここでは未定義ではなく，束の最小元を表している．また，$\top$ は束の最大元を表す．)

$$\bot Ra, \quad \bot Rb, \quad aRc, \quad bRc, \quad cR\top$$

下限と上限に関しては，以下が成り立つ．

$$a \wedge b = \bot, \quad a \vee b = c$$

(e) 同値関係

集合 A 上の関係 R に関して，任意の $a, b \in A$ に対して，aRb ならば bRa が成り立つとき，R は**対称的**(symmetric)であるという．

関係 R が反射的かつ推移的かつ対称的であるとき，R は**同値関係**(equivalence relation)であるという．例えば，自然数を 3 で割った余りが同じになるという関係(3 を法とする合同関係)は同値関係である．

R が同値関係であるとき，A の要素 $a \in A$ に対して，R によって a と関係を持っている A の要素の集合を，R に関する a の**同値類**(equivalence class)といい，$[a]_R$ もしくは $[a]$ と書く．例えば，3 を法とする合同関係に関して，5 の同値類 $[5]$ は以下のようになる．

$$[5] = \{n \in \mathbb{N} \mid n \text{ を } 3 \text{ で割った余りは } 2 \text{ である}\}$$

R に関する同値類の全体を，A の R による**商集合**(quotient set)といい，A/R と書く．商集合 A/R を求めることを A を R で割るという．

任意の関係 R に対して，$(R \cup R^{-1})^*$ は同値関係になる．また，$R \subseteq (R \cup R^{-1})^*$ が成り立つ．実は，$(R \cup R^{-1})^*$ はこのような条件を満たす最小の関係である．すなわち，同値関係 S が R を含むならば，$(R \cup R^{-1})^* \subseteq S$ が成り立つ．以上の意味により，$(R \cup R^{-1})^*$ を R の**反射推移対称閉包**(reflexive transitive symmetric closure)と呼ぶ．

章末問題

1.1　[1.1 節]次の式の表す集合はどのような集合か．

(i) $2^{\varnothing}$，$2^{\{\varnothing\}}$

(ii) $A^{\varnothing}$，$A^{\{\varnothing\}}$ $(A \neq \varnothing)$

(iii) $\varnothing^{\varnothing}$，$\varnothing^{\{\varnothing\}}$

(iv) A^0，A^1 $(A \neq \varnothing)$

(v) $\varnothing^0$，$\varnothing^1$

(vi) $A^0 \to B$，$A^1 \to B$ $(A \neq \varnothing)$

(vii) $\varnothing^0 \to B$，$\varnothing^1 \to B$

1.2　[1.1 節(f)]自然数の全体 $\mathbb{N}$ から直積 $\mathbb{N}\times\mathbb{N}$ への全単射を一つ与えよ．

1.3　[1.1 節(f)]一般に，関数空間 $C^{A\times B}$ と関数空間 $(C^B)^A$ が一対一に対応することを示せ．

1.4　[1.1 節(h)] $Prime_n$ を n より大きい素数の全体としたとき，次の集合の要素を一つ定義せよ．

$$\prod_{n\in\mathbb{N}} Prime_n$$

1.5　[1.2 節(b)]以下のことを確かめよ．

(i) R^* は R^n の合併に等しい．

$$R^* = \bigcup_{n\in\mathbb{N}} R^n$$

(ii) 関係 S が反射的かつ推移的で R を含むならば，$R^*\subseteq S$ が成り立つ．

1.6　[1.2 節(b)] $(R^*)^*$ は R^* に等しいことを示せ．

1.7　[1.2 節(c)]直積 $\mathbb{N}\times\mathbb{N}$ の上の二項関係 R を以下のように定義する．

$$\langle x_1, x_2\rangle R\langle y_1, y_2\rangle \quad \textbf{iff} \quad x_1<y_1 \text{ であるか，} x_1=y_1 \text{ かつ } x_2\leqq y_2$$

R は全順序であることを示せ(ただし，**iff** は if and only if を意味し，右辺が成り立つときに限り，左辺が成り立つことを表す)．

1.8　[1.2 節(c)]半順序でない擬順序の例を一つ与えよ．

1.9　[1.2 節(c)および 1.2 節(e)] R が集合 A 上の擬順序であるとき，関係 E を，

$$E = R\cap R^{-1}$$

によって定義する．

(i) E は同値関係であることを示せ．

(ii) A/E の上に関係 $[R]$ を以下のように定義する．

$$[R] = \{\langle [a]_E, [b]_E\rangle \mid a, b\in A,\ aRb\}$$

$[R]$ は A/E 上の半順序になることを示せ．

1.10　[1.2 節(c)]有理数の全体 $\mathbb{Q}$ の部分集合 $A\subseteq\mathbb{Q}$ で，上界を持つが上限を持たないものを一つ与えよ．

1.11　[1.2 節(d)]全順序集合は束であることを示せ．

1.12　[1.2 節(d)]束でない半順序集合の例を一つ与えよ．

1.13　[1.2 節(d)]束に対して次の性質が成り立つことを示せ．a, b, c は束の任意の

要素とする．

(i)　$a \wedge b = b \wedge a$

(ii)　$a \vee b = b \vee a$

(iii)　$(a \wedge b) \wedge c = a \wedge (b \wedge c)$

(iv)　$(a \vee b) \vee c = a \vee (b \vee c)$

1.14　[1.2 節(d)]位相空間 X の開集合の全体 $\mathcal{O}(X)$ は，包含関係 $\subseteq$ を半順序として束になることを示せ．このとき，$\wedge$ と $\vee$ はどのように定義されるか．

2

命題論理と述語論理

数学のそれぞれの分野は，定まった公理から始めて，順に補題や定理を証明することによって展開されている．そのような数学の証明の中で使われている公理や推論規則を形式化した体系が，形式論理もしくは記号論理である．形式論理は計算機科学の対象を形式化するための有力な手段でもある．また，形式論理における推論を計算機を用いて自動化することも可能である．

本章では，最も典型的な形式論理である命題論理と一階述語論理を中心に解説する．特に，命題論理に関しては，そのコンパクト性を示した後，ワングのアルゴリズムと呼ばれるトートロジの判定アルゴリズムについて述べる．一階述語論理に関しては，構造やモデルの概念について述べ，命題論理のコンパクト性を用いてエルブランの定理を示す．演繹体系としては，命題論理と一階述語論理に対するヒルベルト流，シーケント計算，導出原理を紹介する．

最後に，高階述語論理とその部分体系について簡単に紹介する．

2.1　命題論理

命題論理(propositional logic)は，排中律や背理法のような命題を単位とする推論を形式化した論理である．したがって，命題論理ではそれぞれの命題の内部構造にまでは立ち入らない．

(a)　命　題

命題(proposition)とは，正しいか間違っているかのどちらかであるはずの主張のことである．例えば「平成三年の五月場所初日に貴花田は千代の富士に勝った」という主張は命題である．しかも正しい命題である．また「どんな正の自然数から出発しても，偶数ならば2で割り，奇数ならば3倍して1を足す，という操作を繰り返すと，必ず1に到達する」という**コラッツ予想**(Collatz's conjecture)は，いまだに正しいか間違っているか判明していないが，正しいか間違っているかどちらかであることには間違いない．したがって命題である．これに対して「このカレーの具はちょっと大きい」のような主張は命題とは考えにくい．

真偽値(truth value)とは**真**(true)または**偽**(false)のことである．正しい命題の真偽値は真，間違った命題の真偽値は偽と定義する．例えば「平成三年の五月場所初日に貴花田は千代の富士に勝った」という命題の真偽値は真である．

後に項(d)で厳密に述べるが，命題論理の意味論では命題を真偽値の側面のみから扱い，真偽値の等しい命題は互いに等しいと考える．すなわち，正しい命題はすべて互いに等しく，間違った命題はすべて互いに等しい．真偽値の真は正しい命題の代表と考え，真偽値の偽は間違った命題の代表と考える．そして，真を $\top$ という記号で表し，偽を $\bot$ という記号で表す．すると，命題 P が正しいとは $P=\top$ のことであり，命題 P が間違っているとは $P=\bot$ のことである．

表 2.1 論理記号の真偽値

P	Q	$P\wedge Q$	$P\vee Q$	$\neg P$	$P\supset Q$	$P\leftrightarrow Q$	$P+Q$
$\top$	$\top$	$\top$	$\top$	$\bot$	$\top$	$\top$	$\bot$
$\top$	$\bot$	$\bot$	$\top$	$\bot$	$\bot$	$\bot$	$\top$
$\bot$	$\top$	$\bot$	$\top$	$\top$	$\top$	$\bot$	$\top$
$\bot$	$\bot$	$\bot$	$\bot$	$\top$	$\top$	$\top$	$\bot$

(b) 論理記号

論理記号(logical symbol)とは，簡単な命題からより複雑な命題を作るための接続詞のようなものを表す記号である．

連　言

P と Q を命題とする．P と Q から「P かつ Q」という命題を作ることができる．例えば，P を「イギリスの首都はロンドンである」，Q を「アメリカの首都はニューヨークである」という命題とすると，「P かつ Q」は「イギリスの首都はロンドンであり，アメリカの首都はニューヨークである」という命題を表す．命題「P かつ Q」は，$\wedge$ という記号を用いて，$P\wedge Q$ と書く．$\wedge$ は論理記号である．また，$P\wedge Q$ を P と Q の**連言**(conjunction)という．

命題 $P\wedge Q$ は，命題 P と命題 Q のどちらもが正しいとき，そして，そのときに限り正しい．したがって，$P\wedge Q$ の真偽値は次のように定義される．

$$\top\wedge\top=\top,\quad \top\wedge\bot=\bot,\quad \bot\wedge\top=\bot,\quad \bot\wedge\bot=\bot$$

P と Q の真偽値のすべての組合せに対して $P\wedge Q$ の真偽値が与えられているので，これによって $P\wedge Q$ の真偽値が完全に定まる．なお，論理記号の真偽値は表 2.1 にもまとめられている．

上の定義により，論理記号 $\wedge$ は，真偽値に関する二項演算として可換的かつ結合的である．すなわち，P, Q, R の真偽値のすべての組合せに対して，

$$P\wedge Q=Q\wedge P \qquad \text{(可換則)}$$

$$(P\wedge Q)\wedge R=P\wedge(Q\wedge R) \qquad \text{(結合則)}$$

が成り立つ．

選　言

$P \wedge Q$ と同様に，「P または Q」という命題を $P \vee Q$ と書く．$\vee$ も論理記号である．$P \vee Q$ を P と Q の**選言**(disjunction)という．

命題 $P \vee Q$ は，命題 P と命題 Q のどちらかが正しいとき，そして，そのときに限り正しい．したがって，$P \vee Q$ の真偽値は次のように定義される．

$$\top \vee \top = \top, \quad \top \vee \bot = \top, \quad \bot \vee \top = \top, \quad \bot \vee \bot = \bot$$

論理記号 $\vee$ も，真偽値に関する二項演算として可換的かつ結合的である．

$\vee$ は $\wedge$ よりも結合力が弱いとする．すなわち，$P \vee Q \wedge R$ と書いたときは，$P \vee (Q \wedge R)$ を意味する．

$\wedge$ と $\vee$ は互いに分配する．すなわち，次のような分配則が成り立つ．

$$P \wedge (Q \vee R) = (P \wedge Q) \vee (P \wedge R)$$
$$P \vee (Q \wedge R) = (P \vee Q) \wedge (P \vee R)$$

否　定

$\neg P$ で「P でない」という命題を表す．$\neg$ も論理記号である．$\neg P$ を P の**否定**(negation)という．命題 $\neg P$ は，命題 P が間違っているとき，そして，そのときに限り正しい．したがって，$\neg P$ の真偽値は以下のように定義される．

$$\neg \top = \bot, \quad \neg \bot = \top$$

$\neg$ は $\vee$ や $\wedge$ よりも結合力が強いとする．すなわち，$\neg P \wedge Q$ と書いたときは，$(\neg P) \wedge Q$ を意味する．

$\neg$ と $\wedge$ と $\vee$ の間には，次のような**ドモルガン則**(de Morgan's law)が成り立つ．

$$\neg(P \wedge Q) = \neg P \vee \neg Q$$
$$\neg(P \vee Q) = \neg P \wedge \neg Q$$

含　意

「P ならば Q である」という命題を $P \supset Q$ と書く．$\supset$ も論理記号である．$P \supset Q$ という形の命題を**含意**(implication)という．

なぜ「ならば」を $\supset$ と書くのだろうか．もともとは，「Q は P の結論である」ということを，$Q \subset P$ と書いたのだという．ここで，$\subset$ は consequence (結論)の c を表していた．$Q \subset P$ が，Q と P の順番を入れ換えて，$\subset$ も左右対称にして，$P \supset Q$ になったのだという．

$P = \top$ かつ $Q = \top$ ならば $P \supset Q = \top$ である．また，$P = \top$ であるにもかかわらず $Q = \bot$ ならば $P \supset Q = \bot$ である．その他の場合，すなわち，$P = \bot$ の場合に，$P \supset Q$ の真偽値はどうなるであろうか．そのような場合，一見不自然であるが，$P \supset Q = \top$ と定める．すなわち，$P \supset Q$ の前提である P が成り立たない場合は，Q の真偽にかかわらず $P \supset Q$ は真となる．これは数学における「ならば」の用い方にならったものである．「P ならば Q である」という形の定理は，前提である P が成り立たなければ正しい．

$P \supset Q$ の真偽値を上のように定めると，P と Q の真偽値のすべての組合せに対して，

$$P \supset Q = \neg P \vee Q$$

が成り立つ．すなわち，$P \supset Q$ という命題論理式は $\neg P \vee Q$ の省略形であると考えることができる．

$\supset$ は $\wedge$ や $\vee$ よりも結合力が弱いとする．すなわち，$P \wedge Q \wedge R \supset S \vee Q$ と書いたときは，$(P \wedge Q \wedge R) \supset (S \vee Q)$ を意味する．

$\supset$ は右に結合すると約束することがある．すなわち，$P \supset Q \supset R$ は $P \supset (Q \supset R)$ を表す．これに対して，$\wedge$ と $\vee$ は左に結合する．すなわち，$P \wedge Q \wedge R$ は $(P \wedge Q) \wedge R$ を表す．ただし，結合則より $(P \wedge Q) \wedge R$ も $P \wedge (Q \wedge R)$ も真偽値は同じ．

同値命題と排他的選言

「P ならば Q であり，Q ならば P である」という命題を $P \leftrightarrow Q$ と書く．$\leftrightarrow$ も論理記号である．$P \leftrightarrow Q$ を**同値命題**(equivalence)という．命題 $P \leftrightarrow Q$ は，

P と Q がともに正しいか，P と Q がともに間違っているとき，そして，そのときに限り正しい．P と Q の真偽値のすべての組合せに対して，

$$P \leftrightarrow Q = (P \supset Q) \wedge (Q \supset P)$$

が成り立つ．すなわち，$P{\leftrightarrow}Q$ という命題論理式は $(P{\supset}Q){\wedge}(Q{\supset}P)$ の省略形であると考えることができる．

$\leftrightarrow$ は $\supset$ よりも結合力が弱いとする．

$P{\leftrightarrow}Q$ の否定は，**排他的選言**(exclusive disjunction)と呼ばれる．$P{+}Q$ とか $P{\oplus}Q$ などと書かれる．P と Q の真偽値のすべての組合せに対して，

$$P{+}Q = (P{\wedge}\neg Q){\vee}(\neg P{\wedge}Q)$$

が成り立つ．

(c)　構文論

一般に形式論理には，論理式を定義する構文論と，論理式の意味を定める意味論の二つの側面がある．論理式から論理式を導く推論規則は構文論に属し，推論規則の妥当性は意味論に照らして議論される．前の項までは構文論と意味論の区別，すなわち，論理式とその意味の区別を曖昧にしていたが，本項と後の項では両者は厳密に区別される．

本項は，命題論理の**構文論**(syntax)について述べる．すなわち，命題論理の論理式がどのように構成されるかについて述べる．

命題を表す記号を**命題記号**(propositional symbol)という．例えば，いままでの説明の中でも P や Q などの命題記号が用いられていた．P_1 のように添字を付けたりすることもある．命題論理において命題記号は最も基本的な論理式であるので，命題記号のことを**原子論理式**(atomic formula)ともいう．

命題記号，真偽値を表す記号 $\top$ と $\bot$，そして，論理記号 $\wedge, \vee, \neg, \supset, \leftrightarrow$ を組み合わせることにより，いくらでも複雑な命題を作ることができる．このようにして作られる命題を**命題論理式**(propositional formula)という．例えば，

$$(P{\wedge}Q){\vee}((\neg P{\wedge}Q){\vee}(\neg Q{\wedge}\top))$$

は命題論理式である．本項では命題論理式を単に**論理式**(formula)ともいう．

一般に，A や B などで論理式を表す．A_1 のように添字を付けたりすることもある．**BNF 記法**(Backus-Naur form)を用いると，論理式は以下のように定義することができる．

$$A ::= \top \mid \bot \mid P \mid \neg A \mid A \wedge A \mid A \vee A \mid A \supset A$$

$::=$ の左辺には定義したい構文を表す変数を書き，右辺にはその構文の形を $|$ で区切って並べる．右辺に左辺の変数が現れていてもよく，その構文自身が部分的に現れることを意味する．上の BNF 記法を読み下すと以下のようになる．

・真偽値を表す記号 $\top$ は論理式である．

・真偽値を表す記号 $\bot$ は論理式である．

・命題記号は論理式である．

・論理式に論理記号 $\neg$ を適用したものも論理式である．

・二つの論理式に論理記号 $\wedge$ を適用したものも論理式である．

・二つの論理式に論理記号 $\vee$ を適用したものも論理式である．

・二つの論理式に論理記号 $\supset$ を適用したものも論理式である．

このようにして作られる論理式は，本来的に，木の構造をしていると考えられる．例えば，$(P \wedge Q) \vee ((\neg P \wedge Q) \vee (\neg Q \wedge \top))$ という論理式は，図 2.1 のような木構造を成す．このような木構造を文字列として表現する際には，論理記号の結合を表すために括弧を適当に使うことが必要になる．

また，上の定義は**帰納的定義**(inductive definition)の典型例でもある．一般に帰納的定義は集合や概念を定義する手段であり，集合の基本的な要素や概念の基本的な場合を与え，すでに定義された要素や場合を用いて，より複雑な要素や場合を定義する規則を与える．

以前に項(a)で「命題論理の意味論では命題を真偽値の側面のみから扱い，真偽値の等しい命題は互いに等しいと考える」と述べたが，これはあくまで意味論においてのことであって，構文論においては，異なる木構造を持つ論理式は互いに異なる．例えば，$P \wedge Q$ という論理式と $Q \wedge P$ という論理式は互いに異なる．これに対して，$\neg P \wedge Q$ と $(\neg P) \wedge Q$ は括弧の付け方が異なるだけな

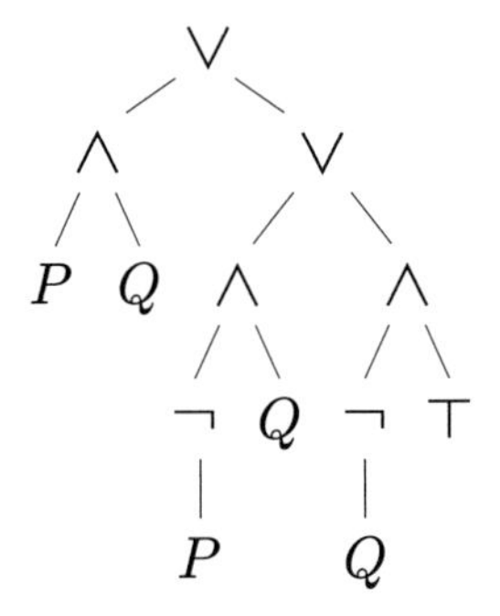

図 2.1　$(P\wedge Q)\vee((\neg P\wedge Q)\vee(\neg Q\wedge\top))$

ので，構文的にも等しい論理式である．ときどき構文的な等しさを $\equiv$ によって表すことがある．例えば，$\neg P\wedge Q\equiv(\neg P)\wedge Q$ であるが，$P\wedge Q\equiv Q\wedge P$ ではない．

すでに述べたように，いくつかの論理記号による構文は，他の論理記号を用いたより複雑な構文の省略形と考えることもできる．このような構文は**糖衣構文**(syntax sugar)と呼ばれる．例えば，$A\leftrightarrow B$ という論理式は $(A\supset B)\wedge(B\supset A)$ の省略形であると考えることができた．このことは以下のようにも書く．

$$A \leftrightarrow B := (A \supset B) \wedge (B \supset A)$$

さらに，$\neg$ と $\vee$ を用いて，以下のように $\wedge$ と $\supset$ も省略形として定義可能である．

$$A\wedge B := \neg(\neg A\vee\neg B)$$

$$A\supset B := \neg A\vee B$$

構文に関する議論の中で，P や A は，構文上の対象を動く変数であるので，**メタ変数**(meta-variable)と呼ばれる．命題論理の場合はあまり意識する必要がないが，述語論理では論理式の中にも変数が現れるので，これらと区別するために，メタ変数の概念は重要である．

(d)　意味論

本項は，命題論理の**意味論**(semantics)について述べる．すなわち，命題論理の論理式がどのように解釈されるかについて述べる．

論理式の解釈

真偽値の集合を $\mathbb{B}$ で表す．すなわち，$\mathbb{B}=\{\top,\bot\}$ である．本来ならば，論理式としての $\bot$ と $\top$ と，真偽値としての $\bot$ と $\top$ には別の記号を使うべきであるが，ここでは繁雑さを避けるために同じ記号を使うので，文脈によって区別して欲しい．また，$\wedge$ や $\vee$ などの論理記号に関しても，論理式の中の記号として用いられる場合と，真偽値に関する演算として用いられる場合がある．

$\mathbb{P}$ を命題記号の全体とする．$\mathbb{P}$ は無限集合かもしれない．

命題論理における**解釈**(interpretation)とは，命題記号に真偽値を対応させる関数のことである．すなわち，I を解釈とすると，$I\in\mathbb{B}^{\mathbb{P}}$，すなわち，$I\colon\mathbb{P}\to\mathbb{B}$ である．先に述べたように，今後は論理式とその意味を厳密に区別する．したがって，命題記号 P が真に解釈されることを $P=\top$ などと書くことはしない．解釈 I によって P が真になることは，$I(P)=\top$ と書かれる．

$[\![A]\!]_I$ によって解釈 I のもとでの論理式 A の真偽値を表す．すなわち，A と I に対して $[\![A]\!]_I\in\mathbb{B}$ となる．例えば，$I(P)=\top$, $I(Q)=\bot$ であるとき，以下のようにして $[\![(P\wedge Q)\vee((\neg P\wedge Q)\vee(\neg Q\wedge\top))]\!]_I$ を計算することができる．

$$
\begin{aligned}
&[\![(P\wedge Q)\vee((\neg P\wedge Q)\vee(\neg Q\wedge\top))]\!]_I\\
&=(\top\wedge\bot)\vee((\neg\top\wedge\bot)\vee(\neg\bot\wedge\top))\\
&=\bot\vee((\bot\wedge\bot)\vee(\top\wedge\top))\\
&=\bot\vee(\bot\vee\top)\\
&=\bot\vee\top\\
&=\top
\end{aligned}
$$

なお，上式の二行目以下の $\top$ と $\bot$ は論理式ではなく真偽値を表し，$\wedge$ や $\vee$ は真偽値に関する演算として用いられていることに注意されたい．

論理式 A の真偽値 $[\![A]\!]_I$ を厳密に定義すると，以下のように，A の構造に関して帰納的に定義される．

・$[\![\top]\!]_I=\top$

・$[\![\bot]\!]_I = \bot$

・$[\![P]\!]_I = I(P)$

・$[\![\neg A]\!]_I = \top$　**iff**　$[\![A]\!]_I = \bot$

・$[\![A \wedge B]\!]_I = \top$　**iff**　$[\![A]\!]_I = \top$ **and** $[\![B]\!]_I = \top$

・$[\![A \vee B]\!]_I = \top$　**iff**　$[\![A]\!]_I = \top$ **or** $[\![B]\!]_I = \top$

・$[\![A \supset B]\!]_I = \top$　**iff**　$[\![A]\!]_I = \bot$ **or** $[\![B]\!]_I = \top$

(**iff** は if and only if を意味する．すなわち，右辺が成り立つとき，そしてそのときに限り，左辺が成り立つ．) この定義は，論理式の帰納的定義に対応している．例えば，論理式の帰納的定義によれば，二つの論理式 A と B に論理記号 ⊃ を適用して作られる $A \supset B$ も論理式である．$A \supset B$ は A と B から作られているので，$A \supset B$ の解釈を定義する際に，A と B の解釈を用いてもよい (このような定義を，論理式の構造に関する帰納的定義という)．そこで，$A \supset B$ の解釈 $[\![A \supset B]\!]_I$ は，

・$[\![A \supset B]\!]_I = \top$　**iff**　$[\![A]\!]_I = \bot$ **or** $[\![B]\!]_I = \top$

と定義される．すなわち，$[\![A]\!]_I = \bot$ または $[\![B]\!]_I = \top$ ならば $[\![A \supset B]\!]_I = \top$ となり，それ以外の場合は $[\![A \supset B]\!]_I = \bot$ となる．また，

・$[\![\top]\!]_I = \top$

という定義において，左辺の $[\![\ \ ]\!]$ の中の ⊤ は論理式であり，右辺の ⊤ は真偽値であることに注意されたい．

恒真とトートロジ

論理式 A が**恒真**(valid)であるとは，任意の解釈 I のもとで $[\![A]\!]_I = \top$ が成り立つことをいう．A が恒真であることを $\models A$ と書く．特に命題論理の場合は，恒真な論理式を**トートロジ**(tautology)ともいう．

例えば，先の論理式 $(P \wedge Q) \vee ((\neg P \wedge Q) \vee (\neg Q \wedge \top))$ は，P と Q をどのように解釈しても，必ず真(⊤)に解釈される．

「P または P でない」という**排中律**(excluded middle)，すなわち，$P \vee \neg P$ という論理式は，典型的なトートロジである．また，$\neg\neg P \supset P$ というトートロジは，**二重否定の除去**(double-negation elimination)と呼ばれる．

一つの論理式に現れる命題記号は有限個であるので，これらの命題記号に対

する解釈をすべて網羅することができる．したがって，論理式がトートロジであるかどうかは**決定可能**(decidable)である．すなわち，与えられた論理式がトートロジであるかどうかを有限時間内に判定するアルゴリズムが存在する．

充足可能

論理式 A が**充足可能**(satisfiable)であるとは，ある解釈 I のもとで $[\![A]\!]_I=\top$ が成り立つことをいう．

論理式 A が**充足不能**(unsatisfiable)であるとは，充足可能でないことをいう．$\neg A$ が恒真であるとき，また，そのときに限り，A は充足不能となる．

同　値

論理式 A と B が**同値**(equivalent)もしくは**論理同値**(logically equivalent)であるとは，任意の解釈 I のもとで $[\![A]\!]_I=[\![B]\!]_I$ が成り立つことをいう．すなわち，任意の解釈のもとで A と B の解釈は同じになる．命題論理においては，$A\leftrightarrow B$ がトートロジであるとき，また，そのときに限り，A と B は同値になる．例えば，論理式 $P\supset Q$ と論理式 $\neg P\vee Q$ は同値である．項(a)と(b)では，構文論と意味論の区別を曖昧にしていたので，A と B が同値であることを $A=B$ と書いていた．今後は両者の区別を厳密に行う．例えば，$\wedge$ の交換則は「$P\wedge Q$ と $Q\wedge P$ は同値である」という．

少し変わった意味論

以下は意味論の一例を挙げるに過ぎないので，飛ばしてもらってまったく差し支えない．ただし，第3章の3.4節(c)から参照されているので注意．

半順序 R による束 $\mathbb{H}$ が**ハイティング代数**(Heyting algebra)であるとは，以下の条件を満たすことである．

・$\mathbb{H}$ は最小の要素 $\bot$ を持つ．

・任意の要素 a, b に対して，$(a\wedge x)Rb$ を満たす最大の x が存在する．

二番目の条件における最大の要素を $a\supset b$ で表す．

例えば，図1.1の束はハイティング代数である．また，位相空間 X の開集合の全体 $\mathcal{O}(X)$ は，包含関係 $\subseteq$ を半順序として，開集合 a と b に対して $a\supset b$

を $(a^c \cup b)^o$ と定義することにより，ハイティング代数となる．ここで，a^c は a の補集合を表し，$(a^c \cup b)^o$ は $a^c \cup b$ の**開核**(open kernel)，すなわち，$a^c \cup b$ に含まれる最大の開集合を表す．

ハイティング代数においては，否定の演算 $\neg$ を以下のように定義する．

$$\neg a = a \supset \bot$$

例えば，上の束 $\{\top, a, b, c, \bot\}$ においては $\neg a = b$, $\neg b = a$ が成り立つ．

真偽値の集合 $\mathbb{B} = \{\top, \bot\}$ の代わりに，ハイティング代数 $\mathbb{H}$ を用いて論理式を解釈することができる．ここでは，関数 $I \colon \mathbb{P} \to \mathbb{H}$ を解釈とし，論理式 A の I のもとでの解釈 $[\![A]\!]_I \in \mathbb{H}$ を以下のように定義する．

・$[\![\top]\!]_I = \top$

・$[\![\bot]\!]_I = \bot$

・$[\![P]\!]_I = I(P)$

・$[\![\neg A]\!]_I = \neg [\![A]\!]_I$

・$[\![A \wedge B]\!]_I = [\![A]\!]_I \wedge [\![B]\!]_I$

・$[\![A \vee B]\!]_I = [\![A]\!]_I \vee [\![B]\!]_I$

・$[\![A \supset B]\!]_I = [\![A]\!]_I \supset [\![B]\!]_I$

上の各定義の右辺に現れる $\neg, \wedge, \vee, \supset$ は論理記号ではなく，束上の演算を表している．

例えば，図 1.1 の束において $I(P) = a$ としたとき，$[\![P \vee \neg P]\!]_I = a \vee \neg a = a \vee b = c$ が成り立つ．ここで，$c \neq \top$ であるので，この解釈のもとでは排中律は成り立たない．以上で定義した意味論は，3.4 節で述べる命題直観主義論理の意味論を一般化したものになっている．直観主義論理においては一般に排中律は成り立たない．

$a \vee \neg a = \top$ が常に成り立つハイティング代数を，**ブール代数**(Boolean algebra)という．例えば，任意の集合 A のベキ集合 $\mathfrak{P}(A)$ は，包含関係 $\subseteq$ によってブール代数を成す．すなわち，A の部分集合 a に対して $\neg a = a^c$ が成り立ち，$a \vee \neg a = a \vee a^c = A = \top$ が成り立つ．真偽値の集合 $\mathbb{B} = \{\top, \bot\}$ も，$\bot R \top$ という半順序(実は全順序)R によってブール代数となる．ブール代数は，普通の論理(いわゆる古典的な論理)の意味論において用いられるが，本書の扱う範囲では最も簡単なブール代数 $\mathbb{B}=\{\top,\bot\}$ で十分である．

(e)　コンパクト性

形式論理における**コンパクト性**(compactness)とは，論理式の集合に対して，その任意の有限部分集合が個別に充足可能ならば，集合全体を同時に充足する解釈が存在することをいう．本項の目標は，命題論理においてコンパクト性が成り立つことを示すことにある．後に，命題論理におけるコンパクト性は，述語論理におけるエルブランの定理を示すために用いられる．

$\mathbb{P}$ を命題記号の全体とする．後にエルブランの定理に応用するために，ここでは $\mathbb{P}$ は無限集合でもかまわないとする．さらに，非可算無限でもかまわない．以下，$\mathbb{P}$ の要素を命題記号とする命題論理式を考える．

本項では，Δ は命題論理式の有限集合を表すとする．すなわち，以下では Δ と書いたとき，Δ は有限と仮定する．

Δ が**充足可能**(satisfiable)であるとは，適当な解釈 $I\colon\mathbb{P}\to\mathbb{B}$ が存在して，任意の $A\in\Delta$ に対して，$[\![A]\!]_I=\top$ が成り立つことをいう．このとき，I は Δ を充足するという．Δ が**充足不能**(unsatisfiable)であるとは，Δ が充足可能でないことをいう．

Δ が充足可能かどうかは決定可能である．Δ に現れる命題記号(有限個)に対する解釈(有限個)をすべて網羅すればよい．Δ が充足可能であると判定されるとき，Δ は**無矛盾**(consistent)であるという．有限集合に対しては，充足可能であることと無矛盾であることは等価である．本来ならば，無矛盾という言葉は演繹体系のもとで使うべきだが，ここではまだ演繹体系を導入していないので，このような定義にした．

Γ を命題論理式の任意の集合とする．後にエルブランの定理に応用するために，Γ は無限集合でもかまわないとする．さらに，非可算無限でもかまわない．

Γ が**充足可能**(satisfiable)であるとは，ある解釈 $I\colon\mathbb{P}\to\mathbb{B}$ が存在して，任意の $A\in\Gamma$ に対して，$[\![A]\!]_I=\top$ が成り立つことをいう．このとき，I は Γ を充足するという．Γ が**充足不能**(unsatisfiable)であるとは，Γ が充足可能でないことをいう．論理式の集合に対して，充足可能性は大域的な性質であることに注意しよう．

Γ が**無矛盾**(consistent)であるとは，Γ の任意の有限部分集合 $\Delta\subseteq\Gamma$ が無矛盾(すなわち充足可能)であることをいう．論理式の集合に対して，無矛盾性は局所的な性質であることに注意しよう．コンパクト性とは，局所的な性質である無矛盾性から，大域的な性質である充足可能性が導かれることを意味している．

Γ が**極大無矛盾**(maximally consistent)であるとは，Γ は無矛盾であり，かつ，Γ に属さない任意の論理式 A に対して，ある有限部分集合 $\Delta\subseteq\Gamma$ が存在して，$\Delta\cup\{A\}$ は矛盾する(無矛盾でない)ことをいう．すなわち，Γ に論理式を新たに加えると矛盾してしまう．

Γ が極大無矛盾ならば，任意の論理式 A に対して，$A\in\Gamma$ または $\neg A\in\Gamma$ が成り立つ．このことは以下のように示される．A も $\neg A$ も Γ に含まれなければ，二つの有限部分集合 $\Delta,\Delta'\subseteq\Gamma$ が存在して，$\Delta\cup\{A\}$ と $\Delta'\cup\{\neg A\}$ は矛盾する．すると，$\Delta\cup\Delta'$ は矛盾する．なぜなら，$\Delta\cup\Delta'$ が充足可能であるとすると，$\Delta\cup\Delta'$ を充足する解釈 I が存在するはずだが，$[\![A]\!]_I=\top$ ならば I は $\Delta\cup\{A\}$ を充足し，$[\![A]\!]_I=\bot$ ならば I は $\Delta'\cup\{\neg A\}$ を充足するからである．

Γ が極大無矛盾であるとき，$A\in\Gamma$ ならば $\neg A\notin\Gamma$ である．また，$\neg A\notin\Gamma$ ならば $A\in\Gamma$ である．

そこで，Γ が極大無矛盾であるとき，Γ から解釈 $I\colon\mathbb{P}\to\mathbb{B}$ を次のように定義する．すなわち，命題記号 $P\in\mathbb{P}$ に対して，$P\in\Gamma$ ならば $I(P)=\top$，$P\notin\Gamma$ ならば $I(P)=\bot$ と定義する．このとき，以下の定理が成り立つ．

定理 2.1　任意の論理式 A に対して，$A\in\Gamma$ ならば $[\![A]\!]_I=\top$ が成り立ち，$\neg A\in\Gamma$ ならば $[\![A]\!]_I=\bot$ が成り立つ．

[証明]　論理式 A の大きさに関する帰納法による．A が命題記号の場合は明らか．A が $\neg B$ の場合，帰納法の仮定より導かれる．

A が $B\wedge C$ の場合，まず $B\wedge C\in\Gamma$ と仮定する．$\neg B\in\Gamma$ ならば Γ は矛盾するので $B\in\Gamma$ が成り立つ(なぜなら，$\{B\wedge C,\neg B\}\subseteq\Gamma$ は充足不能だから)．同様に $C\in\Gamma$ が成り立つ．帰納法の仮定より，$[\![B]\!]_I=[\![C]\!]_I=\top$．したがって，$[\![B\wedge C]\!]_I=\top$．

次に $\neg(B\wedge C)\in\Gamma$ と仮定する．$B\in\Gamma$ かつ $C\in\Gamma$ ならば矛盾するので，$\neg B\in$

Γ または $\neg C \in \Gamma$ が成り立つ(なぜなら，$\{\neg(B \wedge C), B, C\} \subseteq \Gamma$ は充足不能だから)．帰納法の仮定より，$[\![B]\!]_I = \bot$ または $[\![C]\!]_I = \bot$．したがって，$[\![B \wedge C]\!]_I = \bot$．

A がその他の形の場合も同様である． ∎

上の証明の最初に「論理式の大きさに関する帰納法」と述べたが，論理式は帰納的に定義されているので，「論理式の構造に関する帰納法」という方が適切である．一般に，帰納的に定義された構文に関する定理を示すとき，部分的に現れる同じ種類の構文に対して定理を仮定してもよい(帰納法の仮定)．もちろん，部分的に現れる構文の大きさは全体の大きさよりも小さいので，構文の大きさに関する帰納法と同じことになる．

定理 2.2　Γ が無矛盾ならば，Γ を含む極大無矛盾集合 Γ^* が存在する．

[証明]　$\mathbb{P}$ が可算ならば，論理式の全体も可算になるので，Γ から始めて，Γ に含まれない各論理式 A に対して順に，結果が矛盾しないように，A または $\neg A$ を付け加える，という操作を繰り返す．すなわち，Γ に含まれない論理式を

$$A_0,\ A_1,\ A_2,\ \ldots$$

というように数えあげる．そして，次のような無限の操作を行う．

$\Gamma_0 := \Gamma$
$i := 0$
repeat forever
　if　$\Gamma_i \cup \{A_i\}$ が無矛盾　**then**
　　$\Gamma_{i+1} := \Gamma_i \cup \{A_i\}$
　else
　　$\Gamma_{i+1} := \Gamma_i \cup \{\neg A_i\}$
　$i := i+1$

各時点で Γ_i が矛盾していなければ，A_i か $\neg A_i$ のどちらかは付け加えられるはずである(すでに $A_i \in \Gamma$ もしくは $\neg A_i \in \Gamma$ かもしれない)．なぜなら，A_i も $\neg A_i$ も付け加えられないとすると，Γ_i の有限部分集合 $\Delta, \Delta' \subseteq \Gamma_i$ が存在して，$\Delta \cup \{A_i\}$ と $\Delta' \cup \{\neg A_i\}$ は矛盾するはずだが，そうだとすると，$\Delta \cup \Delta' \subseteq \Gamma_i$ は

矛盾してしまうからである．

Γ_i の極限を Γ^* とする．

$$\Gamma^* = \bigcup_{i=0}^{\infty} \Gamma_i$$

Γ^* の作り方から，任意の論理式 A に対して，$A{\in}\Gamma^*$ または $\neg A{\in}\Gamma^*$ が成り立つ．

さらに，Γ^* は無矛盾である．もし Γ^* が矛盾したとすると，Γ^* の有限部分集合 Δ で矛盾するものが存在するはずである．Δ は有限であるので，Γ^* を作る過程で，Δ のすべてが論理式に付け加えられた時点があるはずである．すなわち，ある i が存在して，$\Delta{\subseteq}\Gamma_i$ が成り立つ．ところがこれは Γ^* の作り方に矛盾する．

$\mathbb{P}$ が可算とは限らない場合には，**ツォルンの補題**(Zorn's lemma)を用いる．ツォルンの補題とは，集合論における以下のような補題である．

> 帰納的な半順序集合には極大の要素が存在する．

ここで，半順序集合が**帰納的**(inductive)であるとは，任意の全順序部分集合が上限(もしくは上界)を持つことをいう．ここで，全順序部分集合とは，部分集合であって任意の要素の間に順序が成り立つもののことをいう．ツォルンの補題は，集合論における選択公理から導かれることが知られている．

Γ を含む無矛盾集合の全体を包含関係によって半順序集合と考える．その半順序集合の全順序部分集合 $\{\Theta_i | i{\in}I\}$ に対して，結び $\Xi{=}\bigcup_{i\in I}\Theta_i$ を求める．Ξ は無矛盾である．このことは次のように示される．もし Ξ が矛盾したとすると，Ξ の有限部分集合 Δ で矛盾するものが存在する．$\Delta{=}\{A_1, \ldots, A_n\}$ とすると，$A_j{\in}\Theta_{i_j}$ を満たす全順序部分集合の要素 Θ_{i_j} が存在する．$\Theta_{i_1}, \ldots, \Theta_{i_n}$ の中の最大要素を Θ とすると $\Delta{\subseteq}\Theta$ が成り立つが，これは Θ が無矛盾であることに矛盾する．

よって，Γ を含む無矛盾集合の全体は帰納的になる．したがって，ツォルンの補題により極大元を持つ．■

そして最終的に，命題論理のコンパクト性が導かれる．

定理 2.3　Γ が無矛盾ならば，Γ は充足可能である．

[証明] $\varGamma$ を含む極大無矛盾集合 $\varGamma^*$ が存在する．この $\varGamma^*$ から得られる解釈 I のもとで，$\varGamma$ の論理式はすべて真になる． ∎

系 2.4 $\varGamma$ が充足不能ならば，$\varGamma$ の有限部分集合 Δ が存在して，Δ は充足不能である． □

(f) ヒルベルト流

本項と次の項とその次の項においては，命題論理の演繹体系の例を与える．

演繹体系(deduction system)とは，**定理**(theorem)と呼ばれる論理式を導く形式体系のことである．一般に，**公理**(axiom)と呼ばれる論理式から始めて，**推論規則**(inference rule)を有限回適用して得られる論理式を**証明可能**(provable)であるという．定理とは証明可能な論理式のことに他ならない．なお，公理も定理の一種である．論理式 A が証明可能であることを $\vdash A$ と書く．

命題論理や述語論理に対してさまざまな演繹体系が定式化されている．例えば，以下のようなものがある．

・ヒルベルト流

・自然演繹

・シーケント計算

・導出原理

・...

命題論理の演繹体系は，トートロジを定理として導くことを目標とする．本項では**ヒルベルト流**(Hilbert style)と呼ばれる演繹体系を紹介する．

ヒルベルト流の特徴は，推論規則の数は非常に少ないのに対して，数多くの種類の公理を用いることである．命題論理に対するヒルベルト流の推論規則は，以下の一つだけである．

・論理式 A と $A \supset B$ から，B を導く．

すなわち，A という定理と $A \supset B$ という定理から，B という定理を導く．この推論規則は，**三段論法**(modus ponens)と呼ばれている．

公理には以下のようなものがある．

・$A \supset (B \supset A)$

・$(A \supset (B \supset C)) \supset ((A \supset B) \supset (A \supset C))$

・$A \supset (B \supset A \wedge B)$

・$A \wedge B \supset A$

・$A \wedge B \supset B$

・$A \supset A \vee B$

・$B \supset A \vee B$

・$(A \supset C) \supset ((B \supset C) \supset ((A \vee B) \supset C))$

・$(\neg A \supset \neg B) \supset (B \supset A)$

なお，ここでは，$A \leftrightarrow B$ という形の論理式は，$(A \supset B) \wedge (B \supset A)$ という論理式の省略形であると考え，論理記号 $\leftrightarrow$ に関する推論規則は用意していない．また，論理式 $\top$ と $\bot$ に関する推論規則もない．適当な命題記号 P に対して，$\top$ は $P \vee \neg P$ の省略形であると考えることができる．$\bot$ は $P \wedge \neg P$ の省略形であると考えることができる．

これらの個々の公理は，一つの論理式を指定しているのではなく，公理となるべき論理式のパターンを示している．例えば，$(A \supset (B \supset C)) \supset ((A \supset B) \supset (A \supset C))$ というパターンにあてはまる論理式としては，以下のようなものがある．

$$(P \wedge Q \supset (Q \supset (P \supset Q \wedge P))) \supset ((P \wedge Q \supset Q) \supset (P \wedge Q \supset (P \supset Q \wedge P))) \tag{$*$}$$

$$(P \wedge Q \supset (P \supset Q \wedge P)) \supset ((P \wedge Q \supset P) \supset (P \wedge Q \supset Q \wedge P)) \tag{$**$}$$

例として，$P \wedge Q \supset Q \wedge P$ というトートロジを定理として導いてみよう．まず，$Q \supset (P \supset Q \wedge P)$ および $(Q \supset (P \supset Q \wedge P)) \supset (P \wedge Q \supset (Q \supset (P \supset Q \wedge P)))$ は公理であるので，これらに三段論法を適用して，$P \wedge Q \supset (Q \supset (P \supset Q \wedge P))$ という定理が得られる．

この定理と $P \wedge Q \supset Q$ という公理と上の公理$(*)$に三段論法を二回適用して，$P \wedge Q \supset (P \supset Q \wedge P)$ という定理が得られる．この定理と $P \wedge Q \supset P$ という公理と上の公理$(**)$に三段論法を二回適用して，$P \wedge Q \supset Q \wedge P$ という定理が得られる．

ヒルベルト流は，任意の定理がトートロジであるという意味で，**健全**(sound)である．ヒルベルト流の**健全性**(soundness)を示すことはそう難しくはない．すべての公理がトートロジであることと，三段論法の前提が両方ともトートロジならば結論もトートロジになることを示せばよい．

ヒルベルト流は，任意のトートロジが定理として導けるという意味で，**完全**(complete)である．一般に，演繹体系の**完全性**(completeness)を示すことはそう容易ではない．次項で，もう一つの演繹体系であるシーケント計算の完全性を示す．

(g)　シーケント計算

本項では命題論理の演繹体系の一つである**シーケント計算**(sequent calculus)について紹介する．

シーケント

$A_1, \ldots, A_m$ と $B_1, \ldots, B_n$ を論理式の並びとしたとき，

$$A_1, \ldots, A_m \to B_1, \ldots, B_n$$

という形の式を**シーケント**(sequent)という．**矢式**とか**連鎖**とか単に**式**ということもある．$A_1, \ldots, A_m$ をシーケントの**前提部**(antecedent)といい，$B_1, \ldots, B_n$ を**結論部**(succeedent)という．前提部を**前件**，結論部を**後件**ということもある．前提部もしくは結論部は空の並びでもよい．すなわち，$m=0$ もしくは $n=0$ でもよい．特に $m=n=0$ であるようなシーケントは $\to$ と書かれる．

$A_1, \ldots, A_m \to B_1, \ldots, B_n$ というシーケントに対して，

$$A_1 \wedge \cdots \wedge A_m \supset B_1 \vee \cdots \vee B_n$$

という論理式を対応させる．ここで，前提部は連言によって結び，結論部は選言によって結ぶことに注意しよう．ただし，$m=0$ の場合は $A_1 \wedge \cdots \wedge A_m$ は $\top$ であると考え，$n=0$ の場合は $B_1 \vee \cdots \vee B_n$ は $\bot$ であると考える．特に，$m=n=0$ である場合，$\to$ というシーケントには $\top \supset \bot$ という論理式が対応するが，$\top \supset \bot$ は $\bot$ と同値である．

シーケントの真偽は，それに対応する論理式の真偽によって定義する．したがって，論理式 $A_1 \wedge \cdots \wedge A_m \supset B_1 \vee \cdots \vee B_n$ がトートロジであるとき，シー

ケント $A_1, \ldots, A_m \rightarrow B_1, \ldots, B_n$ もトートロジであるという．$A_1, \ldots, A_m \rightarrow B_1, \ldots, B_n$ がトートロジであるとは，命題記号をどのように解釈しても，$A_1, \ldots, A_m$ のどれかが偽に解釈されるか，$B_1, \ldots, B_n$ のどれかが真に解釈されることを意味する．逆に，$A_1, \ldots, A_m \rightarrow B_1, \ldots, B_n$ がトートロジでないとは，命題記号に対する適当な解釈のもとで，$A_1, \ldots, A_m$ のすべてが真に解釈され，$B_1, \ldots, B_n$ のすべてが偽に解釈されることを意味する．

命題記号のみから成るシーケント，すなわち，

$$P_1, \ldots, P_m \rightarrow Q_1, \ldots, Q_n$$

という形のシーケントで，前提部と結論部の両方に同じ命題記号が現れるようなもの，すなわち，ある i と j があって P_i と Q_j が同じ命題記号であるようなものを，**初期シーケント**(initial sequent)という．**初式**ということもある．例えば，$P, Q, R \rightarrow S, Q$ は，命題記号 Q が前提部と結論部の両方に現れているので初期シーケントである．なお，シーケント計算では初期シーケントに一般の論理式を許してもよいのだが，ここでは命題記号に限定している．

初期シーケントはトートロジである．例えば，$P, Q, R \rightarrow S, Q$ というシーケントには，$P \wedge Q \wedge R \supset S \vee Q$ という論理式が対応するが，この論理式はトートロジである．なぜならば，前提部と結論部の両方に現れている命題記号 Q を真に解釈すると $S \vee Q$ は真に解釈されるので，論理式全体が真に解釈される．また，Q を偽に解釈すると $P \wedge Q \wedge R$ が偽に解釈され，やはり論理式全体が真に解釈される．どちらにしても，他の命題記号の解釈にかかわらず，$P \wedge Q \wedge R \supset S \vee Q$ は真に解釈される．

本項では，Γ や Δ で論理式の有限の並びを表す．任意のシーケントは $\Gamma \rightarrow \Delta$ と書くことができる．Γ, A によって Γ の後ろに論理式 A を加えてできる並びを表す．例えば，Γ が A, B, C という論理式の並びを表しているとき，Γ, D は A, B, C, D という並びを表す．同様に，A, Γ や Γ, Δ などの記法も用いる．

推論規則

ここでは，すでにトートロジとわかっているシーケントから，新たなトート

ロジであるシーケントを得る規則を**推論規則**(inference rule)と呼ぶ．推論規則は，

$$\frac{前提_1 \quad \cdots \quad 前提_n}{結論}\ (規則の名前)$$

という形をしている．**前提**(premise)と**結論**(conclusion)はシーケントであり，すべての前提がトートロジであるとき，結論もトートロジになる．なお，以下で実際に用いられる推論規則では，n=1 または n=2，すなわち，前提の数は1または2である．

以下のような推論規則を用意する．ただし，最初の**並べ換え**(exchange)の規則において，結論の Γ' と Δ' は，それぞれ，前提の Γ と Δ の中の論理式を並べ換えたものであるとする．

$$\frac{\Gamma \to \Delta}{\Gamma' \to \Delta'}\ (並べ換え)$$

$$\frac{A, \Gamma \to \Delta}{\Gamma \to \Delta, \neg A}\ (\neg右)$$

$$\frac{\Gamma \to \Delta, A}{\neg A, \Gamma \to \Delta}\ (\neg左)$$

$$\frac{\Gamma \to \Delta, A \quad \Gamma \to \Delta, B}{\Gamma \to \Delta, A\wedge B}\ (\wedge右)$$

$$\frac{A, B, \Gamma \to \Delta}{A\wedge B, \Gamma \to \Delta}\ (\wedge左)$$

$$\frac{\Gamma \to \Delta, A, B}{\Gamma \to \Delta, A\vee B}\ (\vee右)$$

$$\frac{A, \Gamma \to \Delta \quad B, \Gamma \to \Delta}{A\vee B, \Gamma \to \Delta}\ (\vee左)$$

$$\frac{A, \Gamma \to \Delta, B}{\Gamma \to \Delta, A\supset B}\ (\supset右)$$

$$\frac{\Gamma \to \Delta, A \quad B, \Gamma \to \Delta}{A\supset B, \Gamma \to \Delta}\ (\supset左)$$

各論理記号に対して，その論理記号を結論のシーケントの $\to$ の右(結論部)に新たに導入する推論規則と，その論理記号を結論のシーケントの $\to$ の左(前提部)に新たに導入する推論規則が用意されている．なお，ここでは，ヒル

ベルト流のときと同様に，論理記号 $\leftrightarrow$ に関する推論規則は用意していない．また，論理式 $\top$ と $\bot$ に関する推論規則もない．

なお，以上で与えたシーケント計算の推論規則は**加法的**(additive)と呼ばれているものである．本書では，シーケント計算を証明手続きとしても用いるので，加法的な推論規則のみを扱うが，次の例のような**乗法的**(multiplicative)な推論規則を用いてシーケント計算を定式化することも可能である．

$$\frac{\Gamma_1 \to \Delta_1, A \quad \Gamma_2 \to \Delta_2, B}{\Gamma_1, \Gamma_2 \to \Delta_1, \Delta_2, A \wedge B}\ (\wedge\text{右})$$

シーケントを積み木のようにして逆三角形の形に積み重ねた図で，それぞれのシーケントが，その上にあるシーケントを前提とする推論規則の結論になっているものを，**証明図**(proof figure)もしくは**証明木**(proof tree)という．単に**証明**(proof)ともいう．証明の上端にあるシーケント，すなわち，証明木の**葉**の部分にあるシーケントは，すべて初期シーケントになっていなければならない．

例えば，次の図は証明である．

$$\cfrac{\cfrac{P \to Q, P \quad Q \to Q, P}{P \vee Q \to Q, P}}{P \vee Q \to Q \vee P}$$

ここで，$P \to Q, P$ と $Q \to Q, P$ は初期シーケントである．また，

$$\frac{P \to Q, P \quad Q \to Q, P}{P \vee Q \to Q, P}$$

は，$\vee$ 左の推論規則である．そして，

$$\frac{P \vee Q \to Q, P}{P \vee Q \to Q \vee P}$$

は，$\vee$ 右の推論規則である．どの推論規則を使ったかを明記すると，次のような図が得られる．

$$\cfrac{\cfrac{P \to Q, P \quad Q \to Q, P}{P \vee Q \to Q, P}\ (\vee\text{左})}{P \vee Q \to Q \vee P}\ (\vee\text{右})$$

それぞれの証明は，証明の一番下にあるシーケント，すなわち，証明木の

根にあるシーケントの証明であるという．例えば，上の証明は，$P \vee Q \to Q \vee P$ というシーケントの証明である．また，次の証明も，$P \vee Q \to Q \vee P$ の証明である．

$$\dfrac{\dfrac{P \to Q, P}{P \to Q \vee P} \quad \dfrac{Q \to Q, P}{Q \to Q \vee P}}{P \vee Q \to Q \vee P}$$

初期シーケントから始めて推論規則を有限回適用して得られるシーケントを**証明可能**(provable)であるという．すなわち，証明可能なシーケントとは証明を持つシーケントのことである．

上に用意した規則が実際に推論規則になっていること，すなわち，前提がすべてトートロジならば結論もトートロジになることは容易に確かめることができる．したがって，証明可能なシーケントはトートロジである．なお，このようなとき，シーケント計算の演繹体系は**健全**(sound)であるという．

では，その逆は成り立つだろうか．すなわち，すべてのトートロジは証明可能であるだろうか．

完全性

任意のトートロジであるシーケントが証明可能であるとき，シーケント計算の演繹体系は**完全**(complete)であるという．

定理 2.5　上に用意した推論規則から成るシーケント計算の演繹体系は完全である．

[証明]　これは，以下のようにして，シーケントの中の論理記号の出現回数に関する数学的帰納法によって示すことができる．

$\Gamma \to \Delta$ をトートロジであるシーケントとする．まず，$\Gamma \to \Delta$ の中に論理記号が出現しない，すなわち，Γ と Δ の両方ともが命題記号の並びである場合を考える．すると，$\Gamma \to \Delta$ は初期シーケントになる．なぜならば，Γ と Δ の両方に共通に現れる命題記号がないとすると，Γ の中の命題記号は真，Δ の中の命題記号は偽に解釈することにより，$\Gamma \to \Delta$ が偽に解釈されてしまうからである．

次に，Γ または Δ に命題記号でない論理式が含まれているとする．仮に Γ

がそうであるとしよう．$\varDelta$ がそうであるとしても話はまったく同じである．$\varGamma$ の中の論理式を適当に並べ換えて $A, \varGamma'$ という形にする．ただし A は命題記号ではない．

次に，A の形によって場合分けを行う．例えば，A が $B{\vee}C$ という形をしているとしよう．他の場合についても同様の議論をすることができる．

$\varGamma{\to}\varDelta$ がトートロジであるので，$B, \varGamma'{\to}\varDelta$ も $C, \varGamma'{\to}\varDelta$ もトートロジである．なぜなら，例えば $B, \varGamma'{\to}\varDelta$ がトートロジでないとすると，$B, \varGamma'{\to}\varDelta$ の中の命題記号を適当に解釈して $B, \varGamma'$ の論理式はすべて真，$\varDelta$ の論理式はすべて偽に解釈することができる．すると，B が真ならば $B{\vee}C$ も真であるので，同じ解釈によって $\varGamma$ の論理式もすべて真となる．したがって，$\varGamma{\to}\varDelta$ が偽に解釈されてしまい，$\varGamma{\to}\varDelta$ がトートロジであることに矛盾する．

$B, \varGamma'{\to}\varDelta$ と $C, \varGamma'{\to}\varDelta$ の中の論理記号の出現回数は，$\varGamma{\to}\varDelta$ の中の論理記号の出現回数よりも小さいので，帰納法の仮定から，$B, \varGamma'{\to}\varDelta$ と $C, \varGamma'{\to}\varDelta$ は証明可能である．$\varGamma{\to}\varDelta$ は $B, \varGamma'{\to}\varDelta$ と $C, \varGamma'{\to}\varDelta$ とから，$\vee$ 左と並べ換えの推論規則によって得ることができるので，$\varGamma{\to}\varDelta$ も証明可能である．■

シーケント計算の完全性を用いて，他の演繹体系，例えばヒルベルト流の完全性を示すことができる．このためには，シーケント $A_1, \ldots, A_m{\to}B_1, \ldots, B_n$ が証明できるとき，論理式 $A_1{\wedge}\cdots{\wedge}A_m{\supset}B_1{\vee}\cdots{\vee}B_n$ がヒルベルト流によって証明できることを示せばよい．難しくはないが，煩雑である．

ワングのアルゴリズム

本項(g)で挙げた推論規則を逆向きに用いることにより，与えられたシーケントがトートロジかどうかを判定することができる．

$\varGamma{\to}\varDelta$ というシーケントが与えられたとき，まず $\varGamma{\to}\varDelta$ が論理記号を含むかどうかを調べる．もし論理記号を含まなければ，$\varGamma$ と $\varDelta$ の両方に共通の命題記号があるかどうかを調べる．共通の命題記号があれば $\varGamma{\to}\varDelta$ はトートロジである．共通の命題記号がなければ $\varGamma{\to}\varDelta$ はトートロジでない．

$\varGamma{\to}\varDelta$ が論理記号を含むときは，定理 2.5 の証明のような場合分けを行う．例えば，$\varGamma$ の中の論理式を適当に並べ換えて $B{\vee}C, \varGamma'$ という形にできたならば，$B, \varGamma'{\to}\varDelta$ と $C, \varGamma'{\to}\varDelta$ の両方がトートロジかどうかを，このアルゴリズムを再帰的に適用することにより調べる．どちらもトートロジならば $\Gamma \to \Delta$ もトートロジである．どちらかがトートロジでなければ $\Gamma \to \Delta$ もトートロジでない．

アルゴリズムを再帰的に適用するたびにシーケントの中の論理記号の数は必ず減るので，このアルゴリズムは必ず停止する．以上のような再帰的なトートロジ判定アルゴリズムを，**ワングのアルゴリズム**(Wang's algorithm)という．

なお，論理式 A が与えられたとき A がトートロジかどうかを判定するためには，$\to A$ というシーケントがトートロジかどうかを上のアルゴリズムを用いて判定すればよい．

シーケントを偽にする解釈

ワングのアルゴリズムは，与えられたシーケントに対して，推論規則を逆向きに適用してその証明を構築しようとする手続きと考えることができる．証明の構築に失敗したとき，ワングのアルゴリズムは，与えられたシーケントはトートロジでないと判定する．このとき，そのシーケントを偽にする解釈を求めることができる．すなわち，シーケントの証明を試みた結果，

$$P_1, \ldots, P_m \to Q_1, \ldots, Q_n$$

という形のシーケントで，$P_1, \ldots, P_m$ と $Q_1, \ldots, Q_n$ が同じ命題記号を含まないものに至ったとき，$P_1, \ldots, P_m$ をすべて真に，$Q_1, \ldots, Q_n$ をすべて偽に解釈すれば，もとのシーケントを偽に解釈することができる．なぜなら，それぞれの推論規則の前提のどれか一つを偽にする解釈は，その推論規則の結論も偽にするからである．

例として，$P \vee Q \supset P \wedge Q$ という論理式を考える．ワングのアルゴリズムを用いて推論規則を逆向きに適用してみると，

$$\cfrac{\cfrac{\cfrac{P \to P \quad P \to Q}{P \to P \wedge Q} \qquad \cfrac{Q \to P \quad Q \to Q}{Q \to P \wedge Q}}{P \vee Q \to P \wedge Q}}{\to P \vee Q \supset P \wedge Q}$$

という木が得られる．これは，残念ながら，葉の部分に初期シーケントでないものがあるので，証明木にはなってはいない．初期シーケントでないものとし

ては，$P \to Q$ と $Q \to P$ の二つがある．

$P \to Q$ というシーケントによれば，P を真，Q を偽にする解釈が得られる．実際に，そのような解釈のもとで，$P \to Q$ が偽になる．すると，$P \to P \wedge Q$ が偽になることがわかる．ここで，$P \to P \wedge Q$ は，上の木において $P \to Q$ の下にあることに注意せよ．すると，$P \vee Q \to P \wedge Q$ が偽になり，最終的に，$P \vee Q \supset P \wedge Q$ という論理式が偽になることがわかる．

$Q \to P$ というシーケントによれば，Q を真，P を偽にする解釈が得られる．そして，同様に，$P \vee Q \supset P \wedge Q$ という論理式が偽になることがわかる．

上の例のように，シーケントの証明に失敗した場合，命題記号からなるシーケントで，$\to$ の左辺と右辺が共通の命題記号を持たないものは複数個あり得る．そのそれぞれについて，もとのシーケントを偽にする解釈を求めることができる．

(h)　導出原理

本項では，命題論理のもう一つの演繹体系として，**導出原理**(resolution principle)を紹介する．導出原理は，節と呼ばれる制限された論理式に対する演繹体系である．

節

命題論理の導出原理においては，**リテラル**(literal)とは，命題記号かその否定のことである．リテラルは L などで表す．なお，$\top$ と $\bot$ は命題記号ではない($\bot$ は，以下で述べるように，空節を表す)．

節(clause)とは，リテラルの選言，すなわち，リテラルを $\vee$ で結んだものである．節は以下のような形をしている．

$$L_1 \vee L_2 \vee \cdots \vee L_n$$

$n=0$ の場合の節を**空節**(empty clause)という．空節は偽 $\bot$ を意味するので，以下では空節を $\bot$ と書く．節におけるリテラルの順序および重複は無視する．すなわち，節はリテラルの有限集合であると考えられる．以下では，C や D は節を表すものとする．

節の連言を，**連言標準形**(conjunctive normal form)という．任意の論理式は，それと同値な連言標準形に変換することができる．連言標準形は，節の有限集合と考えることができる．

以下は連言標準形の例である．

$$(\neg P_2 \vee P_1) \wedge (\neg P_1 \vee P_0) \wedge \neg P_0 \wedge P_2$$

導出と反駁

導出もしくは**分解**(resolution)とは，節 $P \vee C$ と節 $\neg P \vee D$ から節 $C \vee D$ を導く推論規則である．ここで，P は命題記号であり，C は節 $P \vee C$ から P を除いた節を表し，D は節 $\neg P \vee D$ から $\neg P$ を除いた節を表す．

Δ を節の有限集合，すなわち，連言標準形とする．**反駁**(refutation)とは，$\bot$ が得られるまで，以下のような導出を繰り返すことをいう．

while $\bot \notin \Delta$ **do**

choose $P \vee C$ **and** $\neg P \vee D \in \Delta$

$\Delta := \Delta \cup \{C \vee D\}$

例えば，$(\neg P_2 \vee P_1) \wedge (\neg P_1 \vee P_0) \wedge \neg P_0 \wedge P_2$ という連言標準形が与えられたとき，節 $\neg P_2 \vee P_1$ と節 P_2 より，節 P_1 が導出される．さらに，節 $\neg P_1 \vee P_0$ と節 $\neg P_0$ より，節 $\neg P_1$ が導出される．すると，節 P_1 と節 $\neg P_1$ より，空節 $\bot$ が導出される．

次の意味で反駁は**健全**(sound)である(章末問題 2.5)．

定理 2.6 Δ から $\bot$ が導出可能ならば，Δ は充足不能である． □

さらに，反駁は次の意味で**完全**(complete)である．

定理 2.7 Δ は充足不能であるならば，Δ から $\bot$ が導出可能である．

[証明] Δ に含まれる命題記号の数に関する帰納法による．

命題記号が一つもない場合，節は空節 $\bot$ しか有り得ない．以下，P を Δ に現れる命題記号とする．

P を真と仮定しても充足不能である．したがって，Δ から P を含む節を除き，残った節から $\neg P$ を除いた結果 Δ' も充足不能である．帰納法の仮定より，Δ' から $\bot$ が導出可能である．Δ' からの $\bot$ の導出に $\neg P$ を戻す．すると，Δ から $\perp$ もしくは $\neg P$ が導出可能である．

P を偽と仮定しても充足不能である．したがって，Δ から $\neg P$ を含む節を除き，残った節から P を除いた結果 Δ'' も充足不能である．帰納法の仮定より，Δ'' から $\perp$ が導出可能である．Δ'' からの $\perp$ の導出に P を戻す．すると，Δ から $\perp$ もしくは P が導出可能である．

Δ から P と $\neg P$ が導出可能ならば，Δ から $\perp$ が導出可能である．■

ホーン節と単位導出および入力導出

正リテラル(positive literal)とは命題記号のことである．**負リテラル**(negative literal)とは命題記号の否定のことである．

単位節(unit clause)とは，一つのリテラルから成る節のことである．**正単位節**(positive unit clause)とは，一つの正リテラルから成る節のことである．**負単位節**(negative unit clause)とは，一つの負リテラルから成る節のことである．**ホーン節**(Horn clause)とは，正リテラルをたかだか一つのみ含む節のことである．**確定節**(definite clause)とは，正リテラルをちょうど一つ含む節のことである．**負節**(negative clause)とは，正リテラルを一つも含まない節のことである．

単位導出(unit resolution)とは，片方の前提が単位節である導出のことである．**正単位導出**(positive unit resolution)とは，片方の前提が正単位節である導出のことである．

Δ はホーン節の有限集合とする．導出原理の完全性と同様にして以下の定理を示すことができる．

定理 2.8　Δ が充足不能ならば，Δ から正単位導出のみを用いて $\perp$ が導出可能である．□

入力節(input clause)とは，もともとの Δ に含まれる節のことである．**入力導出**(input resolution)とは，片方の前提が入力節である導出のことである．

Δ はホーン節の有限集合とする．導出原理の完全性と同様にして以下の定理を示すことができる．

定理 2.9　Δ が充足不能ならば，Δ から入力導出のみを用いて $\perp$ が導出可能である．□

2.2　一階述語論理

述語論理(predicate logic)は，命題論理よりもさらに進んで，命題の内部構造も形式化した論理である．述語論理では「すべての……に対して……」や「ある……が存在して……」という形の命題が論理記号によって形式化される．

(a)　構文論

まず，述語や関数を表す記号について述べる．

述　語

述語(predicate)とは不特定な対象に関する条件のことである．別の言い方をすると，述語とは変数を含むような主張のことである．例えば「17は素数である」という主張は命題であるが，「xは素数である」という主張は，変数xの値が何であるかわからなければ真偽がわからないので厳密な意味で命題とはいえない．このような主張を述語という．特に「xは素数である」という述語は変数xに関する述語である．変数xに関する述語を$P(x)$のような式で表す．$P(x)$のPを**述語記号**(predicate symbol)という．「xは素数である」のxに17を代入すると，「17は素数である」という命題が得られるが，この命題を$P(17)$という式で表す．

述語に含まれる変数は一つとは限らない．例えば「xはyの約数である」という述語には二つの変数xとyが含まれている．このような述語も，述語記号を用いて，$Q(x, y)$のような式で表す．すると，$Q(4, 12)$という式は「4は12の約数である」という命題を表す．なお，述語記号の引数の数を**アリティ**(arity)という．例えば$Q(4, 12)$の中の述語記号Qのアリティは2である．アリティが0の述語記号も許す．アリティが0の述語記号は命題論理の命題記号に相当する．

項

関数を表す記号を**関数記号**(function symbol)という．例えば，$\max(4, 3)$という式の中の max は関数記号である．関数記号の引数の数もアリティという．例えば max のアリティは 2 である．また，4+3 という式は，+(足し算)という関数記号が 4 と 3 という二つの引数に適用されたものと考えられる．

定数を表す記号を**定数記号**(constant symbol)という．例えば 4 や 12 は定数記号である．定数記号は関数記号の特殊な場合，すなわち，アリティが 0 の場合と考えることができる．

なお，述語記号と定数記号を含む関数記号の集合，すなわち，論理記号(および変数)以外の記号の集合を，**言語**(language)と呼ぶことがある．

「x は素数である」という述語の中の変数 x は数を表している．このように，数などのものを表す変数を**個体変数**(individual variable)という．個体変数は，たとえ明示的に定義されていないにせよ，その動き得る範囲が定まっている．個体変数の動き得る範囲の集合をその個体変数の**領域**(universe)という．例えば「x は素数である」の中の個体変数 x の領域は自然数の全体 $\mathbb{N}$ であると定めることができる．

なお，個体変数は**一階の変数**(first-order variable)ともいわれる．これに対して，ものの集合やものからものへの関数を表す変数を**二階の変数**(second-order variable)という．

関数記号と定数記号と個体変数から作られる式を**項**(term)という．例えば $\max(x,3)$ は項である．もちろん，定数記号 3 や個体変数 x はそのまま項となる．また，f をアリティが 2 の関数記号，g をアリティが 1 の関数記号，c と d を定数記号とすると，$f(x,c)$ や $g(f(c,d))$ は項である．

一般に，t や s などで項を表す．t_1 のように添字を付けたりすることもある．BNF 記法を用いると，項は以下のように定義することができる．

$$t ::= x \mid f(t,\ldots,t)$$

ただし，各関数記号の引数の数は，その関数記号のアリティと一致していなくてはならない．c が定数記号，すなわち，アリティ 0 の関数記号であるとき，項 $c(\ \ )$ は単に c と書かれる．

変数を含まない項を**閉じている**(closed である)という．

論理式

述語記号と項から作られる式を**原子論理式**(atomic formula)という．例えば，

$$Q(f(x,c),g(f(c,d)))$$

は原子論理式である．

述語論理式(predicate formula)は，原子論理式と論理記号から作られる式である．命題論理の論理記号である $\neg, \wedge, \vee, \supset, \leftrightarrow$ は，そのまま述語論理の論理記号として用いることができる．さらに，$\forall$ と $\exists$ という記号を述語論理の論理記号として用いることができる．各個体変数 x に対して，「$\forall x$」は「すべての x に対して」を表し，「$\exists x$」は「ある x が存在して」を表す．例えば，

$$\forall x \exists y Q(x,y)$$

という述語論理式は，「すべての x に対して，ある y が存在して，$Q(x,y)$ が成り立つ」という命題を意味する．$\forall$ を**全称記号**(universal quantifier)，$\exists$ を**存在記号**(existential quantifier)という．両者を併せて**量化記号**(quantifier)もしくは**限定子**などという．

なお，本節で説明している述語論理においては，全称記号と存在記号の後に書くことのできるのは個体変数，すなわち，一階の変数に限られている．このような述語論理を**一階述語論理**(first-order predicate logic)という．

$\forall$ と $\exists$ は，$\neg$ と同じ結合力を持つとする．したがって，$\forall x P(x) \wedge Q(x,y)$ と書いたときは，$(\forall x P(x)) \wedge Q(x,y)$ を意味する．ただし，$\forall x$ や $\exists x$ の後に . を付けたときは，命題論理の論理記号よりも結合力は弱いとする．したがって，

$$\forall x.\, P(x) \wedge Q(x,y)$$

と書いたときは，$\forall x(P(x) \wedge Q(x,y))$ を意味する．

本節では述語論理式を単に**論理式**(formula)ともいう．命題論理のときと同様に，A や B などで論理式を表す．A_1 のように添字を付けたりすることもある．A や B は論理式を表すメタ変数である．これに対して，個体変数は論理式の中に現れる変数である．このような変数を**対象変数**(object variable)と呼

ぶことがある．形式論理に関して議論する際には，対象変数とメタ変数の区別をしっかりすることが重要である．

BNF 記法を用いると，論理式は以下のように定義することができる．

$$A ::= P(t, \ldots, t) \mid \neg A \mid A \wedge A \mid A \vee A \mid A \supset A \mid \forall x A \mid \exists x A$$

ここで，$P(t, \ldots, t)$ という形の論理式は原子論理式である．各述語記号の引数の数は，その述語記号のアリティと一致していなくてはならない．また，P がアリティ 0 の述語記号であるとき，原子論理式 $P(\ )$ は単に P と書かれる．なお，本節では論理式 $\top$ と $\bot$ は考えないことにする．また，以下のように $\exists$ を $\neg$ と $\forall$ による省略形と考えることもできる．

$$\exists x A := \neg \forall x \neg A$$

この論理式は「すべての x に対し，A が成り立たないことはない」ということを意味している．

自由と束縛

以下では個体変数を単に**変数**(variable)と呼ぶことにする．

$\forall x P(x)$ という論理式は，「すべての x に対して $P(x)$ が成り立つ」という命題を意味する．また，$\forall y P(y)$ という論理式は，「すべての y に対して $P(y)$ が成り立つ」という命題を意味する．明らかに両者は同じ命題である．すなわち，$\forall x P(x)$ の中の変数 x を別の変数で置き換えても命題の意味は変わらない．これは，$\sum_{i=0}^{100} i^2$ と $\sum_{j=0}^{100} j^2$ が同じものを意味し，$\int_0^1 f(x)\mathrm{d}x$ と $\int_0^1 f(y)\mathrm{d}y$ が同じものを意味するのに似ている．$\forall x P(x)$ のように，$\forall$ もしくは $\exists$ の後に書かれ，別の変数で置き換えても命題の意味が変わらないような変数のことを，**束縛変数**(bound variable)という．束縛変数でない変数のことを**自由変数**(free variable)という．

例のように，束縛変数の名前を換えることを，**α 変換**(α-conversion)という．すなわち，論理式 $\forall x P(x)$ は，論理式 $\forall y P(y)$ に α 変換することが可能である．また，互いに α 変換でうつりあえる論理式を **α 同値**(α-equivalent)という．もちろん，これは論理式の間の同値関係である．α 同値な論理式を同一視し，構文的な等しさ $\equiv$ は α 同値関係を表すと約束することが多い．以下でも必要に応じて α 同値な論理式を同一視する．

実は，束縛されているか自由であるかということは，変数ごとに定まるわけではなく変数の出現ごとに定まる．例えば，$\forall xP(x) \wedge Q(x,y)$ という論理式において，$P(x)$ の x は $\forall x$ の影響下にあるので束縛されているが，$Q(x,y)$ の x は $\forall x$ の影響下にないので自由である．つまり，$P(x)$ における x の出現は束縛されており，$Q(x,y)$ における x の出現は自由である．

一般に，記号の**出現**(occurrence)とは，特定の場所における記号のことを意味する．例えば，$Q(x,x)$ という論理式には，変数 x の出現が二つある．また，$\forall xP(x) \wedge Q(x,y)$ には，x の出現が三つある．二番目の出現は**束縛された出現**(bound occurrence)であり，三番目の出現は**自由な出現**(free occurrence)である．なお，最初の出現，すなわち，$\forall x$ における x の出現のことを，**束縛する出現**(binding occurrence)ということがある．

A や B などで論理式を表すが，これらに角括弧で括った変数を付加して，$A[x]$ や $B[x]$ などで，自由変数 x を含むかもしれない論理式を表す．すなわち，$A[x]$ には変数 x の自由な出現が含まれているかもしれない(含まれていないかもしれない)．このとき，項 t に対して，$A[t]$ によって，$A[x]$ における x の自由な出現に t を**代入**(substitute)して得られる論理式を表す．例えば，論理式 $\forall xP(x) \wedge Q(x,y)$ を $A[x]$ と置くと，$A[c]$ は $\forall xP(x) \wedge Q(c,y)$ という論理式を表す．

また，$\forall y(P(y) \wedge Q(y,x))$ を $B[x]$ と置くと，$B[z]$ は $\forall y(P(y) \wedge Q(y,z))$ という論理式を表す．これに対して，$B[y]$ を求めるためには，α 変換によって，$B[x]$ の束縛変数 y を別の変数，例えば v に置き換えて，$\forall y(P(y) \wedge Q(y,x))$ を $\forall v(P(v) \wedge Q(v,x))$ のように書き換え，その後で x に y を代入して $\forall v(P(v) \wedge Q(v,y))$ としなければならない．なぜなら，$\forall y(P(y) \wedge Q(y,x))$ の x をそのまま y に置き換えると $\forall y(P(y) \wedge Q(y,y))$ となってしまい，代入された y が束縛されてしまうからである．このとき，変数 y は(代入によって)**捕獲**(capture)されたという．変数の捕獲を避けるためには，代入に先立って α 変換を行い，束縛変数の名前を換えてあげればよい．代入に関しては，第5章の λ 計算のところ(5.1節(c))でより詳しく説明されるであろう．

なお，$A[x_1, x_2, x_3]$ のようにして，複数の自由変数 x_1, x_2, x_3 を含むかもしれない論理式を表す．このとき，$A[t_1, t_2, t_3]$ によって，$A[x_1, x_2, x_3]$ における x_1, x_2, x_3 の自由な出現に項 t_1, t_2, t_3 を同時に代入して得られる論理式を表す．

自由変数を含まないような論理式を**閉じている**(closed である)という．特に，閉じている論理式のことを，**文**(sentence)ということがある．

(b)　意味論

命題記号を真か偽かに解釈することにより，命題論理式の真偽を得ることができた．命題論理における解釈とは，命題記号から真偽値への関数のことであった．

述語論理において論理式の真偽を得るためには，述語記号と定数記号を含む関数記号の解釈を定めなければならない．論理式が自由変数を含んでいる場合は，さらに自由変数の解釈も定めなければならない．

構　造

述語論理における**解釈**(interpretation)，すなわち，述語記号と定数記号を含む関数記号の解釈のことを，**構造**(structure)と呼ぶことがある．これは，述語論理における解釈には，変数が動き得る範囲である領域が備わっており，述語記号と関数記号の解釈が領域に数学的な構造を与えるからであろう．すなわち，述語論理における構造は，**領域**(universe)と呼ばれる空でない集合，定数記号を含む関数記号の解釈，述語記号の解釈から成り立っている．

- 構造 I の領域はそれぞれの変数の領域となる．ここでは，簡単のために，変数の領域は変数によらずに同じであるとしている．構造 I の領域を U_I もしくは U で表す．U は空集合ではないとする．
- それぞれの定数記号は集合 U の要素によって解釈される．また，それぞれの関数記号は，そのアリティが n のとき，$U^n \to U$ に属する関数によって解釈される．構造 I による関数記号 f の解釈を $I(f)$ と書く．
- それぞれの述語記号は，そのアリティが n のとき，$U^n \to \mathbb{B}$ に属する関数によって解釈される．$\mathbb{B}$ は真偽値の集合 $\{\top, \bot\}$ であった．構造 I による述語記号 P の解釈を $I(P)$ と書く．

例えば$Q(c, f(c,d))$という論理式を解釈するために次のような構造を考えることができる．

・変数の領域は自然数の全体$\mathbb{N}$とする．

・cという定数記号は3という自然数によって解釈する．dという定数記号は7という自然数によって解釈する．fという関数記号は，二つの自然数にその和を対応させる関数によって解釈する．

・Qという述語記号は，xがyより小さいような自然数の組$\langle x, y\rangle$には$\top$を対応させ，そうでないような自然数の組$\langle x, y\rangle$には$\bot$を対応させる関数によって解釈する．

以上の解釈により，$f(c,d)$という項は$3+7=10$に解釈される．したがって，$3<10$が成り立つので$Q(c, f(c,d))$は真と解釈される．

一つの構造Iが定義されたとき，それぞれの変数に領域U_Iの要素を対応させる関数を，構造Iのもとでの**付値**(valuation)という．付値は，論理式の中の自由変数を解釈するために用いる．

構造Iと付値Jが与えられたとき，それに従って論理式Aの真偽$[\![A]\!]_{I,J}$を以下のように定義する．

まず，IとJのもとでの項tの解釈$[\![t]\!]_{I,J}\in U$を以下のように帰納的に定義する．

・$[\![x]\!]_{I,J}=J(x)$

・$[\![f(t_1,\ldots,t_n)]\!]_{I,J}=I(f)([\![t_1]\!]_{I,J},\ldots,[\![t_n]\!]_{I,J})$

閉じた項tの解釈$[\![t]\!]_{I,J}$は付値Jに依存せず，構造Iにのみ依存する．そこで，$[\![t]\!]_{I,J}$を$[\![t]\!]_I$と書くことがある．

すると，論理式Aの解釈$[\![A]\!]_{I,J}\in\mathbb{B}$を以下のように帰納的に定義することができる．

・$[\![P(t_1,\ldots,t_n)]\!]_{I,J}=I(P)([\![t_1]\!]_{I,J},\ldots,[\![t_n]\!]_{I,J})$

・$[\![\neg A]\!]_{I,J}=\top$　**iff**　$[\![A]\!]_{I,J}=\bot$

・$\cdots$　（命題論理と同様）

・$[\![\forall xA]\!]_{I,J}=\top$　**iff**　任意の要素$u\in U$に対して$[\![A]\!]_{I,J[u/x]}=\top$

・$[\![\exists xA]\!]_{I,J}=\top$　**iff**　ある要素$u\in U$に対して$[\![A]\!]_{I,J[u/x]}=\top$

$\forall xA$と$\exists xA$に対する定義において，付値$J[u/x]$は付値Jから以下のように定義される．

$$J[u/x](x) = u$$
$$J[u/x](y) = J(y) \quad \textbf{if} \quad y \text{ は } x \text{ とは異なる変数}$$

このように，付値を変化させて A を解釈することにより，$\forall xA$ と $\exists xA$ の解釈を定義している．

閉じた論理式 A の解釈 $[\![A]\!]_{I,J}$ は付値 J に依存せず，構造 I にのみ依存する．そこで，$[\![A]\!]_{I,J}$ を $[\![A]\!]_I$ と書くことがある．

論理式 A は，任意の構造 I と任意の付値 J のもとで $[\![A]\!]_{I,J}{=}\top$ となるとき，すなわち，任意の構造と任意の付値のもとで真となるとき，**恒真**(valid)であるという．A が恒真であることを $\models A$ と書く．また，ある構造 I とある付値 J のもとで真となるとき，A は**充足可能**(satisfiable)であるという．このとき，I と J は A を充足するという．充足可能でないことを**充足不能**(unsatisfiable)という．論理式が充足不能ならば，どのような構造と付値のもとでも，その論理式は偽となる．したがって，$\neg A$ が恒真であるとき，また，そのときに限り，A は充足不能となる．

論理式と同様に，論理式の集合 Γ が**充足可能**であるとは，ある構造 I と付値 J が存在して，任意の $A{\in}\Gamma$ に対して，$[\![A]\!]_{I,J}{=}\top$ が成り立つことをいう．Γ が**充足不能**であるとは，Γ が充足可能でないことをいう．

論理式 A と B が**同値**(equivalent)もしくは**論理同値**(logically equivalent)であるとは，任意の構造 I と任意の付値 J のもとで $[\![A]\!]_{I,J}{=}[\![B]\!]_{I,J}$ が成り立つことをいう．

論理式 A の自由変数を $x_1,\cdots,x_n$ としたとき，$\forall x_1\cdots\forall x_nA$ を A の**全称閉包**(universal closure)といい，$\forall A$ と書く．また，$\exists x_1\cdots\exists x_nA$ を A の**存在閉包**(existential closure)といい，$\exists A$ と書く．$\forall A$ と $\exists A$ は，A のいかんにかかわらず，必ず閉じた論理式となる．

以下のことは互いに同値である．

・A は恒真である．
・$\forall A$ は恒真である．
・$\neg\forall A$ は充足不能である．

したがって，A が恒真であることをいうためには，$\neg\forall A$ が充足不能であることを示せばよい．

構造 I のもとで $\forall A$ が真となるとき，I を A の**モデル**(model)であるという．

構造の例を与えよう．定数記号 0 と 1，アリティが 2 の関数記号 + と ×，アリティが 2 の述語記号 = と < とから成る言語を考える．この言語に対して，実数の全体を領域とする以下のような(標準的な)構造 I を与えることができる．

・$U_I = \mathbb{R}$

・$I(0) = 0$

・$I(1) = 1$

・$I(+)(x, y) = x + y$

・$I(\times)(x, y) = x \times y$

・$I(=)(x, y) = \top$　**iff**　$x = y$

・$I(<)(x, y) = \top$　**iff**　$x < y$

超準解析

本項の最後に，構造の例として，**超準解析**(nonstandard analysis)を取り上げてみよう．なお，本項の以下の部分は構造の一例を挙げるに過ぎないので，飛ばしてもらってまったく差し支えない．

$\mathbb{F}$ が，自然数の全体 $\mathbb{N}$ の上の**自由超フィルタ**(free ultrafilter)であるとは，以下の条件を満たすことである．なお，自由超フィルタは**非単項超フィルタ**(non-principal ultrafilter)ともいう．

・$\mathbb{F}$ は $\mathbb{N}$ の無限部分集合の集合である．

・$\mathbb{F}$ は有限集合の補集合をすべて含む．

・$X \in \mathbb{F}$ かつ $X \subseteq Y$ ならば $Y \in \mathbb{F}$ が成り立つ．

・$\mathbb{F}$ は $\cap$ によって閉じている．すなわち，$X, Y \in \mathbb{F}$ ならば $X \cap Y \in \mathbb{F}$ が成り立つ．

・$\mathbb{N}$ の任意の部分集合 A に対して，$A \in \mathbb{F}$ または $A^c \in \mathbb{F}$ が成り立つ．

自由超フィルタの存在は，選択公理(ツォルンの補題)によって保証されている．

自由超フィルタは，0 または 1 のみを値とする $\mathbb{N}$ 上の測度で，有限集合上では 0 になるものといってもよい．

$\mathbb{R}^{\mathbb{N}}$ を以下の同値関係 $\approx$ で割ったものを $\mathbb{R}$ の**超積**(ultraproduct)と呼び，$^*\mathbb{R}$ と書く．$\alpha, \beta \in \mathbb{R}^{\mathbb{N}}$ に対して，

$$\alpha \approx \beta \quad \textbf{iff} \quad \{i \in \mathbb{N} \mid \alpha(i) = \beta(i)\} \in \mathbb{F}$$

と定義される．

先と同様に，定数記号 0 と 1，アリティが 2 の関数記号 $+$ と $\times$，アリティが 2 の述語記号 $=$ と $<$ とから成る言語を考える．この言語に対して，以下のような構造 I を定義する．

領域は $U_I = {}^*\mathbb{R} = \mathbb{R}^{\mathbb{N}}/\approx$ と定める．各記号の解釈は以下のように与える．

- $I(0)=[\alpha]$　**where**　$\alpha(i)=0$　**for any** $i \in \mathbb{N}$
- $I(1)=[\alpha]$　**where**　$\alpha(i)=1$　**for any** $i \in \mathbb{N}$
- $I(+)([\alpha],[\beta])=[\gamma]$　**where**　$\gamma(i)=\alpha(i)+\beta(i)$
- $I(\times)([\alpha],[\beta])=[\gamma]$　**where**　$\gamma(i)=\alpha(i)\times\beta(i)$
- $I(=)([\alpha],[\beta])=\top$　**iff**　$\alpha \approx \beta$
- $I(<)([\alpha],[\beta])=\top$　**iff**　$\{i \in \mathbb{N} \mid \alpha(i)<\beta(i)\} \in \mathbb{F}$

ここで，$[\alpha]$ や $[\beta]$ は，α や β の $\approx$ に関する同値類を表している．

すると，$\mathbb{R}$ の任意の要素 $r \in \mathbb{R}$ は以下のようにして U に埋め込むことができる．

$$r \mapsto [\rho] \quad \textbf{where} \quad \rho(i) = r \quad \textbf{for any } i \in \mathbb{N}$$

この埋め込み($\mapsto$)により，$\mathbb{R}$ は U の部分集合とみなすことができる．

しかし，U には(上の埋め込みによる)実数には対応しないような「数」がたくさんある．例えば，「無限小の数」e を次のように定義することができる．

$$e = [\epsilon] \quad \textbf{where} \quad \epsilon(i) = 1/(i+1)$$

すると，任意の $r \in \mathbb{R}$ に対して，$0<r$ ならば，その埋め込み $[\rho]$ と e の間には必ず $I(<)(e,[\rho])=\top$ が成り立つ．これは，$0<r$ ならば $e<r$ が成り立つことを

意味している．また，$0<e$ が成り立つので，e はどんな正の実数よりも小さい正の数，すなわち，無限小ということができる．

同様にして無限大の数なども定義することができる．

(c)　エルブランの定理

本項では，述語論理の重要な性質であるエルブランの定理を示す．エルブランの定理によれば，$\forall x A[x]$ という形の閉じた論理式が充足不能ならば，その有限個の具体例 $A[t_1], \ldots, A[t_n]$ が，命題論理において充足不能になる．ただし，$A[x]$ は $\forall$ も $\exists$ も含まない．この定理により，述語論理における充足不能性が，命題論理における充足不能性に還元される．

スコーレム関数

閉じた論理式 $\forall x \exists y A[x, y]$ が充足可能であるとき，f を $A[x, y]$ に現れないまったく新しい関数記号とすると，$\forall x A[x, f(x)]$ も充足可能になる．なぜなら，$\forall x \exists y A[x, y]$ が充足可能であるとすると，$\forall x \exists y A[x, y]$ を真にする構造 I が存在する．構造 I のもとでは，任意の x に対して $A[x, y]$ を真とする y が存在するから，x に $A[x, y]$ を真とする y を対応させる関数を関数記号 f の解釈とすることにより，$\forall x A[x, f(x)]$ を真にする構造 I' が得られる．

逆に，$\forall x A[x, f(x)]$ が充足可能ならば $\forall x \exists y A[x, y]$ も充足可能である．なぜなら，$\forall x A[x, f(x)]$ を真とする構造は，$\forall x \exists y A[x, y]$ も真とするからである．

以上のことから，論理式 $\forall x \exists y A[x, y]$ が充足可能であるかどうかを調べるには，$\forall x A[x, f(x)]$ が充足可能かどうかを調べればよいことがわかる．

一般に，$\forall x_1 \cdots \forall x_n \exists y A[x_1, \ldots, x_n, y]$ という形の閉じた論理式が充足可能であるかどうかを調べるには，$\forall x_1 \cdots \forall x_n A[x_1, \ldots, x_n, f(x_1, \ldots, x_n)]$ が充足可能かどうかを調べればよい．ただし，f はアリティが n の新しい関数記号である．なお，このような目的で新たに導入された関数記号を**スコーレム関数**(Skolem function)という．特に $n=0$ の場合，$\exists y A[y]$ が充足可能であるかどうかを調べるには，$A[c]$ が充足可能かどうかを調べればよい．ただし c は新しい定数記号であり，**スコーレム定数**(Skolem constant)と呼ばれることもある．以上を定理の形で書くと以下のようになる．

定理 2.10　閉じた論理式 $\forall x_1 \cdots \forall x_n \exists y A[x_1, \ldots, x_n, y]$ が充足可能であるとき，そして，そのときに限り，$\forall x_1 \cdots \forall x_n A[x_1, \ldots, x_n, f(x_1, \ldots, x_n)]$ は充足可能である．　□

以上のように，$\forall$ の並びの直後の $\exists$ は，充足可能性を保存したまま，スコーレム関数によって置き換えることができる．ただし，$\forall$ の並びは論理式の最も外側になければならない．したがって，スコーレム関数を導入するためには，$\forall$ と $\exists$ を論理式の外側へ動かす必要がある．

論理式の一部に対して次のような置き換えを行っても，置き換え前と置き換え後の論理式は同値である．したがって，置き換えを行っても充足可能性は変わらない．三番目と最後の置き換えは**ドモルガン則**(de Morgan's law)の一種である．

- $\forall x A[x] \wedge B$ を $\forall x (A[x] \wedge B)$ に置き換える．
- $\forall x A[x] \vee B$ を $\forall x (A[x] \vee B)$ に置き換える．
- $\neg \forall x A[x]$ を $\exists x \neg A[x]$ に置き換える．
- $\exists x A[x] \wedge B$ を $\exists x (A[x] \wedge B)$ に置き換える．
- $\exists x A[x] \vee B$ を $\exists x (A[x] \vee B)$ に置き換える．
- $\neg \exists x A[x]$ を $\forall x \neg A[x]$ に置き換える．

なお，B は x を自由変数として含まないと仮定している．$B \wedge \forall x A[x]$ などに対しても同様の置き換えを定義することができる．また，$\forall x A[x] \supset B$ などに対しても同様の置き換えを定義することができる．そして，このような置き換えを繰り返すことにより，$\forall$ と $\exists$ を論理式の外側に集めることができる．すなわち，以下の定理が得られる．

定理 2.11　任意の論理式 A は，$\mathcal{Q}_1 x_1 \cdots \mathcal{Q}_n x_n A_0$ という形の論理式に同値である．ただし，$\mathcal{Q}_i$ は $\forall$ か $\exists$ を表し，A_0 は $\forall$ も $\exists$ も含まない．　□

論理式 $\mathcal{Q}_1 x_1 \cdots \mathcal{Q}_n x_n A_0$ を論理式 A の**冠頭形**(prenex form)と呼ぶことがある．

冠頭形に書き換えた後，スコーレム関数の導入を繰り返すことにより，任意の閉じた論理式は，その充足可能性を変えずに，$\forall x_1 \cdots \forall x_n A[x_1, \ldots, x_n]$ という形の閉じた論理式で，$A[x_1, \ldots, x_n]$ が $\forall$ と $\exists$ を含まないようなものに変換することができる．このような変換を**スコーレム化**(Skolemization)という．

また，スコーレム化した結果の論理式をもとの論理式のスコーレム化ということもある．例えば，

$$P(c)\wedge(\forall x.\ (\exists y.\ P(x)\supset Q(y))\wedge\neg Q(x))$$

という論理式の冠頭形は以下のようになる(. を使った記法については項(a) p.45 を参照)．

$$\forall x.\exists y.\ P(c)\wedge(P(x)\supset Q(y))\wedge\neg Q(x)$$

これをスコーレム化すると以下のようになる．

$$\forall x.\ P(c)\wedge(P(x)\supset Q(f(x)))\wedge\neg Q(x)$$

エルブラン構造

$\forall x_1\cdots\forall x_n A[x_1,\ldots,x_n]$ を閉じた論理式で，$A[x_1,\ldots,x_n]$ が $\forall$ と $\exists$ を含まないようなものとする．本項ではこのような論理式を一つ固定して議論を進める．そして，本項の目標は，論理式 $\forall x_1\cdots\forall x_n A[x_1,\ldots,x_n]$ が充足可能であるためのより簡単な必要十分条件を求めることにある．

$\forall x_1\cdots\forall x_n A[x_1,\ldots,x_n]$ に含まれる定数記号と関数記号の全体を $\mathbb{F}$ と置く．$\mathbb{F}$ に定数記号が一つも属していないときは，適当な定数記号を一つ $\mathbb{F}$ に加えることにする．$\mathbb{F}$ の中の定数記号と関数記号から作られる閉じた項の全体を，もとの論理式 $\forall x_1\cdots\forall x_n A[x_1,\ldots,x_n]$ の**エルブラン領域**(Herbrand universe) といい $\mathbb{H}$ と書く．例えば，もとの論理式が $\forall x\forall y(P(x)\wedge Q(x,f(x,c)))$ であるとき，$\mathbb{F}=\{c,f\}$ であり，$\mathbb{H}$ は，

$$\mathbb{H}=\{c,f(c,c),f(f(c,c),c),f(c,f(c,c)),f(f(c,c),f(c,c)),\ldots\}$$

となる．なお，$\mathbb{F}$ に定数記号が一つも属していなかったときは，適当な定数記号を一つ $\mathbb{F}$ に加えることにしたので，$\mathbb{H}$ は空集合ではないことが保証されている．

エルブラン構造(Herbrand structure) とは，エルブラン領域をその領域とする構造で，任意の閉じた項をそれ自身に解釈するようなものである．すなわ

ち，次のような条件を満たす構造 I_H をエルブラン構造という．

- $U_{I_H}=\mathbb{H}$.
- 定数記号 c は c 自身に解釈する．すなわち，$I_H(c)=c\in\mathbb{H}$．アリティ n の関数記号 f に対して，$I_H(f)$ は $\mathbb{H}$ の要素である閉じた項 $t_1,\ldots,t_n$ に $\mathbb{H}$ の要素である閉じた項 $f(t_1,\ldots,t_n)$ を対応させる．すなわち，$t_1,\cdots,t_n\in\mathbb{H}$ に対して，$I_H(f)(t_1,\ldots,t_n)=f(t_1,\ldots,t_n)\in\mathbb{H}$.

すると，任意の閉じた項 t は $\mathbb{H}$ の要素である t 自身によって解釈される．すなわち，$[\![t]\!]_{I_H}=t$ が成り立つ．なお，述語記号の解釈はエルブラン構造ごとに異なっていてかまわない．すなわち，アリティ n の述語記号 P に対して，$I_H(P)$ は $\mathbb{H}^n\to\mathbb{B}$ に属する関数であればよい．

一般に，論理式を真に解釈するエルブラン構造(および付値)が存在するとき，その論理式は**エルブラン充足可能**(Herbrand-satisfiable)であるという．同様に，論理式の集合 Γ がエルブラン充足可能であるとは，Γ に属する任意の論理式を真に解釈するエルブラン構造(および付値)が存在することをいう．**エルブラン充足不能**(Herbrand-unsatisfiable)であることも同様に定義される．

論理式 $\forall x_1\cdots\forall x_n A[x_1,\ldots,x_n]$ は，$A[x_1,\ldots,x_n]$ が $\forall$ と $\exists$ を含まないので，充足可能であるならばエルブラン充足可能でもある．なぜなら，この論理式を充足する構造 I があったとき，エルブラン構造 I_H を，述語記号 P に対して，

$$I_H(P)(t_1,\ldots,t_n)=I(P)([\![t_1]\!]_I,\ldots,[\![t_n]\!]_I)$$

によって定義すればよい．一般の論理式は，たとえ充足可能であっても，エルブラン充足可能になるとは限らない．例えば，$\neg P(c)\wedge\exists xP(x)$ という論理式は充足可能であるが，c とは異なる定数記号もしくは関数記号がないと，エルブラン領域は $\{c\}$ なので，エルブラン充足可能にならない．

エルブラン基底

引続き，$\forall x_1\cdots\forall x_n A[x_1,\ldots,x_n]$ を閉じた論理式で，$A[x_1,\ldots,x_n]$ が $\forall$ と $\exists$ を含まないようなものとする．

$A[x_1,\ldots,x_n]$ の中に含まれる述語記号の全体を $\mathbb{P}$ と置く．$\mathbb{P}$ の中の述語記号と $\mathbb{F}$ の中の定数記号と関数記号から作られる閉じた原子論理式の全体を，もとの論理式 $\forall x_1 \cdots \forall x_n A[x_1,\ldots,x_n]$ の**エルブラン基底**(Herbrand base)といい $\mathbb{Q}$ と書く．例えば，もとの論理式が $\forall x \forall y(P(x) \wedge Q(x, f(x,c)))$ であるとき，$\mathbb{P}=\{P,Q\}$ であり，$\mathbb{Q}$ は，

$$\mathbb{Q} = \{P(c), P(f(c,c)), Q(c,c), Q(f(c,c),c), \ldots\}$$

となる．

エルブラン構造 I_H に対して，エルブラン基底 $\mathbb{Q}$ から真偽値の全体 $\mathbb{B}=\{\top,\bot\}$ への関数 I' を以下のように定めることができる．すなわち，アリティ n の述語記号 P と $t_1,\ldots,t_n \in \mathbb{H}$ に対して，

$$I'(P(t_1,\ldots,t_n)) = I_H(P)(t_1,\ldots,t_n)$$

と定義する．逆に，上の条件によって，関数 $I'\colon \mathbb{Q} \to \mathbb{B}$ からエルブラン構造 I_H を定めることができる．

論理式 $A[x_1,\ldots,x_n]$ の自由変数 $x_1,\ldots,x_n$ に，閉じた項 $t_1,\ldots,t_n \in \mathbb{H}$ を代入して得られる論理式 $A[t_1,\ldots,t_n]$ の全体を Γ と置く．すなわち，

$$\Gamma = \{A[t_1,\ldots,t_n] \mid t_1,\ldots,t_n \in \mathbb{H}\}$$

と定義する．

$A[t_1,\ldots,t_n]$ には $\forall$ も $\exists$ も含まれない．したがって，$A[t_1,\ldots,t_n]$ はエルブラン基底 $\mathbb{Q}$ の要素を命題記号とする命題論理式と考えることができる．また，エルブラン基底 $\mathbb{Q}$ の要素を命題記号とみなすと，関数 $I'\colon \mathbb{Q} \to \mathbb{B}$ は，命題論理式の解釈と考えることができる．

I' の定義より，$A[t_1,\ldots,t_n]$ を命題論理式と思って I' によって解釈した結果 $[\![A[t_1,\ldots,t_n]]\!]_{I'}$ と，$A[t_1,\ldots,t_n]$ を閉じた述語論理式と思ってエルブラン構造 I_H によって解釈した結果 $[\![A[t_1,\ldots,t_n]]\!]_{I_H}$ は等しい．このことは，厳密には論理式の構造に関する帰納法で証明すべきところだが，I_H と I' の関係と $\forall$ と $\exists$ 以外の論理記号の解釈が命題論理と述語論理で変わらないことから明らかであろう．

さらに，$[\![t_i]\!]_{I_H}=t_i$ であるので，任意の $t_1,\ldots,t_n$ に対して $[\![A[t_1,\ldots,t_n]]\!]_{I_H}=\top$ ならば，$[\![\forall x_1\cdots\forall x_n A[x_1,\ldots,x_n]]\!]_{I_H}=\top$ が成り立つ．したがって，以下の補題が成り立つ．

補題 2.12　Γ が命題論理式の集合として充足可能であるならば，$\forall x_1\cdots\forall x_n A[x_1,\ldots,x_n]$ はエルブラン充足可能，したがって，充足可能である．　□

エルブランの定理

エルブランの定理(Herbrand's theorem)は以下のように述べられる．

定理 2.13　$\forall x_1\cdots\forall x_n A[x_1,\ldots,x_n]$ が充足不能ならば，閉じた項 $t_{ij}\in\mathbb{H}$ $(1\leqq i\leqq m, 1\leqq j\leqq n)$ が存在して，$\{A[t_{11},\ldots,t_{1n}],\ldots,A[t_{m1},\ldots,t_{mn}]\}$ が命題論理において充足不能になる．

［証明］　補題 2.12 により，$\forall x_1\cdots\forall x_n A[x_1,\ldots,x_n]$ が充足不能ならば，Γ は命題論理式の集合として充足不能である．したがって，命題論理のコンパクト性より，Γ の有限部分集合で充足不能なものが存在する．　■

例として，以下の論理式を考えよう．

$$\forall x_1.\, P(c)\land(P(x_1)\supset Q(f(x_1)))\land\neg Q(x_1)$$

この場合，$A[x_1]$ は以下の論理式になる．

$$P(c)\land(P(x_1)\supset Q(f(x_1)))\land\neg Q(x_1)$$

すると，$\{A[c], A[f(c)]\}$，すなわち，

$$\left\{\begin{array}{c} P(c)\land(P(c)\supset Q(f(c)))\land\neg Q(c), \\ P(c)\land(P(f(c))\supset Q(f(f(c))))\land\neg Q(f(c)) \end{array}\right\}$$

は充足不能になる．なお，$A[c]$ も $A[f(c)]$ も単独では充足可能である．

また，上の定理の逆は明らかである．

定理 2.14　閉じた項 $t_{ij}\in\mathbb{H}(1\leqq i\leqq m, 1\leqq j\leqq n)$ が存在して，$\{A[t_{11},\ldots,t_{1n}],\ldots,A[t_{m1},\ldots,t_{mn}]\}$ が命題論理において充足不能となるならば，$\forall x_1\cdots\forall x_n A[x_1,\ldots,x_n]$ は充足不能である．　□

エルブランの定理で，$\{A[t_{11},\ldots,t_{1n}],\ldots,A[t_{m1},\ldots,t_{mn}]\}$ が命題論理に

おいて充足不能になるとは，

$$\neg A[t_{11}, \ldots, t_{1n}] \vee \cdots \vee \neg A[t_{m1}, \ldots, t_{mn}]$$

という論理式がトートロジであることに他ならない．もしくは，

$$A[t_{11}, \ldots, t_{1n}], \ldots, A[t_{m1}, \ldots, t_{mn}] \rightarrow$$

というシーケントがトートロジであることに他ならない．ワングのアルゴリズムなどを用いてトートロジを判定することは可能であるから，閉じた項を網羅的に生成していくことにより，与えられた(閉じた)述語論理式が充足不能かどうかを調べることができる．与えられた論理式が充足不能であるならば，必ずいつかはエルブランの定理の t_{ij} を見つけることができるであろう．したがって，与えられた論理式が充足不能であることを知ることができる．しかし，与えられた論理式が充足不能でない場合，充足不能でないということを知ることは一般にはできない．すなわち，充足不能な論理式の全体は帰納的に可算であるが帰納的ではないということが知られている．「帰納的に可算」と「帰納的」については第4章を参照のこと．

コンパクト性

エルブランの定理を用いて，述語論理のコンパクト性を導くことができる．

Γ を閉じた論理式の任意の集合としたとき，Γ の論理式を個々にスコーレム化して得られる論理式の集合を Γ' とする．ここで，論理式ごとに別々のスコーレム関数を導入する．そして，エルブラン領域 $\mathbb{H}$ を，Γ の論理式に対して導入されたすべてのスコーレム関数も含む閉じた項の全体とし，Γ'' を以下のように定義する．

$$\Gamma'' = \{A[t_1, \ldots, t_n] \mid \forall x_1 \cdots \forall x_n A[x_1, \ldots, x_n] \in \Gamma',\ t_1, \ldots, t_n \in \mathbb{H}\}$$

すると，補題2.12と同様にして，Γ'' が充足可能であるならば，Γ が充足可能であることがわかる．したがって，Γ が充足不能ならば，Γ'' の有限部分集合 Δ'' で充足不能なものが存在する．

Δ'' の要素のもとになった Γ' の要素の集合を Δ'，さらにそのもとになった

Γ の要素の集合を Δ とする．明らかに Δ' は充足不能である．Δ を充足する構造は，スコーレム関数の解釈を与えることにより Δ' も充足するので，Δ' が充足不能ならば Δ も充足不能になる．

定理 2.15　Γ が充足不能ならば，Γ の有限部分集合 Δ が存在して，Δ は充足不能である．　□

(d)　ヒルベルト流

本項では，述語論理に対する**ヒルベルト流**(Hilbert style)の演繹体系を説明しよう．述語論理に対するヒルベルト流は恒真の論理式を定理として導く．したがって，健全性とは任意の定理が恒真であること，完全性とは任意の恒真の論理式が定理であることである．命題論理と同様に，推論規則の数は非常に少ないのに対して，数多くの種類の公理を用いる．述語論理に対するヒルベルト流の推論規則は，**三段論法**(modus ponens)と**汎化**(generalization)の二つである．

公　理

本項では，演繹体系を簡単にするために，命題論理に関しては，任意のトートロジおよびトートロジの命題記号を論理式で置き換えたものを公理として認めてしまう．例えば，以下の論理式は公理である．

$$\forall xP(x)\vee\neg\forall xP(x)$$

$\forall$ に関する公理は以下のようなものである．

・$\forall xA[x]\supset A[t]$

これを**代入**(substitution)の公理という．上の形の論理式はすべて公理である．$A[x]$ は x を自由に含む(かもしれない)任意の論理式で，$A[t]$ は $A[x]$ における x の(自由な)出現を項 t で置き換えて得られる論理式を表す．

・$\forall x(A\supset B[x])\supset(A\supset\forall xB[x])$

ただし，A に x は自由に現れない．この逆は，代入と汎化により定理となる．

$\exists x A[x]$ は $\neg\forall x\neg A[x]$ の糖衣構文と考える．

$$\exists x A[x] := \neg\forall x\neg A[x]$$

すると，代入の公理より，$A[t]\supset\exists x A[x]$ という形の論理式は定理となる．

推論規則

三段論法(modus ponens)は，命題論理の場合と同じであり，以下のような推論規則である．

・A と $A\supset B$ から B を導く．したがって，$A\supset B$ がトートロジの場合，A から B を導くことができる．

汎化(generalization)は以下のような推論規則である．

・$A[x]$ から $\forall x A[x]$ を導く．

ヒルベルト流の推論規則はこの二つのみである．以上の公理と推論規則から成る演繹体系が健全であることを示すのは容易である．

以上の公理と推論規則から，派生規則として以下のようなものが得られる．これらは汎化の一種と考えられる．

・$A\supset B[x]$ から $A\supset\forall x B[x]$ を導くことができる．ただし，A に x は自由に現れない．

・$A[x]\supset B$ から $\exists x A[x]\supset B$ を導くことができる．ただし，B に x は自由に現れない．

さらに，以下の議論では次のような派生規則を用いる．

・$A[x]\wedge B\supset C$ から $\exists x A[x]\wedge B\supset C$ を導くことができる(汎化)．ただし，B と C に x は自由に現れない．

・$A[t]\wedge B\supset C$ から $\forall x A[x]\wedge B\supset C$ を導くことができる(代入)．

完全性

論理式 A_0 は恒真であると仮定する．A_0 に含まれる自由変数を $x_1,\ldots,x_n$ としたとき，$\neg\forall x_1\cdots\forall x_n A_0$ は充足不能な閉じた論理式である．したがって，これをスコーレム化した結果にエルブランの定理を適用すればトートロジが得られる．このトートロジをもとにして，もとの論理式 A_0 を定理として証明すればよい．しかし，そのためには，演繹体系に関するさまざまな性質が必要になる．ここでは，エルブランの定理によって得られたトートロジをもとにして，スコーレム化する前の論理式を定理として証明することを考えよう．

例として，以下の充足不能な論理式を考えよう．

$$P(c)\wedge(\forall x.\ (\exists y.\ P(x)\supset Q(y))\wedge\neg Q(x))$$

この冠頭形は以下のようになる．

$$\forall x.\exists y.\ P(c)\wedge(P(x)\supset Q(y))\wedge\neg Q(x)$$

さらに，これをスコーレム化すると以下のようになる．

$$\forall x.\ P(c)\wedge(P(x)\supset Q(f(x)))\wedge\neg Q(x)$$

すると，以下の二つの論理式の連言が充足不能になる．

$$P(c)\wedge(P(c)\supset Q(f(c)))\wedge\neg Q(c)$$
$$P(c)\wedge(P(f(c))\supset Q(f(f(c))))\wedge\neg Q(f(c))$$

$f(c)$ を y_1 で，$f(f(c))$ を y_2 で置き換える．

$$P(c)\wedge(P(c)\supset Q(y_1))\wedge\neg Q(c)$$
$$P(c)\wedge(P(y_1)\supset Q(y_2))\wedge\neg Q(y_1)$$

この論理式の連言も充足不能であり，以下のトートロジが得られる．

$$(P(c)\wedge(P(c)\supset Q(y_1))\wedge\neg Q(c))\wedge$$
$$(P(c)\wedge(P(y_1)\supset Q(y_2))\wedge\neg Q(y_1))\supset\bot$$

y_2 に対して汎化を行うと，

$$(P(c)\wedge(P(c)\supset Q(y_1))\wedge\neg Q(c))\wedge$$
$$(\exists y.\ P(c)\wedge(P(y_1)\supset Q(y))\wedge\neg Q(y_1))\supset\bot$$

が得られる．y_1 に対する代入により，

$$(P(c)\wedge(P(c)\supset Q(y_1))\wedge\neg Q(c))\wedge$$
$$(\forall x.\exists y.\ P(c)\wedge(P(x)\supset Q(y))\wedge\neg Q(x))\supset\bot$$

y_1 が二行目から消えたので，y_1 に対して汎化を行うと，

$$(\exists y.\ P(c)\wedge(P(c)\supset Q(y))\wedge\neg Q(c))\wedge$$
$$(\forall x.\exists y.\ P(c)\wedge(P(x)\supset Q(y))\wedge\neg Q(x))\supset\bot$$

が得られる．c に対する代入により，

$$(\forall x.\exists y.\ P(c)\wedge(P(x)\supset Q(y))\wedge\neg Q(x))\wedge$$
$$(\forall x.\exists y.\ P(c)\wedge(P(x)\supset Q(y))\wedge\neg Q(x))\supset\bot$$

これは以下と同値である．

$$(\forall x.\exists y.\ P(c)\wedge(P(x)\supset Q(y))\wedge\neg Q(x))\supset\bot$$

もう少し一般的に，$\forall$ と $\exists$ に関する変換により，例えば $\forall x\exists y\forall v\exists w A[x,y,v,w]$ という形の論理式が得られたとする．ただし，$A[x,y,v,w]$ は $\forall$ と $\exists$ を含まない．これをスコーレム化すると，$\forall x\forall v A[x,f(x),v,g(x,v)]$ となる．f と g はスコーレム関数である．

エルブランの定理より，例えば，以下のようなトートロジが得られたとする．

$$A[t_1,f(t_1),s_1,g(t_1,s_1)]\wedge$$
$$A[t_2,f(t_2),s_2,g(t_2,s_2)]\wedge$$
$$A[t_2,f(t_2),s_3,g(t_2,s_3)]\supset\bot \qquad (*)$$

これから，以下のようにして，$\forall x\exists y\forall v\exists w A[x,y,v,w]\supset\bot$ という論理式を定理として導くことができる．まず，$(*)$の中の $f(t_1)$ を y_1 で，$f(t_2)$ を y_2 で，$g(t_1,s_1)$ を w_1 で，$g(t_2,s_2)$ を w_2 で，$g(t_2,s_3)$ を w_3 で置き換える．すなわち，スコーレム関数で始まる項を，それぞれにユニークに対応する新しい変数で置き換える．すると，

$$A[t_1, y_1, s_1, w_1] \wedge A[t_2, y_2, s_2, w_2] \wedge A[t_2, y_2, s_3, w_3] \supset \bot \qquad (**)$$

はトートロジである．より正確には，t_1, t_2, s_1, s_2, s_3 の中に，スコーレム関数で始まる項が現れている場合は，これらの項においても，上記の置き換えが行われる．ただし，$A[x, y, v, w]$ にはスコーレム関数は現れないので，t_1, t_2, s_1, s_2, s_3 の外側は変化は受けない．結果として，スコーレム関数が現れない論理式(**)が得られる．論理式(*)において同一の原子論理式は，論理式(**)においても同一になる．したがって，(**)もトートロジである．

(**)に対して汎化を繰り返して，

$$\exists w A[t_1, y_1, s_1, w] \wedge \exists w A[t_2, y_2, s_2, w] \wedge \exists w A[t_2, y_2, s_3, w] \supset \bot$$

が得られる．代入の公理より，

$$\forall v \exists w A[t_1, y_1, v, w] \wedge \forall v \exists w A[t_2, y_2, v, w] \supset \bot$$

が求まる．再び汎化を繰り返す．

$$\exists y \forall v \exists w A[t_1, y, v, w] \wedge \exists y \forall v \exists w A[t_2, y, v, w] \supset \bot$$

最後に，代入の公理より，$\forall x \exists y \forall v \exists w A[x, y, v, w] \supset \bot$ が得られる．ただし，汎化と代入の順序は，t_1, t_2, s_1, s_2, s_3 に y_1, y_2, w_1, w_2, w_3 が現れるかどうかに従って，適当に入れ換える必要がある．例えば，t_2 に w_1 が現れる場合(すなわち，もともとの t_2 に $g(t_1, s_1)$ が現れる場合)，w_1 に関する汎化を先に行うことができないので，w_2, w_3, y_2 に関する汎化と関連する代入を先に行う．

$$A[t_1, y_1, s_1, w_1] \wedge \forall x \exists y \forall v \exists w A[x, y, v, w] \supset \bot$$

t_2 が消えたので，w_1 に関する汎化を行うことができる．

$$\exists w A[t_1, y_1, s_1, w] \wedge \forall x \exists y \forall v \exists w A[x, y, v, w] \supset \bot$$

結局，$f(t_1), g(t_1, s_1), f(t_2), g(t_2, s_2), g(t_2, s_3)$ の間の包含関係に従った順序で汎化を行えばよいことがわかる．

一般に，大きい方の項を置き換える変数の汎化を先に行うことにより，スコーレム化を行う前の論理式を証明することができる．

一階述語論理の完全性は，以上のようにエルブランの定理を経るのではなく，命題論理のコンパクト性の議論と同様にして，極大無矛盾集合の存在を用いて証明することができる．ただし，このためには無限個のスコーレム定数を導入する必要がある(これらのスコーレム定数を除去する議論と，上の議論が対応している)．詳しくは章末問題 2.18 を参照されたい．

強い完全性

Γ を閉じた論理式の集合とする．ここでは，Γ として特に無限集合を想定している．A は閉じた論理式とする．

Γ を充足する構造が必ず A も充足するとき，Γ は A を**含意**(entail)するといい，$\Gamma \models A$ と書く．また，A は Γ の**論理的帰結**(logical consequence)であるという．

また，Γ の論理式 $A_1, \ldots, A_n$ が存在して，$A_1 \wedge \cdots \wedge A_n \supset A$ が証明可能であるとき，Γ から A が証明可能であるといい，$\Gamma \vdash A$ と書く．

強い完全性(strong completeness)とは以下のような定理である．これに対して，従来の完全性を**弱い完全性**(weak completeness)という．

定理 2.16　$\Gamma \models A$ ならば $\Gamma \vdash A$.

[証明]　弱い完全性とコンパクト性から強い完全性が導かれる．$\Gamma \models A$ ならば，$\Gamma \cup \{\neg A\}$ が充足不能である．したがって，コンパクト性より，有限個の論理式 $A_1, \ldots, A_n \in \Gamma$ が存在して，$\{A_1, \ldots, A_n, \neg A\}$ は充足不能となる．したがって，$A_1 \wedge \cdots \wedge A_n \supset A$ は恒真である．弱い完全性より，$A_1 \wedge \cdots \wedge A_n \supset A$ は証明可能である．したがって，$\Gamma \vdash A$.　■

逆に，明らかに強い完全性から弱い完全性とコンパクト性が導かれる．

(e)　シーケント計算

命題論理と同様に，述語論理に対しても**シーケント計算**(sequent calculus)を定義することができる．$A_1, \ldots, A_m, B_1, \ldots, B_n$ が述語論理式であるとき，

$$A_1, \ldots, A_m \to B_1, \ldots, B_n$$

という形の論理式を(述語論理における)**シーケント**(sequent)という．このシーケントには，

$$A_1 \wedge \cdots \wedge A_m \supset B_1 \vee \cdots \vee B_n$$

という述語論理式が対応する．論理式 $A_1 \wedge \cdots \wedge A_m \supset B_1 \vee \cdots \vee B_n$ が恒真であるとき，シーケント $A_1, \ldots, A_m \rightarrow B_1, \ldots, B_n$ も恒真であるという．

推論規則

命題論理のときと同様に，推論規則は，

$$\frac{\text{前提}_1 \quad \cdots \quad \text{前提}_n}{\text{結論}} \ (\text{規則の名前})$$

という形をしている．各推論規則は，前提のシーケントが恒真であるとき，結論のシーケントも恒真になるようなものである．$A_1, \ldots, A_m, B_1, \ldots, B_n$ がすべて原子論理式で，ある i と j に対して A_i と B_j がまったく同じ原子論理式であるようなシーケントを**初期シーケント**(initial sequent)という．命題論理のときと同様に，初期シーケントから始めて推論規則を有限回適用して得られるシーケントを証明可能であるという．

命題論理の推論規則はそのまま述語論理の推論規則としても用いる．それに加えて，次のような推論規則を用意する．

$$\frac{\Gamma \rightarrow \Delta, A[a]}{\Gamma \rightarrow \Delta, \forall x A[x]} \ (\forall\text{右})$$

$$\frac{A[t], \Gamma \rightarrow \Delta}{\forall x A[x], \Gamma \rightarrow \Delta} \ (\forall\text{左})$$

$$\frac{\Gamma \rightarrow \Delta, A[t]}{\Gamma \rightarrow \Delta, \exists x A[x]} \ (\exists\text{右})$$

$$\frac{A[a], \Gamma \rightarrow \Delta}{\exists x A[x], \Gamma \rightarrow \Delta} \ (\exists\text{左})$$

これらの規則は ∀ と ∃ を結論のシーケントに導入するためのものである．∀左と ∃右の推論規則において t は勝手な項でよい．∀右と ∃左の推論規則において a は結論に自由に現れない，すなわち，Γ と Δ の中の論理式に自由に現れないような変数とする．さらに，述語論理では，以下の**重ね合わせ**(con-

$$\cfrac{\cfrac{\cfrac{\cfrac{\cfrac{P(a) \to R, P(a) \quad R \to R, P(a)}{P(a) \vee R \to R, P(a)}}{\forall x(P(x) \vee R) \to R, P(a)}}{\forall x(P(x) \vee R) \to R, \forall x P(x)}}{\forall x(P(x) \vee R) \to \forall x P(x), R}}{\forall x(P(x) \vee R) \to \forall x P(x) \vee R}$$

図 2.2　$\forall x(P(x) \vee R) \to \forall x P(x) \vee R$ の証明図

traction）の規則を用意する．

$$\frac{\Gamma \to \Delta, A, A}{\Gamma \to \Delta, A} \ (\text{重ね合わせ右})$$

$$\frac{A, A, \Gamma \to \Delta}{A, \Gamma \to \Delta} \ (\text{重ね合わせ左})$$

初期シーケントは恒真である．また，それぞれの推論規則については，前提のシーケントが恒真ならば結論のシーケントも恒真であるので，証明可能なシーケントは恒真である．したがって，シーケント計算の演繹体系は健全である．

例えば，図 2.2 はシーケント $\forall x(P(x) \vee R) \to \forall x P(x) \vee R$ の証明図である．

完全性

シーケント計算の演繹体系は完全でもある．すなわち，任意の恒真であるシーケントは証明可能である．このことは，ヒルベルト流と同様に，以下のようにして示すことができる．

シーケント $A_1, \ldots, A_\mu \to B_1, \ldots, B_\nu$ が恒真であるならば，論理式 $A_1 \wedge \cdots \wedge A_\mu \supset B_1 \vee \cdots \vee B_\nu$ は恒真である．したがって，論理式 $\neg\forall(A_1 \wedge \cdots \wedge A_\mu \supset B_1 \vee \cdots \vee B_\nu)$ は充足不能である．ここで $\forall$ は全称閉包を意味している．$\neg\forall(A_1 \wedge \cdots \wedge A_\mu \supset B_1 \vee \cdots \vee B_\nu)$ をスコーレム化して，論理式 $\forall x_1 \cdots \forall x_n A[x_1, \ldots, x_n]$ が得られたとする．$\forall x_1 \cdots \forall x_n A[x_1, \ldots, x_n]$ も充足不能である．したがって，閉じた項 t_{ij} が存在して，論理式

$$\neg A[t_{11}, \ldots, t_{1n}] \vee \cdots \vee \neg A[t_{m1}, \ldots, t_{mn}]$$

がトートロジになるので，

$$A[t_{11},\ldots,t_{1n}],\cdots,A[t_{m1},\ldots,t_{mn}]\to$$

というシーケントもトートロジである．トートロジは証明可能であるから，上のシーケントを証明することができる．すると，上のシーケントに∀左と重ね合わせ左の推論規則を繰り返し用いて，

$$\forall x_1\cdots\forall x_n A[x_1,\ldots,x_n]\to$$

を証明することができる．

完全性を示すには，ヒルベルト流と同様に，閉じた論理式 A をスコーレム化した結果を A' としたとき，$A'\to$ が証明可能ならば $A\to$ も証明可能であることを示さなければならない．このことを示すには，証明図の解析と変換を必要とする．すなわち，$A'\to$ の証明図をうまく変換して $A\to$ の証明図を構成する．最後に，シーケント $\neg\forall(A_1\wedge\cdots\wedge A_\mu\supset B_1\vee\cdots\vee B_\nu)\to$ が証明可能ならば，シーケント $A_1,\ldots,A_\mu\to B_1,\ldots,B_\nu$ も証明可能であることを示す．

カット

一般に，シーケント計算では，**カット**(cut)と**水増し**(weakening)と呼ばれる規則も用いられる．

$$\frac{\Gamma\to\Delta,A\quad A,\Gamma\to\Delta}{\Gamma\to\Delta}\ (\text{カット})$$

$$\frac{\Gamma\to\Delta}{\Gamma\to\Delta,A}\ (\text{水増し右})$$

$$\frac{\Gamma\to\Delta}{A,\Gamma\to\Delta}\ (\text{水増し左})$$

以上の推論規則においても，前提のシーケントが恒真ならば結論のシーケントも恒真である．したがって，以上の推論規則を加えても健全性は成り立つ．しかし，以上の推論規則がなくても完全性は成り立つので，特に，カットを用いて証明することができるシーケントは，カットを用いずに証明することができる．

実は，カットを用いた証明図の中のカットを除去することによって，カットを用いた証明図をカットを用いない証明図に変換することが可能である．これ

を**カットの除去定理**(cut elimination theorem)という．その詳細については
ここでは述べないが，その重要性について簡単に触れておく．

明らかに，カット以外の(水増しを含む)推論規則を用いて

$$\rightarrow$$

というシーケントを証明することは不可能である．なぜなら，並べ換え(とカット)以外の推論規則の結論は $\rightarrow$ になり得ないし，並べ換えの推論規則においても，前提が $\rightarrow$ でなければ結論も $\rightarrow$ でない．

$\rightarrow$ というシーケントには $\perp$ という命題が対応していた．水増しの推論規則を用いると $\rightarrow$ から任意のシーケントを証明することができるので，$\rightarrow$ が証明できるということは，(水増しを含む)シーケント計算の演繹体系が**矛盾している**(inconsistent である)ということを意味する．

カットの除去定理は，あるシーケントがカットを用いて証明できるならばカットを用いずに証明できるということを，証明図の変換という非常に素朴な方法で示すものである．$\rightarrow$ というシーケントはカットなしでは証明できないから，結局，$\rightarrow$ というシーケントを証明することはできないということがカットの除去定理によって示される．したがって，カットと水増しを含むシーケント計算の演繹体系は**無矛盾**(consistent)であることがわかる．しかも，証明図の変換という非常に素朴な方法で無矛盾性が示されたことになる．

なお，水増しの推論規則があれば，初期シーケントは，

$$A \rightarrow A$$

という形のシーケントに制限することができる．

(f) 導出原理

述語論理に対しても導出原理を与えることができるが，ここではまず例を見よう．

$$(\forall x.\forall y.\exists z.\ P(g(x),y)\supset P(x,z))\wedge(\forall y.\ \neg P(c,y))\wedge P(g(g(c)),c)$$

$\forall$ と $\exists$ を外に移動する．

$$\forall x.\forall y.\exists z.\ (P(g(x),y)\supset P(x,z))\land\neg P(c,y)\land P(g(g(c)),c)$$

スコーレム関数を導入する．

$$\forall x.\forall y.\ (P(g(x),y)\supset P(x,f(x,y)))\land\neg P(c,y)\land P(g(g(c)),c)$$

最終的に，$\forall$ を除いて，以下のような論理式が得られる．

$$(\neg P(g(x),y)\lor P(x,f(x,y)))\land\neg P(c,y)\land P(g(g(c)),c)$$

この論理式は，以下の三つの節の連言である．

・$\neg P(g(x),y)\lor P(x,f(x,y))$

・$\neg P(c,y)$

・$P(g(g(c)),c)$

特に最初の二つは自由変数を含んでいる．自由変数に適当な代入を施すことにより，以下のような論理式が得られる．

・$\neg P(g(g(c)),c)\lor P(g(c),f(g(c),c))$

・$\neg P(g(c),f(g(c),c))\lor P(c,f(c,f(g(c),c)))$

・$\neg P(c,f(c,f(g(c),c)))$

・$P(g(g(c)),c)$

これらは全体として(命題論理において)矛盾しているが，個々の論理式は節であるので，命題論理における導出原理を用いて空節を導くことができる．

上の例では，まず代入を施してから命題論理における導出原理を適用したが，述語論理における**導出原理**(resolution principle)においては，変数への代入と命題論理における導出原理が同時に実行される．以下では，まず代入について説明する．

代　入

代入(substitution)とは，変数から項への関数(写像)のことである．ただし，有限個の変数を除いて，変数をそれ自身に写す．したがって，代入は，

$$[x_1{:=}t_1,\ \ldots,\ x_n{:=}t_n]$$

と書くことができる．この代入は，x_i を同時に t_i に置き換えることを意味している．代入は項へ適用することができる．$\theta{=}[x_1{:=}t_1,\cdots,x_n{:=}t_n]$ としたとき，項への代入 $\theta(t)$ は以下のように帰納的に定義される．

- $\theta(x_i){=}t_i$
- $\theta(x){=}x$ **if** $x{\notin}\{x_1,\ldots,x_n\}$
- $\theta(f(t_1,\ldots,t_n)){=}f(\theta(t_1),\ldots,\theta(t_n))$

なお，$t\theta$ というように，代入を項の後ろに書くこともある．上の $=$ も含めて，項の間の等しさは構文的な等しさなので $\equiv$ と書くべきだが，本項では簡潔さのため単に $=$ と書く．

二つの代入 θ_1 と θ_2 が与えられたとき，任意の項 t に対して，$\theta_1(\theta_2(t)){=}\psi(t)$ を満たす代入 ψ が存在する．この代入 ψ を θ_1 と θ_2 の**合成**(composition) といい，$\theta_1\theta_2$ と書く．実際に，$\theta_1{=}[x_1{:=}t_1,\ldots,x_n{:=}t_n],\theta_2{=}[y_1{:=}u_1,\ldots,y_m{:=}u_m]$ であるとき，ψ は，

$$\psi = [y_1{:=}\theta_1(u_1),\ \ldots,\ y_m{:=}\theta_1(u_m),\ x_1{:=}t_1,\ \ldots,\ x_k{:=}t_k]$$

と計算できる．ただし，$x_1,\ldots,x_n$ のうち，$y_1,\ldots,y_m$ に現れないものを $x_1,\ldots,x_k$ とした．

単一化

項 $t_1,\ldots,t_n$ に対して，

$$\theta(t_1) = \cdots = \theta(t_n)$$

となる代入 θ を，$t_1,\ldots,t_n$ の**単一化**(unifier) もしくは単化子という．単一化が存在するとき，$t_1,\ldots,t_n$ は単一化可能であるという．

項 $t_1,\ldots,t_n$ の**最汎単一化**(most general unifier) とは，$t_1,\ldots,t_n$ の単一化 θ であって，$t_1,\ldots,t_n$ の任意の単一化 ψ に対して，$\psi{=}\xi\theta$ となる代入 ξ が存在するもののことをいう．例えば，$f(x,x)$ と $f(y,c)$ の最汎単一化は，$[x{:=}c,y{:=}c]$ である．最汎単一化はユニークではない．例えば，$f(x,x)$ と $f(y,z)$ の最汎単一化としては，以下のようなものがある．

$$[x{:=}z,\ y{:=}z],\quad [x{:=}y,\ z{:=}y],\quad [y{:=}x,\ z{:=}x]$$

ただし，最汎単一化同士は，変数の名前を換えることで互いに移り合える．

以下は，二つの項 t_1 と t_2 が単一化可能かどうかを判定しつつ，最汎単一化を計算して返す手続きである．

・t_1 が変数 x であるとき．

t_2 も変数 x ならば空の代入 [　] を返す(空の代入とは何もしない代入，すなわち，すべての変数をそれ自身に写す代入である)．t_2 が変数 x でなければ，x が t_2 に現れるかどうかを検査する．この操作を**出現チェック**(occur check)という．x が t_2 に現れれば，t_1 と t_2 は単一化不可能である．x が t_2 に現れなければ，代入 $[x{:=}t_2]$ を返す．

・t_2 が変数 x であるとき，上と同様．

・t_1 と t_2 が $f(t_{11},\ldots,t_{1m})$ と $f(t_{21},\ldots,t_{2m})$ という形をしているとき．

t_{11} と t_{21} の最汎単一化 θ_1 を求める．次に，$\theta_1(t_{12})$ と $\theta_1(t_{22})$ の最汎単一化 θ_2 を求める．そして，$\theta_2(\theta_1(t_{13}))$ と $\theta_2(\theta_1(t_{23}))$ の最汎単一化 θ_3 を求める，ということを繰り返し，最後に，$\theta_{m-1}(\cdots(\theta_1(t_{1m}))\cdots)$ と $\theta_{m-1}(\cdots(\theta_1(t_{2m}))\cdots)$ の最汎単一化 θ_m を求める．そして，$\theta_m\cdots\theta_1$ を返す．ただし，$m{=}0$ ならば空の代入 [　] を返す．

・その他の場合，t_1 と t_2 は単一化不可能である．

n 個の項 $t_1,\ldots,t_n$ の最汎単一化は以下のように計算される．まず，t_1 と t_2 の最汎単一化 θ_1 を求める．次に，$\theta_1(t_2)$ と $\theta_1(t_3)$ の最汎単一化 θ_2 を求める．そして，$\theta_2(\theta_1(t_3))$ と $\theta_2(\theta_1(t_4))$ の最汎単一化 θ_3 を求める，ということを繰り返す．最後に，$\theta_{n-2}(\cdots(\theta_1(t_{n-1}))\cdots)$ と $\theta_{n-2}(\cdots(\theta_1(t_n))\cdots)$ の最汎単一化 θ_{n-1} を求める．そして，$\theta_{n-1}\cdots\theta_1$ を返す．

導　出

一階述語論理の導出原理においては，**リテラル**(literal)とは，原子論理式かその否定のことである．**節**(clause)とはリテラルの有限集合のことであり，リテラルの選言を表す．リテラルや節には変数が含まれるかもしれない．これらの変数は $\forall$ で束縛されていると考える．

Δ を節の集合とする．Δ は節の連言を表す．以下の形の二つの節を Δ から選ぶ．

$$A_1 \vee \cdots \vee A_n \vee C$$

$$\neg A_{n+1} \vee \cdots \vee \neg A_m \vee D$$

ただし，$A_1, \ldots, A_m$ は同じ述語記号で始まる原子論理式とする．また，二つの節の間で同じ変数が現れないように，あらかじめ変数の名前を適当に換えておく(節において変数は $\forall$ で束縛されているので名前を換えてもかまわない)．$A_1, \ldots, A_m$ の最汎単一化を θ とする(最汎単一化を求める際，述語記号は関数記号とみなす)．このとき，上の二つの節から，

$$\theta(C) \vee \theta(D)$$

という節を得ることを**導出**(resolution)という．なお，$\theta(C)$ は，C の中の項に θ を適用した結果を表している．

先の例を再び考えよう．

・$\neg P(g(x), y) \vee P(x, f(x, y))$

・$\neg P(c, y)$

・$P(g(g(c)), c)$

$P(g(x), y)$ と $P(g(g(c)), c)$ の最汎単一化は $[x{:=}g(c), y{:=}c]$ であるので，最初の節と最後の節から導出により節 $P(g(c), f(g(c), c))$ が得られる．次に，最初の節と二番目の節から導出を試みる．このために，最初の節の変数の名前を換えて $\neg P(g(x'), y') \vee P(x', f(x', y'))$ としておく．$P(c, y)$と $P(x', f(x', y'))$ の最汎単一化は $[x'{:=}c, y{:=}f(c, y')]$ であるので，節 $\neg P(g(c), y')$ が得られる．この節と先に得られた節 $P(g(c), f(g(c), c))$ より，空節が得られる．このときに用いられる最汎単一化は $[y'{:=}f(g(c), c)]$ である．

完全性

節 C の**具体例**(instance)とは，ある代入 θ があって，$\theta(C)$ と書ける節のことをいう．節はリテラルの有限集合であるから，節 C に代入 θ を施すと，C では異なっていたリテラルが潰れて一つになることも有り得る．

エルブランの定理より，Δ が充足不能であるならば，Δ の節の閉じた具体

例の有限集合 Δ' で，充足不能なものがある．すると，命題論理の導出原理を用いて Δ' から空節を導出することができる．

以下は，**リフティング**(lifting)と呼ばれる補題である．この補題より，Δ から空節を導出できることがわかる．

補題 2.17　Δ' から導出される任意の節 C' に対して，Δ から導出される節 C が存在して，C' は C の具体例となる．

[証明]　導出のステップ数に関する帰納法．Δ' から導出可能な二つの節 $A'\vee C'$ と $\neg A'\vee D'$ を，それぞれ，Δ から導出可能な二つの節 $A_1\vee\cdots\vee A_n\vee C$ と $\neg A_{n+1}\vee\cdots\vee\neg A_m\vee D$ の具体例とする．すなわち，代入 θ_1 と θ_2 に対して，

$$\begin{aligned} A'\vee C' &= \theta_1(A_1\vee\cdots\vee A_n\vee C) \\ A' &= \theta_1(A_i) \\ C' &= \theta_1(C) \\ \neg A'\vee D' &= \theta_2(\neg A_{n+1}\vee\cdots\vee\neg A_m\vee D) \\ A' &= \theta_2(A_{n+i}) \\ D' &= \theta_2(D) \end{aligned}$$

とする．$A_1\vee\cdots\vee A_n\vee C$ と $\neg A_{n+1}\vee\cdots\vee\neg A_m\vee D$ は，変数を共有しないように変数の名前を換えておくので，

$$\begin{aligned} A'\vee C' &= \theta_1\theta_2(A_1\vee\cdots\vee A_n\vee C) \\ \neg A'\vee D' &= \theta_1\theta_2(\neg A_{n+1}\vee\cdots\vee\neg A_m\vee D) \end{aligned}$$

としてよい．したがって，$A_1,\ldots,A_m$ は単一化可能である．すると，$A_1,\ldots,A_m$ の最汎単一化 θ が存在するので，$\theta(C\vee D)$ は Δ から導出可能である．θ は最汎単一化なので，ある代入 ξ が存在して，$\theta_1\theta_2=\xi\theta$ が成り立つ．したがって，

$$C'\vee D' = \theta_1\theta_2(C\vee D) = \xi\theta(C\vee D) = \xi(\theta(C\vee D))$$

となる．すなわち，$C'\vee D'$ は $\theta(C\vee D)$ の具体例である．　■

上の補題から導出原理の完全性が示される．

定理 2.18　Δ が充足不能であるならば，Δ から $\bot$ が導出可能である．　□

リフティングは，単位導出や入力導出などの制限された導出に対しても適用することができる．したがって，Δ をホーン節の有限集合としたとき，次の定理が成り立つ．

定理 2.19　Δ が充足不能ならば，Δ から正単位導出のみを用いて $\perp$ が導出可能である．　□

定理 2.20　Δ が充足不能ならば，Δ から入力導出のみを用いて $\perp$ が導出可能である．　□

(g)　等号付き一階述語論理

アリティ 2 の述語記号である等号 $=$ が，領域の二つの要素の間の等しさを表すとき，以下が成り立つ．

$$I(=)(x,y) = \top \quad \textbf{iff} \quad x = y$$

このように，等号 $=$ を常に領域の二つの要素の間の等しさとして解釈するような一階述語論理を，**等号付き一階述語論理**(first-order predicate logic with equality)という．すなわち，等号付き一階述語論理においては，等号 $=$ を特別視する．

エルブランの定理

構造に対して以上のような制限を設けると，これまでのさまざまな議論，特にエルブランの定理には修正が必要となる．なぜなら，$=$ の解釈は一般にはエルブラン領域の要素の間の等しさにはならないからである．

エルブランの定理に関する議論において，論理式 $\forall x_1 \cdots \forall x_n A[x_1, \ldots, x_n]$ に対して，論理式の集合 Γ を

$$\Gamma = \{A[t_1, \ldots, t_n] \mid t_1, \ldots, t_n \in \mathbb{H}\}$$

と定義した．そして，Γ に対して命題論理のコンパクト性を適用した．等号付き一階述語論理では，Γ は等号を含むので，無矛盾性の定義を変えないといけない．すなわち，Γ の有限部分集合 Δ に対して，Δ が無矛盾であるとは，等号を領域上の等しさに対応させる解釈のもとで Δ が充足可能であるこ

ととする．

Γ が無矛盾であるとき，Γ を含む極大無矛盾を Γ^* とする．そして，Γ^* を充足する構造を構成する．このとき，エルブラン領域をそのまま用いることはできない．そこで，エルブラン領域 $\mathbb{H}$ を以下の関係 $\approx$ で割った商集合 $\mathbb{H}/\approx$ を用いる．すなわち，$t_1=t_2$ という形の論理式が Γ^* に含まれるとき，そして，そのときに限り $t_1 \approx t_2$ と定義する．この関係 $\approx$ は同値関係になる．

詳細は省略するが，以上のような修正を加えることにより，等号付き一階述語論理においてもエルブランの定理やコンパクト性が成り立つ．

無限濃度の領域

等号付き一階述語論理のコンパクト性を用いると以下の定理を導くことができる．

定理 2.21　等号付き一階述語論理の閉じた論理式の集合 Γ が無限の領域を持つ構造によって充足されるならば，任意の無限濃度に対して，その濃度もしくはそれより大きい濃度の領域を持つ構造で Γ を充足するものが存在する．□

ここで，**濃度** (cardinality) とは集合の大きさの概念を拡張したもので，二つの集合の間に一対一の対応があるとき，両者は同じ濃度を持つという．上の定理の結論は「任意の無限集合に対して，その無限集合を含むような領域を持つ構造で Γ を充足するものが存在する．」と読めばよい．

[証明]　与えられた無限濃度の個数の新しい定数 c_i を追加する (与えられた無限集合と一対一に対応する新しい定数の集合 $\{c_i \mid i \in I\}$ を用意する．ここで，与えられた無限集合を添数集合 I とすればよい)．Γ' を以下のように置く．

$$\Gamma' := \Gamma \cup \{\neg(c_i = c_j) \mid c_i \text{ と } c_j \text{ は異なる定数}\}$$

等号付き一階述語論理において Γ' が充足不能ならば，Γ' の有限部分集合 $\Delta' \subseteq \Gamma'$ で，充足不能なものが存在する (等号付き一階述語論理のコンパクト性)．ところが，Γ を充足する解釈の領域は無限集合なので，この解釈に Δ' に含まれる有限個の c_i の解釈を追加して，Δ' の解釈を得ることができる．したがって，Δ' は充足可能である．■

なお，超積を用いてこの定理を証明することも可能である．

公理と推論規則

等号に関する公理や推論規則はさまざまである．$\forall x(x=x)$ という公理に加えて，例えば，任意の論理式 $A[x]$ に対して，以下の論理式を公理として導入することがある．

・$\forall x \forall y(x=y \wedge A[x] \supset A[y])$

また，次のような推論規則を導入することもある．

・$t_1=t_2$ と $A[t_1]$ から $A[t_2]$ を導く．

この他，導出原理に等号に関する推論を導入することもある．$L[t]$ を項 t を含むリテラルとする．θ を項 t と t' の最汎単一化としたとき，$L[t] \vee D$ という節と $C \vee t'=u$ という節から，

$$\theta(C \vee L[u] \vee D)$$

という節を導く．ここで，$L[u]$ は $L[t]$ の中の t の出現の一つを u で置き換えたものを表す．また，同様に θ を t と t' の最汎単一化としたとき，$\neg(t=t') \vee C$ から $\theta(C)$ を導く．導出原理における以上のような推論を**パラモジュレーション**(paramodulation) という．

以上のような公理や推論規則を導入することにより，等号付き一階述語論理においても完全な演繹体系を与えることが可能である．

等式の決定可能性

Γ を $t=t'$ という形の閉じた論理式(閉じた等式)の有限集合とする．また，Γ とは別に $t_1=t_2$ を閉じた等式とする．次の定理が知られている．

定理 2.22　等号付き一階述語論理において，$\Gamma \models t_1=t_2$ かどうかは決定可能である．　□

2.3　高階述語論理とその部分体系

本節では，領域の要素を値とする個体変数(一階の変数)に加えて，領域の部分集合を値とする変数など，いわゆる高階の変数を持つ論理について簡単に紹介する．

(a)　二階述語論理

二階述語論理(second-order predicate logic)もしくは**二階論理**(second-order logic)は，二階の変数を持つ述語論理である．

二階の変数

領域の部分集合を表す変数を，**二階の変数**(second-order variable)，特に，**単項の二階の変数**(monadic second-order variable)という．二階の変数には X や Y などの大文字を使うことが多い(これに対して一階の変数には x や y などの小文字を使うことが多い)．二階述語論理では，一階の変数と同様に，二階の変数を $\forall$ と $\exists$ で束縛することができる．すなわち，$\forall X\cdots$ もしくは $\exists X\cdots$ という論理式を書くことができる．領域の部分集合は領域上のアリティ1の述語と考えることができるので，二階の変数 X が表す集合に領域の要素 x が属していることを $X(x)$ と書く．

二階の変数があると，一階の変数に対する等号を表現することができる．すなわち，$x{=}y$ であることを，$\forall X.X(x){\leftrightarrow}X(y)$ という論理式によって表現できる($\forall X.X(x){\supset}X(y)$ でもよい)．したがって，二階論理は必然的に等号付きになる．

領域と二階の領域

二階論理を解釈するためには，二種類の領域が必要である．一つは一階の変数が動く領域であり，従来通り U で表す．もう一つは二階の変数が動く領域であり，**二階の領域**(second-order domain)と呼び U_2 で表す．二階の変数は一階の領域の部分集合を値としてとるので，U_2 は U の部分集合の集合である．すなわち，$U_2{\subseteq}2^U$ である．

素朴には，二階の変数は，U の任意の部分集合を値としてとり得ると考えられるので，$U_2{=}2^U$ とするのが自然であろう．しかし，二階論理の意味論は，$U_2{=}2^U$ という条件を要請するかどうかによってまったく異なる様相を呈する．

$U_2=2^U$ の場合

$U_2=2^U$ が成り立つと，以下のようにして自然数を公理化することができる．まず，0 を定数記号，S をアリティ 1 の関数記号とする．S は 1 を加えるという関数を表している．そして，以下の論理式を公理として導入する．

・$\neg(S(0)=0)$

・$\forall x.\ \forall y.\ S(x)=S(y)\supset x=y$

・$\forall Z.\ Z(0)\wedge(\forall x.\ Z(x)\supset Z(S(x)))\supset(\forall x.\ Z(x))$

以上の公理を真にする領域は，$S(S(\cdots S(0)\cdots))$ という形の項で表せる要素のみから成る．なぜなら，$S(S(\cdots S(0)\cdots))$ という形の項で表せる要素の全体を Z としたとき，この Z は上の三つ目の公理の前提 $\forall Z.Z(0)\wedge(\forall x.Z(x)\supset Z(S(x)))$ を満たすので，その結論 $\forall x.Z(x)$ が成り立つからである．最初の二つの公理より，$S(S(\cdots S(0)\cdots))$ という形の項は，S の数が異なれば異なる要素を表す．したがって，上の公理を真にする領域は自然数の全体に等しい．

さらに，足し算 $+$ と掛け算 $\times$ と比較 $<$ を公理化する論理式を追加して，すべての公理の連言を A とすると，閉じた論理式 B に対して，$A\supset B$ という論理式が恒真であることと，B が自然数の標準的な構造のもとで真になることが等価になる．

したがって，この場合，もし完全な演繹体系を与えることができたとすると，閉じた論理式 B に対して，標準構造のもとで B が真ならば $A\supset B$ が証明可能であり，B が偽ならば $A\supset\neg B$ が証明可能になる．第 4 章で述べるように，証明可能な論理式の符号の全体は帰納的に可算であるので，閉じた論理式の真偽を判定できてしまう．これも第 4 章で述べるように，閉じた論理式の真偽を判定することは不可能であるので，この場合は完全な演繹体系を与えることができないことがわかる．

U_2 を自由に定めることができる場合

すなわち，$U_2\subseteq 2^U$ という条件のもとで，自由に U_2 を与えてよい場合である．この場合，論理式が恒真であるとは，任意の領域 U と任意の $U_2\subseteq 2^U$ のもとで，さらに記号の任意の解釈に対して真となることを意味する．

この場合，その詳細をここで述べることはできないが，一階述語論理のエルブランの定理と同様の定理が成り立つ．また，完全な演繹体系を与えることが可能である．

(b)　後継者のみの単項二階論理

後継者一つの単項二階論理(monadic second-order logic with one successor)とは，二階の変数を持つ述語論理で，定数記号 0 とアリティ 1 の関数記号 S を持つものである．述語記号はない．自然数の全体 $\mathbb{N}$ を領域とし，$\mathbb{N}$ の部分集合の全体を二階の領域として，記号 0 と S は標準的に解釈する．この論理を略して S1S と書く．S1S は**二階の算術**(second-order arithmetic)の部分体系である．

第 4 章で述べるが，この S1S において，閉じた論理式が真かどうかは決定可能である．

同様に，**後継者二つの単項二階論理**(monadic second-order logic with two successors)においても，閉じた論理式が真かどうかは決定可能である．この論理を略して S2S と書く．S2S の領域は無限二分木の全体である．

(c)　高階述語論理

集合の集合，関数，関数の関数などを表す変数を**高階の変数**(higher-order variable)といい，高階の変数を持つ論理を**高階述語論理**(higher-order predicate logic)もしくは**高階論理**(higher-order logic)という．

高階論理では，第 5 章の型付き λ 計算におけるように，変数と各種の記号は型を持つ．型 τ は BNF 記法により以下のように定義される．

$$\tau ::= o \mid \iota \mid \tau\times\cdots\times\tau \to \tau$$

ここで，o は真偽値の型であり，ι は値の型，すなわち，領域の要素の型である．例えば，$\iota\to o$ は，領域の要素に対して真偽値を割り当てる関数の型，すなわち，アリティ 1 の述語の型である．

そして，それぞれの型の変数を $\forall$ と $\exists$ で束縛することができる．

高階論理の意味論は，二階論理と同様に，高階の領域を限定するかどうかによって，大きく異なる．高階の領域を自由に定めることができる場合，完全な演繹体系を与えることが可能である．

章末問題

2.1　[2.1 節(f)]命題論理のヒルベルト流の各公理がトートロジであることを確かめよ．

2.2　[2.1 節(f)]命題論理のヒルベルト流によって排中律を証明せよ．

2.3　[2.1 節(g)]ワングのアルゴリズムを用いて次の論理式がトートロジであることを示せ．

(i) $P\vee\neg P$

(ii) $(\neg P\supset\neg Q)\supset(Q\supset P)$

(iii) $\neg(\neg P\wedge\neg Q)\supset P\vee Q$

(iv) $((P\supset Q)\supset P)\supset P$

2.4　[2.1 節(g)]命題論理のシーケント $\Gamma\rightarrow\Delta$ が証明可能であるとき，Γ と Δ に共通に現れる命題記号のみを含む論理式 A が存在して，$\Gamma\rightarrow A$ と $A\rightarrow\Delta$ が証明可能であることを示せ．このことを**補間定理**(interpolation theorem)と呼ぶことがある．

2.5　[2.1 節(h)]定理 2.6 を証明せよ．

2.6　[2.1 節(h)]定理 2.8 を証明せよ．

2.7　[2.1 節(h)]定理 2.9 を証明せよ．

2.8　[2.2 節(b)]一階述語論理において，次の論理式を充足する構造を与えよ．

(i) $\exists xP(x)\wedge\neg\forall xP(x)$

(ii) $\exists xP(x)\wedge\exists xQ(x)\wedge\neg\exists x(P(x)\wedge Q(x))$

(iii) $\forall x\exists yP(x,y)\wedge\neg\exists y\forall xP(x,y)$

2.9　[2.2 節(c)]定理 2.10 を証明せよ．

2.10　[2.2 節(c)]定理 2.11 を証明せよ．

2.11　[2.2 節(c)]一階述語論理における次の論理式に関して以下の問に答えよ．

$$(\forall x.\forall y.\forall z.\ Q(x,y)\wedge Q(y,z)\supset Q(x,z))\wedge Q(c,c)\wedge(\forall x.\exists y.\ \neg Q(y,x)\wedge Q(x,y))$$

(i) 上の論理式をスコーレム化せよ．

(ii) スコーレム化した結果を充足するエルブラン構造を求めよ．

(iii) 上の論理式を充足する解釈で，領域が有限のものは存在するか．存在するならば，それを与えよ．存在しないならば，存在しないことを示せ．

2.12　[2.2 節(g)]等号付き一階述語論理の閉じた論理式 $\forall x\exists y(A[x,y]\wedge\forall z(A[x,z]$

$\supset y=z$)) と $\forall x\forall y(A[x,y]\leftrightarrow y=f(x))$ は，充足可能性に関して等価であることを示せ．ただし，f は $A[x,y]$ に現れない関数記号とする．

2.13　[2.2節(g)]等号付き一階述語論理における論理式 A で，次の性質を満たすものを求めよ．

・構造 I の領域の大きさが3であるとき，そして，そのときに限り，I は A を充足する．

2.14　[2.2節(g)]等号付き一階述語論理において，R をアリティ2の述語記号とする．構造 I における R の解釈は，I の領域 U 上の二項関係である．以下の各条件に対して，この二項関係がその条件を満たすとき，そして，そのときに限り，I が A を充足する，というような論理式 A を求めよ．

(i) 反射的である．

(ii) 推移的である．

(iii) 反対称的である．

(iv) 全順序である．

(v) 束である．

2.15　[2.2節(d)]一階述語論理のヒルベルト流が健全であることを確かめよ．

2.16　[2.2節(d) および2.2節(e)]一階述語論理に対する演繹体系(ヒルベルト流もしくはシーケント計算)のもとで次の論理式が恒真であることを示せ．

(i) $\forall xP(x)\supset\exists xP(x)$

(ii) $P(c)\wedge\forall x(P(x)\supset P(f(x)))\supset\exists yP(f(f(y)))$

(iii)
$$P(c)\wedge(\forall x.\ P(x)\supset\exists y(Q(x,y)\wedge P(y)))\supset$$
$$(\exists x\exists y\exists z.\ P(x)\wedge Q(x,y)\wedge P(y)\wedge Q(y,z)\wedge P(z))$$

2.17　[2.2節(d)]一階述語論理に対する補間定理を示せ．すなわち，シーケント $\Gamma\rightarrow\Delta$ が証明可能であるとき，Γ と Δ に共通に現れる述語記号と関数記号のみを含む論理式 A が存在して，$\Gamma\rightarrow A$ と $A\rightarrow\Delta$ が証明可能である．

2.18　[2.2節(d)]一階述語論理の適当な演繹体系を選ぶ．閉じた論理式の集合 Γ が無矛盾であるとは，Γ の任意の有限部分集合 $\{A_1,\ldots,A_n\}$ に対して，$\neg A_1\vee\cdots\vee\neg A_n$ が証明できないことをいう．いま，Γ_0 を一階述語論理の閉じた論理式の集合とする．Γ の初期値を Γ_0 として，以下の操作を無限に繰り返す．

・$\exists xA[x]$ という形の閉じた論理式に対して，新しい定数 c を作り，Γ に論理式 $\exists xA[x]\supset A[c]$ を加える．

新しい定数を導入すると閉じた論理式が増えるので，上の操作は無限に繰り返すことができる．無限の繰り返しの極限を Γ_ω と置く．

(i) Γ_0 が無矛盾ならば Γ_ω も無矛盾であることを示せ(これは，Γ_ω の Γ_0 に対する**保守性**(conservativeness)と呼ばれる性質の特殊な場合である).

(ii) Γ_ω が無矛盾ならば，Γ_ω を含む極大無矛盾集合が存在することを示せ.

(iii) Γ_ω を含む極大無矛盾集合 Γ^* から，Γ^* を充足する構造を定義せよ.

(iv) 以上をまとめて，Γ_0 が無矛盾ならば，Γ_0 は充足可能であることを示せ.

(v) 選んだ演繹体系が強い意味で完全であることを示せ.

2.19　[2.2 節(g)]等号付き一階述語論理において，$\forall x \forall y(x=y \wedge A[x] \supset A[y])$ という形の論理式すべてを公理として導入する代わりに，各述語記号 P と各関数記号 f に対して次の論理式を公理として導入すれば十分であることを示せ.

・$\forall x_1 \cdots \forall x_n \forall y_1 \cdots \forall y_n(x_1=y_1 \wedge \cdots \wedge x_n=y_n \wedge P(x_1,\ldots,x_n) \supset P(y_1,\ldots,y_n))$

・$\forall x_1 \cdots \forall x_n \forall y_1 \cdots \forall y_n(x_1=y_1 \wedge \cdots \wedge x_n=y_n \supset f(x_1,\ldots,x_n)=f(y_1,\ldots,y_n))$

ただし，$\forall x(x=x)$ という公理は仮定する.

2.20　[2.3 節(b)]S1S において，X が偶数の全体であることを表す論理式を与えよ.

2.21　[2.1 節(d)]ハイティング代数において次の性質が成り立つことを示せ.

(i) $\neg\bot=\top$

(ii) $\neg\top=\bot$

2.22　[2.1 節(d)]ハイティング代数において次の性質が成り立つことを示せ．a, b, c は束の任意の要素とする.

(i) $a\wedge(b\vee c)=(a\wedge b)\vee(a\wedge c)$

(ii) $a\vee(b\wedge c)=(a\vee b)\wedge(a\vee c)$

一般に，これらの性質の成り立つ束は**分配束**(distributed lattice)と呼ばれる.

2.23　[2.1 節(d)]ブール代数において次の性質が成り立つことを示せ．a, b, c は束の任意の要素とする.

(i) $\neg\neg a=a$

(ii) $a\supset b=\neg a\vee b$

3

様相論理と直観主義論理

計算機科学の対象は多岐に渡る．それぞれの対象には，それを形式化するのに適した論理がある．様相論理は，論理式の真偽がプログラムの実行やプロセスの経過に従って変化するような状況を扱うのに適した論理である．

本章では，様相論理に関して簡単な解説を行う．特に，最も基本的な様相論理である命題様相論理の構文論と意味論について解説する．構文論に関してはシーケント計算に基づく演繹体系，意味論に関しては可能世界に基づく意味論，いわゆるクリプキ意味論を説明する．両者の関係に関しては，演繹体系の健全性と完全性を示す．また，様相論理の一種である時相論理の代表的なものについて紹介するとともに，恒真性を判定するためのタブロー法の簡単な説明を行う．さらに時相論理式の真偽を判定する手続きであるモデル検査についても触れる．

本章の最後では，様相論理と同様に可能世界によるクリプキ意味論を持つ直観主義論理について簡単に紹介する．クリプキ意味論を用いて，排中律や二重否定の除去が成り立たないモデルが構築される．

3.1　命題様相論理

本節では，**命題様相論理**(propositional modal logic)の構文論と意味論についての解説を行う．なお，本節で紹介する命題様相論理は，数多くある様相論理の中でも最も単純な，いわゆる**命題最小様相論理**(propositional minimal modal logic)である．

(a)　構文論

まず，命題様相論理の論理式を定義する．以下，A や B などで命題様相論理の論理式を表す．命題様相論理の論理式は，BNF 記法によって以下のように定義される．

$$A ::= P \mid \neg A \mid A {\vee} A \mid \Box A$$

ここで，P は命題記号を表している．命題記号は，そのまま原子論理式となる．

以下では，構文論や意味論に関する議論を簡単にするために，可算個の命題記号が固定されているものとする．より具体的には，命題記号の全体 $\mathbb{P}$ を，

$$\mathbb{P} = \{\mathtt{P}_0, \mathtt{P}_1, \mathtt{P}_2, \ldots\}$$

と決めてしまう．すなわち，命題記号は $\mathtt{P}_i$ という形をしているものと仮定する．したがって，上の P というメタ変数は $\mathtt{P}_i$ という形の命題記号を表す．

命題論理と同様に，$\neg A$ という形の論理式は，A が成り立たないということを意味する．また，$A{\vee}B$ という形の論理式は，A または B が成り立つということを意味する．

$\Box A$ という形の論理式は様相論理に特有のものである．$\Box A$ という論理式は，「必ず」A が成り立つということを意味する．ただし，「必ず」の解釈は，後に説明する様相論理の構造に依存するものである．$\Box$ のことを**様相記号**(modal operator)という．様相記号は論理記号の一種である．特に，$\Box$ のことを，**必然**(necessity)を表す様相記号という．なお，論理式を書くとき，$\Box$

は $\neg$ と同じ結合力を持つものとする．

命題論理の他の論理記号は，上述の論理記号の省略形として定義する．すなわち，$\wedge$ と $\supset$ と $\leftrightarrow$ は以下のように定義する．

$$A \wedge B := \neg(\neg A \vee \neg B)$$

$$A \supset B := \neg A \vee B$$

$$A \leftrightarrow B := (A \supset B) \wedge (B \supset A)$$

さらに，様相論理に特有の次のような省略形を定義する．

$$\Diamond A := \neg \Box \neg A$$

ここで，$\Diamond A$，すなわち，$\neg \Box \neg A$ は，「必ずしも A が成り立たないわけではない」ということを意味している．いい換えると，A が成り立つ「かもしれない」，もしくは，A が成り立つ「可能性がある」ということを意味する．$\Diamond$ も様相記号と呼ばれる．$\Diamond$ は，**可能**(possibility)を表す様相記号である．命題様相論理の論理記号の結合力は命題論理の場合と同様である．様相記号 $\Diamond$ の結合力は様相記号 $\Box$ の結合力と同じとする．

(b)　意味論

本項では，命題様相論理の意味論について解説する．その中心となる考え方が可能世界の概念である．

可能世界

可能世界(possible world)の概念は，様相論理の意味論における最も基本的な考え方である．一階述語論理では，一つの構造には世界は一つしかない．これに対して，様相論理の構造には，論理式を解釈するための世界がいくつもあり得る．これは，我々が住んでいる現実の世界の他に別の世界が存在していて，同じ論理式を我々の世界でも別の世界でも解釈できる，ということを意味している．そして，同じ論理式を解釈した結果が我々の世界と別の世界で同じであるとは限らない．例えば，A という論理式が我々の世界では真であるが，別の世界では偽になったりする．

様相論理の応用によって，可能世界の概念は実にさまざまに用いられる．以下では，可能世界の概念の応用例のいくつかを眺めてみよう．

計算機の内部状態　計算機のある時点における内部状態を一つの世界と考える．例えば，p というプログラムを実行する前と実行した後では，計算機の内部状態は一般に異なる．そこで，p というプログラムを実行する前の状態を一つの世界と考え，p を実行した後の状態をもう一つ別の世界と考える．

より具体的に，p を，

$$x := x+1$$

という代入文からなるプログラムとしよう．すると，p を実行する前の世界で $x=2$ が成り立っているならば，p を実行した後の世界では $x=2$ は成り立たず，$x=3$ が成り立っている．

プロセスの状態　工場などにおけるプロセスは，時間とともにその状態を変化させる．そこで，ある時刻におけるプロセスの状態を一つの世界と考えるのが自然であろう．例えば，プロセスの開始時の状態を一つの世界とする．一般に，開始 t 秒後のプロセスの状態を一つの世界とすることができる．

人間の内的世界　客観的な真偽とは別に，ある特定の個人が信じているような世界，すなわち，人間の内的世界を可能世界とみなすこともできる．

例えば，花子の信じる世界は一つの世界であり，太郎の信じる世界も一つの世界である．また，花子が信じていると太郎が信じるような世界も考えられる．すると，例えば，A を「花子は太郎を好き」という命題とすると，A は，花子の信じる世界では偽であっても，花子が信じていると太郎が信じる世界では真であることは十分にあり得る．

証明可能性　証明可能なものだけが正しいという世界も考えられる．また，1時間で証明できるものだけが正しい世界も考えられる．一般に，ある証明手続きによって真と知ることのできる世界というものが考えられるだろう．

到達可能性関係

世界がたくさんあるとき，世界がばらばらに存在している場合もあるが，そうではなくて，世界の間にある種の関係が成り立っていることが多い．特に，ある世界から何らかの手段によって別の世界へ移動することができる場合がしばしばある．

例えば，計算機の内部状態を世界としたとき，プログラム p を実行する前の世界から p を実行した後の世界へは，p を実行するという手段によって移動することができる．また，工場のプロセスの開始 t 秒後の世界から工場のプロセスの開始 $t+1$ 秒後の世界へは，1 秒待つことによって移動することができる．より一般に，$t_2>t_1$ ならば，工場のプロセスの開始 t_1 秒後の世界から工場のプロセスの開始 t_2 秒後の世界へ移動することができる．

以上の例のように，ある世界 w_1 から別の世界 w_2 へ移動することができるとき，世界 w_2 は w_1 から到達可能であるという．形式的に述べるならば，到達可能性関係は世界の間の二項関係である．

構　造

以上の概念を用いて命題様相論理式の構造を定式化することができる．命題様相論理の論理式を解釈するための構造を**クリプキ構造**(Kripke structure)という．本項では単に構造ともいう．また，クリプキ構造を用いた意味論を**クリプキ意味論**(Kripke semantics)という．クリプキ構造は次のような三つの要素 W と R と V とから成る組 $S=\langle W, R, V\rangle$ のことである．

・W は可能世界の集合である．これは任意の集合でよく，その集合の要素を可能世界(もしくは単に世界)と呼ぶ．なお，W が空集合である場合は病的であるので，本書では W は空でないと暗黙に仮定する．

・R は世界の間の**到達可能性関係**(reachability relation)と呼ばれる関係である．R は W 上の二項関係である．すなわち，

$$R \subseteq W\times W$$

である．$\langle w_1, w_2\rangle\in R$ であるとき，w_2 は w_1 から**到達可能**(reachable)であるという．$\langle w_1, w_2\rangle\in R$ のことを，$w_1 R w_2$ と書くこともある．

・V は，各世界における命題記号の解釈を与える関数，すなわち，命題記号に対する真偽の**割り当て**(assignment)である．したがって，

$$V : W \times \{\mathtt{P}_0, \mathtt{P}_1, \mathtt{P}_2, \ldots\} \to \mathbb{B}$$

であり，世界 $w \in W$ と命題記号 P に対して，$V(w, P) \in \mathbb{B}$ が成り立つ．

構造の例を一つあげる．$S = \langle W, R, V \rangle$ として，W と R と V を次のように定める．

・$W = \mathbb{N}$ とする．$\mathbb{N}$ は自然数の全体を表す．

・$w_1, w_2 \in W$ に対して，$w_1 \leqq w_2$ であるとき，また，そのときに限り，$w_1 R w_2$ と定義する．

・$V(w, \mathtt{P}_w) = \top$ とし，$w \neq w'$ ならば $V(w, \mathtt{P}_{w'}) = \bot$ とする．

この例では，世界は自然数と対応しており，自然数の間の順序が世界の間の到達可能性関係と対応している．したがって，世界は離散的な時刻を表していると考えることができる．もしくは，各時刻において別々の世界が存在すると思ってもよい．世界 0 からはどの世界へも到達可能であるので，世界 0 が世の中の始まりと考えることができる．

論理式の解釈

$S = \langle W, R, V \rangle$ を命題様相論理の構造とする．$w \in W$ とし，A を命題様相論理の論理式とする．このとき，

$$S, w \models A$$

によって，構造 S の世界 w の下で A が成り立つことを表す．S と w における A の真偽値 $[\![A]\!]_{S,w} \in \mathbb{B}$ を定義してもよい．$S, w \models A$ と $[\![A]\!]_{S,w} = \top$ は同じことである．

様相記号 □ さえなければ，$S, w \models A$ の定義は命題論理の場合と一致する．すなわち，様相記号 □ を含まない論理式 A に対して $S, w \models A$ が成り立つということは，A の中の命題記号 P を $V(w, P)$ と解釈したとき，A が真になることと一致する．ここで，各世界の真偽が互いに関連することはない．すなわち，各世界はまったく独立に論理式の真偽を与える．

これに対して，論理式が様相記号 $\Box$ を含むとき，世界の間の真偽が絡みあうことになる．そして，ここにおいて，世界の間の到達可能性関係が登場する．簡単にいうと，$\Box A$ という論理式が w という世界で真になるためには，w から到達できる任意の世界 w' で，$\Box A$ から $\Box$ をとった A という論理式が真にならなければならない．

以下，論理式の構造に関する帰納法によって，$S, w \models A$ という関係を定義する．

・$S, w \models P$ **iff** $V(w, P) = \top$

・$S, w \models \neg A$ **iff** **not** $S, w \models A$

・$S, w \models A \vee B$ **iff** $S, w \models A$ **or** $S, w \models B$

・$S, w \models \Box A$ **iff** wRw' を満たす任意の $w' \in W$ に対して $S, w' \models A$

特に，最後の規則は様相論理に固有のものである．

$S, w \models A$ が成り立つとき，S のもとで w において A は真であるといい，$S, w \models A$ が成り立たないとき，A は偽であるという．

任意の $w \in W$ に対して $S, w \models A$ が成り立つとき，$S \models A$ と書く．さらに，任意の構造 S に対して $S \models A$ が成り立つとき，$\models A$ と書き，A を**恒真**(valid)であるという．

構造 S とその世界 w が存在して $S, w \models A$ が成り立つとき，A は**充足可能**(satisfiable)であるといい，S は A の**モデル**(model)であるという．A が充足可能でないとき，A は**充足不能**(unsatisfiable)であるという．

前の例であげた構造を考えよう．例えば，次のことが成り立つ．

・$S, 0 \models \mathrm{P}_0 \vee \mathrm{P}_1$

・$S, 1 \models \mathrm{P}_0 \vee \mathrm{P}_1$

・$S, 2 \models \neg(\mathrm{P}_0 \vee \mathrm{P}_1)$

・$S, 3 \models \neg(\mathrm{P}_0 \vee \mathrm{P}_1)$

・...

したがって，w が 2 から到達できるならば $w \geqq 2$ なので，$S, 2 \models \Box\neg(\mathrm{P}_0 \vee \mathrm{P}_1)$ が成り立つ．

$S, n \models \Box A$ は，時刻 n 以降ならば常に A が成り立つことを意味する．特に，0 は世の中の始まりであったので，$S, 0 \models \Box A$ は，S の任意の世界で A が成り立つことを意味する．

恒真論理式の性質

上で述べたように，任意の構造 S と S の任意の世界 w に対して $S,w\models A$ が成り立つとき，$\models A$ と書き，A を恒真であるという．以下では，恒真論理式の諸性質について述べる．

命題論理のトートロジ，より正確には，命題論理のトートロジの命題記号を命題様相論理式で置き換えたものは恒真である．

次の形の論理式は恒真である．

$$\Box(A \supset B) \supset (\Box A \supset \Box B)$$

例えば，$\Box(\mathtt{P}_0 \supset \mathtt{P}_1) \supset (\Box \mathtt{P}_0 \supset \Box \mathtt{P}_1)$ は恒真論理式である．上の論理式のパターンを **K** と呼ぶ．

K が恒真であることを証明してみよう．S を任意の構造，w を S の任意の世界とする．$S,w\models\Box(A\supset B)$ と $S,w\models\Box A$ から，$S,w\models\Box B$ を導けばよい．w' を wRw' を満たす S の任意の世界とする．$S,w\models\Box(A\supset B)$ なので，$S,w'\models A\supset B$ が成り立つ．また，$S,w\models\Box A$ なので，$S,w'\models A$ が成り立つ．したがって，$S,w'\models B$ が成り立つ．w' は任意であったので，$S,w\models\Box B$ が成り立つ．

$\models A$ かつ $\models A\supset B$ ならば，$\models B$ が成り立つ．このことを**三段論法**(modus ponens)という．

任意の論理式 A に対して，$\models A$ ならば，$\models\Box A$ が成り立つ．このことを**必然化**(necessitation)という．また，$\models A\supset B$ ならば，$\models\Box A\supset\Box B$ が成り立つ．もっと一般的に，任意の $n\geqq 0$ に対して，$\models(A_1\wedge\cdots\wedge A_n)\supset B$ ならば，$\models(\Box A_1\wedge\cdots\wedge\Box A_n)\supset\Box B$ が成り立つ．

$n=1$ の場合を証明してみよう．$\models A\supset B$ ならば $\models\Box A\supset\Box B$ をいう．まず，$\models A\supset B$ と仮定する．さらに，S を任意の構造，w を S の任意の世界とし，$S,w\models\Box A$ と仮定して $S,w\models\Box B$ を導く．w' を wRw' を満たす S の任意の世界とする．$S,w\models\Box A$ なので $S,w'\models A$ が成り立つ．また，$\models A\supset B$ なので $S,w'\models A\supset B$ が成り立つ．したがって，$S,w'\models B$ が成り立つ．w' は任意だったので，$S,w\models\Box B$ が成り立つ．

任意の論理式 A に対して $\models A$ ならば $\models \Box A$ が成り立つが，その逆，すなわち，$\models \Box A$ ならば $\models A$ も成り立つ．このことを，ここでは**具体化**(instantiation)と呼ぼう．具体化は，必然化ほどは自明なことではない．

$\models \Box A$ と仮定する．また，$S = \langle W, R, V \rangle$ を任意の構造とし，$w \in W$ を S の任意の世界とする．$S, w \models A$ を示す．

構造 S から，構造 $S' = \langle W', R', V' \rangle$ を次のようにして作る．まず，$W' = W \cup \{w_0\}$ と置く．ここで，w_0 は W に現れない新しい世界を表している．S' の世界は S の世界に新世界 w_0 を加えたものである．また，

$$R' = R \cup \{\langle w_0, w \rangle \mid w \in W\}$$

と置く．すなわち，S' においては，新世界 w_0 から S の任意の世界へ到達することができる．また，S の到達可能性関係はそのまま S' でも保存される．最後に，$w \in W$ に対しては，

$$V'(w, P) = V(w, P)$$

と置く．$V'(w_0, P)$ の値は任意でよい．以下の議論には関係しない．

さて，$\models \Box A$ と仮定したので，$S', w_0 \models \Box A$ が成り立つはずである．したがって，任意の $w \in W$ に対して，$S', w \models A$ が成り立つ．

ところで，$w \in W$ から w_0 へは到達可能ではないので，S' のもとで $w \in W$ における A の真偽には $V'(w_0, P)$ の値は関係しない．また，w_0 以外の S' の世界 $w \in W$ において V と V' は一致している．したがって，$S', w \models A$ が成り立つならば，$S, w \models A$ も成り立つはずである．w は任意であったので，$S \models A$ が成り立つ．さらに，S は任意であったので，$\models A$ が成り立つ．

□と∀の類似性

必然化と具体化が成り立っていることから，様相記号□と一階述語論理の全称記号∀が似ていることがわかる．例えば，一階述語論理では，$\forall x(A \wedge B) \leftrightarrow \forall x A \wedge \forall x B$ が恒真であるが，命題様相論理でも，$\Box(A \wedge B) \leftrightarrow \Box A \wedge \Box B$ という形の論理式は恒真である．同様に，$\Box A \vee \Box B \supset \Box(A \vee B)$ という形の論理式も恒真である．

これに対して，$\Box(A\vee B)\supset\Box A\vee\Box B$ は恒真とは限らない．例えば，$\Box(\mathtt{P}_0\vee\mathtt{P}_1)\supset\Box\mathtt{P}_0\vee\Box\mathtt{P}_1$ という論理式は恒真ではない．この論理式を偽にする構造 $S=\langle W,R,V\rangle$ を次のように作ることができる．

$$W=\{0,1\}$$

$$R=W\times W$$

$$V(0,\mathtt{P}_0)=\top$$

$$V(0,\mathtt{P}_1)=\bot$$

$$V(1,\mathtt{P}_0)=\bot$$

$$V(1,\mathtt{P}_1)=\top$$

すると，$S,0\models\Box(\mathtt{P}_0\vee\mathtt{P}_1)$ が成り立つが，$S,0\models\Box\mathtt{P}_0\vee\Box\mathtt{P}_1$ は成り立たない．

恒真でない論理式

以下の論理式は恒真ではない(論理式の左の記号は各論理式に一般に付けられている名前である)．

$$\mathbf{D}\quad \Box A\supset\Diamond A$$

$$\mathbf{T}\quad \Box A\supset A$$

$$\mathbf{B}\quad A\supset\Box\Diamond A$$

$$\mathbf{4}\quad \Box A\supset\Box\Box A$$

$$\mathbf{5}\quad \Diamond A\supset\Box\Diamond A$$

例えば，$\Box A\supset A$ が恒真でないことを示そう．構造 $S=\langle W,R,V\rangle$ を次のように定義する．

$$W=\{0\}$$

$$R=\varnothing$$

$$V(0,\mathtt{P}_0)=\bot$$

すると，世界 0 から到達可能な世界が存在しないので，$S,0\models\Box\mathtt{P}_0$ が成り立つ．しかし，明らかに，$S,0\models\mathtt{P}_0$ は成り立たない．

(c) シーケント計算

恒真論理式を導くための演繹体系として，ここでは，命題様相論理のシーケント計算を紹介する．

推論規則

命題論理の推論規則はそのまま用いる．命題論理の推論規則に加えて，次の**必然化**(necessitation)の規則を用いる．

$$\frac{A_1, \ldots, A_m \to B}{\Box A_1, \ldots, \Box A_m, \Gamma \to \Delta, \Box B} \ (\text{必然化})$$

ここで $m \geqq 0$ である．なお，並べ換えの規則は暗黙のうちに用いることにする．必然化の規則は，

$$\frac{A_1, \ldots, A_m \to B}{\Box A_1, \ldots, \Box A_m \to \Box B}$$

というより単純な規則と，

$$\frac{\Gamma \to \Delta}{A, \Gamma \to \Delta} \ (\text{水増し左})$$

$$\frac{\Gamma \to \Delta}{\Gamma \to \Delta, A} \ (\text{水増し右})$$

という規則を組み合わせたものと考えることができる．水増しの規則は一般に導入してもかまわないが，上のように，必然化と組み合わせて用いるだけで十分である．

命題論理や一階述語論理と同様に，論理式 $A_1 \wedge \cdots \wedge A_m \supset B_1 \vee \cdots \vee B_n$ が恒真であるとき，シーケント $A_1, \ldots, A_m \to B_1, \ldots, B_n$ も恒真であるという．

命題論理や一階述語論理と同様に，$\to$ の左辺と右辺に同じ論理式が現れるシーケントを初期シーケントという．ただし，命題論理や一階述語論理と異なり，ここでは初期シーケントの論理式を限定しない．初期シーケントから始めて推論規則を有限回適用して得られるシーケントを証明可能であるという．$\to A$ というシーケントが証明可能であるとき，論理式 A は証明可能であるという．また，このとき，A を定理と呼び，$\vdash A$ と書く．

例えば，$\Box(\mathrm{P}_0\land\mathrm{P}_1)\supset\Box\mathrm{P}_0$ は定理である．このことは次のようにして証明することができる．

$$\cfrac{\cfrac{\cfrac{\mathrm{P}_0, \mathrm{P}_1 \to \mathrm{P}_0}{\mathrm{P}_0\land\mathrm{P}_1 \to \mathrm{P}_0}}{\Box(\mathrm{P}_0\land\mathrm{P}_1) \to \Box\mathrm{P}_0}}{\to \Box(\mathrm{P}_0\land\mathrm{P}_1) \supset \Box\mathrm{P}_0}$$

健全性

任意の論理式 A に対して，$\vdash A$ ならば $\models A$ が成り立つ．これが，上述の演繹体系の**健全性**(soundness)である．健全性を示すには，初期シーケントが恒真であり，かつ，各推論規則の前提が恒真ならば結論も恒真であることを示せばよい．

初期シーケントの表す論理式はトートロジである．先に述べたように，トートロジは恒真である．

必然化以外の推論規則が恒真性を保つことは，命題論理や一階述語論理と同様にして示すことができる．必然化については，その単純な形

$$\frac{A_1, \ldots, A_m \to B}{\Box A_1, \ldots, \Box A_m \to \Box B}$$

が恒真性を保つことを示せばよいだろう．なぜなら，水増しの規則は明らかに恒真性を保つからである．必然化の前提には $A_1\land\cdots\land A_m\supset B$ という論理式が対応し，結論には $\Box A_1\land\cdots\land\Box A_m\supset\Box B$ という論理式が対応する．先に述べたように，$\models(A_1\land\cdots\land A_m)\supset B$ ならば $\models(\Box A_1\land\cdots\land\Box A_m)\supset\Box B$ が成り立つ．

完全性

任意の論理式 A に対して，$\models A$ ならば $\vdash A$ が成り立つ．すなわち，上述の演繹体系の**完全性**(completeness)である．完全性をいい換えると次のようになる．

定理 3.1　論理式 A に対して，$\vdash A$ でないならば，ある構造 $S=\langle W, R, V\rangle$ と S の世界 $w\in W$ が存在して，$S, w\models\neg A$ が成り立つ．　□

完全性を証明するには，$\vdash A$ が成り立たないような論理式 A に対して，上のような構造 S と世界 w を具体的に構成してやればよい．

構造の構成を与える前に，推論規則のいくつかの性質を指摘しておこう．必然化以外の各推論規則は次のような性質を持っている．すなわち，前提のどれかが恒真でないならば，結論も恒真でない．なぜなら，前提のどれかを偽にする構造と世界があったならば，その構造と世界は結論も偽にするからである．このことは，命題論理の完全性を示したときと同様にして，必然化以外の各推論規則について確かめることができる．

また，これはいかなる演繹体系に対しても自明に成り立つことであるが，必然化の規則を含めてどの規則についても，結論が証明できなければ，前提のどれかは証明できない．

構造の構成

構造 $S=\langle W,R,V\rangle$ を次のように構成する．世界の集合 W を，

$$P_1,\ldots,P_m,\Box A_1,\ldots,\Box A_{m'}\rightarrow Q_1,\ldots,Q_n,\Box B_1,\ldots,\Box B_{n'}$$

という形のシーケントで，証明できないものの全体とする．ただし，$m,m',n,n'\geqq 0$ で，P_i と Q_j は命題記号である．上のシーケントは証明できないので，$P_1,\ldots,P_m$ と $Q_1,\ldots,Q_n$ には共通のものはない．

上のようなシーケントを w と置く．$w\in W$ である．w は証明できないシーケントなので，任意の j に対して，

$$A_1,\ldots,A_{m'}\rightarrow B_j$$

というシーケントも証明できない．なぜなら，もしこのシーケントが証明できたとしたら，必然化を用いてシーケント w も証明できてしまうからである．そこで，このシーケントに対して，ワングのアルゴリズムと同様に，必然化以外の規則を逆向きに可能な限り適用する．その結果得られた初期シーケントでないシーケントのうち，少なくとも一つは証明できないはずである．そのようなシーケントの一つを w' とすると，$w'\in W$ が成り立つ．このとき，wRw' となるように到達可能性関係 R を定める．特に，$n'=0$ のとき，wRw' となる w' は存在しない．なお，w' は B_j のとり方によって異なることに注意しておく．

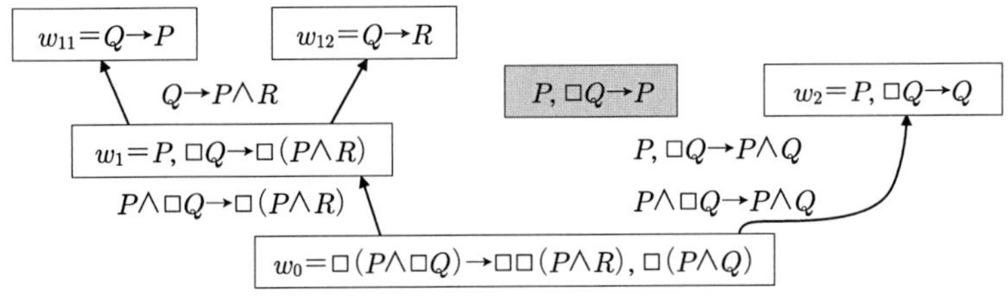

図 3.1　$\Box(P\wedge\Box Q)\to\Box\Box(P\wedge R),\Box(P\wedge Q)$ から作られる構造

割り当て V は，上の w に対して，

$$V(w,P_i)=\top$$
$$V(w,Q_j)=\bot$$

と置く．

簡単な例として，次のようなシーケントを考えよう (図 3.1)．

$$\Box(P\wedge\Box Q)\to\Box\Box(P\wedge R),\Box(P\wedge Q)$$

このシーケントを w_0 と置く．w_0 に必然化を逆に適用すると，$P\wedge\Box Q\to\Box(P\wedge R)$ と $P\wedge\Box Q\to P\wedge Q$ の二つのシーケントが得られる．前者に ∧ 左を逆に適用して $P,\Box Q\to\Box(P\wedge R)$ が得られる．これを w_1 と置く．w_1 にさらに必然化を逆に適用すると，$Q\to P\wedge R$ になる．これに ∧ 右を逆に適用して，$Q\to P$ と $Q\to R$ が得られる．これらを w_{11} と w_{12} と置く．なお，図 3.1 のような図では，煩雑さを避けるため推論規則の横棒は省略する．

次に，$P\wedge\Box Q\to P\wedge Q$ の方を考える．∧ 左と ∧ 右により，$P,\Box Q\to P$ と $P,\Box Q\to Q$ が得られる．前者は初期シーケントであるので，これは無視する．$P,\Box Q\to Q$ を w_2 と置く．

さて，$w_0,w_1,w_{11},w_{12},w_2$ はすべて証明可能ではない．そして，上の定義により，w_0Rw_1 と w_0Rw_2 を定める．また，w_1 に対しては，w_1Rw_{11} としても w_1Rw_{12} としてもよい．w_1Rw_{11} と w_1Rw_{12} の両方でもかまわない．

完全性の証明

上で定義した構造に関して，次のような性質が成り立つ．$w\in W$ とすると，

w のもとで w 自身が偽になる．すなわち，w を，

$$P_1, \ldots, P_m, \Box A_1, \ldots, \Box A_{m'} \to Q_1, \ldots, Q_n, \Box B_1, \ldots, \Box B_{n'}$$

というシーケントとすると，w のもとで $P_1, \ldots, P_m$ と $\Box A_1, \ldots, \Box A_{m'}$ が真となり，w のもとで $Q_1, \ldots, Q_n$ と $\Box B_1, \ldots, \Box B_{n'}$ が偽となる．P_i と Q_j の真偽については，V の定め方から明らかである．したがって，以下では，$\Box A_i$ と $\Box B_j$ の真偽について議論する．

$n'=0$ の場合は構造の作り方から wRw' となる w' は存在しない．よって $\Box A_1, \ldots, \Box A_{m'}$ は無条件に真となり，w，すなわち，

$$P_1, \ldots, P_m, \Box A_1, \ldots, \Box A_{m'} \to Q_1, \ldots, Q_n$$

は偽となる．

次に $n' \geqq 1$ の場合，シーケント

$$A_1, \ldots, A_{m'} \to B_j$$

をワングのアルゴリズムと同様にして崩すことによって，シーケント $w' \in W$ が得られたとする．この w' は S の構成において wRw' とした w' である．

w' に対しては証明しようとしている主張が成り立っていると仮定しよう．すなわち，w' のもとで w' 自身が偽になると仮定しよう．すると，w' の求め方から，w' のもとで $A_1, \ldots, A_{m'} \to B_j$ は偽になる．すなわち，w' のもとで $A_1, \ldots, A_{m'}$ は真となり，w' のもとで B_j は偽となる．

w' は B_j のとり方によって異なるが，$A_1, \ldots, A_{m'}$ は常に w' のもとで真となる．すなわち，wRw' を満たす任意の w' のもとで $A_1, \ldots, A_{m'}$ は真となる．したがって，w のもとで $\Box A_1, \ldots, \Box A_{m'}$ は真である．これに対して，各 B_j に対して，B_j を偽とし wRw' を満たす世界 w' が存在する．したがって，w のもとで $\Box B_j$ は偽になる．

以上の議論により，w のもとで w 自身が偽になることがわかった．

さて，w' に対して証明しようとしている主張が成り立っていると仮定したが，これは，全体の議論が帰納法になっていることを意味する．この場合に問題となるのは，何に関する帰納法なのかということである．

w' は $A_1, \ldots, A_{m'} \to B_j$ を崩して得られたものである．$A_1, \ldots, A_{m'} \to B_j$ は w の一部の論理式から成るシーケントである．したがって，w' の方が w よりもシーケントとして小さい．より厳密にいうならば，w' の中の論理記号の出現回数は，w の中の論理記号の出現回数よりも少ない．したがって，論理記号の出現回数に関する帰納法を用いればよい．

最後に，完全性の証明を完結するために，A を証明できない論理式としたとき，シーケント $\to A$ をワングのアルゴリズムと同様にして崩すことにより，シーケント $w \in W$ を求める．すると，w のもとで A は偽に(すなわち $\neg A$ は真に)なる．

なお，上の議論の中で構成した構造 S は論理式 A には依存しないことを注意しておく．

証明手続き

シーケントが与えられたとき，それを証明するには，まず，ワングのアルゴリズムと同様にして，必然化以外の推論規則を逆向きに可能な限り適用することにより，命題論理の論理記号をはずしていく．すると，

$$P_1, \ldots, P_m, \Box A_1, \ldots, \Box A_{m'} \to Q_1, \ldots, Q_n, \Box B_1, \ldots, \Box B_{n'}$$

という形のシーケントがいくつか得られる．そのすべてが証明されれば，もとのシーケントが証明できたことになる．

まず，上の形のシーケントのそれぞれに対して，$P_1, \ldots, P_m$ と $Q_1, \ldots, Q_n$ に同じものがあるかどうかを調べる．もし同じものがあれば，それは初期シーケントであるので証明できたことになる．$P_1, \ldots, P_m$ と $Q_1, \ldots, Q_n$ に同じものがなければ，

$$A_1, \ldots, A_{m'} \to B_1$$

$$\cdots$$

$$A_1, \ldots, A_{m'} \to B_{n'}$$

という n' 個のシーケントの証明をそれぞれ独立に試みる．もし，n' 個のうちの一つでも証明できたならば，上のシーケントは証明できたことになる．も

し，n' 個のシーケントのいずれも証明できなければ(あるいは $n'=0$ だった場合には)，後に述べるように上のシーケントも証明できないことがわかる.

$A_1, \ldots, A_{m'} \to B_j$ の証明は，証明手続きを再帰的に適用することによって行う．明らかに，$A_1, \ldots, A_{m'} \to B_j$ は，もともとのシーケントよりも小さくなっているので，全体の証明手続きは必ず停止する.

なお，この証明手続きでは，制限された必然化の規則のみしか用いられていない．すなわち，一般的な必然化の規則は

$$\frac{A_1, \ldots, A_m \to B}{\Box A_1, \ldots, \Box A_m, \Gamma \to \Delta, \Box B} \quad (\text{必然化})$$

という形をしているが，上の証明手続きでは，

$$\frac{A_1, \ldots, A_{m'} \to B_j}{P_1, \ldots, P_m, \Box A_1, \ldots, \Box A_{m'} \to Q_1, \ldots, Q_n, \Box B_1, \ldots, \Box B_{n'}}$$

という形の規則しか用いられていない．これは，一般的な必然化の規則において，Γ を原子論理式の並びに制限し，Δ を原子論理式か $\Box\cdots$ という形の論理式に制限した場合に相当する.

また，初期シーケントも上のように限定された形でよい．ただし，命題記号のみに限ることはできない.

以上より，命題論理と同様に，命題様相論理のシーケントが恒真であるかどうかは，決定可能であることがわかる.

シーケントを偽にする構造

命題論理の場合と同様に，上の証明手続きが失敗したとき，与えられたシーケントもしくは論理式を偽にする構造を作ることができる.

この構造は，完全性の証明のときに構成した構造の一部分になっている．すなわち，完全性の証明における構造はシーケントや論理式に依存しないものであったが，与えられたシーケントもしくは論理式を偽にするためには，その一部分だけで十分であることがわかる．別の言い方をすると，証明手続きは，完全性の証明における構造の一部分を探索するものであるということができる.

しかも，証明手続きは有限のステップで停止するので，証明手続きが探索するのはその構造の有限部分に過ぎない．したがって，与えられたシーケント

もしくは論理式を偽にする構造としては，有限のものを作ることができる．なお，この有限性については，次項で直接的に証明する．

先にあげた$\Box(P\wedge\Box Q)\to\Box\Box(P\wedge R), \Box(P\wedge Q)$の例では，世界$w_0, w_1, w_{11}, w_{12}, w_2$から成る構造が得られる．

(d)　有限モデル性

恒真論理式の決定可能性(恒真かどうかが決定可能であること)は，完全性を用いなくても，命題様相論理の**有限モデル性**(finite model property)を用いて示すことができる．

定理 3.2　論理式Aがモデルを持てば，有限個の世界から成るモデルを持つ．　□

商構造

Γを，ここでは論理式の並びではなく，論理式の集合とする．構造$S=\langle W, R, V\rangle$に対し，W上の同値関係$\approx$を次のように定義する．$w, w'\in W$とする．任意の$A\in\Gamma$に対して，$S, w\models A$ならば$S, w'\models A$が成り立ち，逆に，$S, w'\models A$ならば$S, w\models A$が成り立つとき，そして，そのときに限り，$w\approx w'$と定義する．

この同値関係を用いて，Γに関するSの**商構造**(quotient structure)を定義することができる．Γに関するSの商構造をS_Γで表す．

$S_\Gamma=\langle W', R', V'\rangle$は次のように定義される構造である．

$$W' = W/\approx$$
$$R' = \{\langle [w], [w']\rangle \mid wRw'\}$$
$$V'([w], P) = V(w, P) \qquad (P \in \Gamma)$$

ここで，$W/\approx$は同値関係$\approx$によるWの商集合を表す．すなわち，$W/\approx$はWの$\approx$同値類の全体である．また，$w\in W$に対して，$[w]$はwを含む$\approx$の同値類を表す．最後の$V'([w], P)$は，$P\in\Gamma$の場合にのみ定義されている．$P\in\Gamma$ならば，同値関係$\approx$の定義により，任意の$w'\in[w]$に対して$V(w, P)=V(w', P)$が成り立つので，$V'([w], P)$の値はwのとり方に依らずに定まる．

$P \notin \Gamma$ の場合，$V'([w], P)$ は未定義もしくは適当な値をとるとする．以下の議論では，$P \notin \Gamma$ ならば $V'([w], P)$ が何であろうと関係がない．

次の補題が成り立つ．

補題 3.3　Γ が部分論理式をとる操作に関して閉じていれば，任意の $A \in \Gamma$ に対して，$S_\Gamma, [w] \models A$ ならば $S, w \models A$ が成り立ち，逆に，$S, w \models A$ ならば $S_\Gamma, [w] \models A$ が成り立つ．　□

ここで，Γ が部分論理式をとる操作に関して閉じているとは，$A \in \Gamma$ かつ B が A の部分論理式であるとき，$B \in \Gamma$ となることをいう．

上の補題は，論理式の構造に関する帰納法によって証明される．ここでは，その最も重要な場合，すなわち，A が $\Box B$ という形である場合のみ議論する．Γ は部分論理式をとる操作に関して閉じているので $B \in \Gamma$ が成り立つ．論理式の構造に関する帰納法を用いて証明するので，B に対しては補題が成り立つと仮定してよい．

まず，$S_\Gamma, [w] \models \Box B$ を仮定して $S, w \models \Box B$ を示す．wRw' とする．R' の定義より $[w]R'[w']$ なので，$S_\Gamma, [w'] \models B$ が成り立つ．帰納法の仮定により，$S, w' \models B$ が成り立つ．w' は任意であったので，$S, w \models \Box B$ が成り立つ．

次に，$S, w \models \Box B$ を仮定して $S_\Gamma, [w] \models \Box B$ を示す．$[w]R'[w']$ とすると，$[w_0] = [w]$ かつ $[w'_0] = [w']$ かつ $w_0 R w'_0$ を満たす $w_0, w'_0 \in W$ が存在する．$w \approx w_0$ なので $S, w_0 \models \Box B$ が成り立つ．したがって，$S, w'_0 \models B$ が成り立つ．帰納法の仮定により，$S_\Gamma, [w'_0] \models B$ が成り立つ．w' は任意であったので，$S_\Gamma \models \Box B$ が成り立つ．

有限モデル

A を論理式，S を構造，w を $S, w \models A$ を満たす S の世界とする．Γ を A の部分論理式の全体からなる集合とする．すると明らかに，Γ は部分論理式をとる操作に関して閉じている．したがって補題により，

$$S_\Gamma, [w] \models A$$

が成り立つ．

さて，$w \not\approx w'$ であるためには，Γ のある元 B が存在して，w と w' で B の

真偽が異なっていなければならない．ところが，Γ は有限集合である．したがって，同値関係 $\approx$ の同値類は有限個しか存在し得ない．すなわち，商集合 $S/\!\approx$ は有限集合である．したがって，商構造 S_Γ は有限個の世界を持つモデルになる．

Γ の要素の数を N とすると，S_Γ の世界の数はたかだか 2^N 個である．論理式 A を解釈するためには，A の中の命題記号の真偽が定まっていればよい．これも有限通りしかない．世界の数と解釈すべき命題記号の数が有限ならば，可能な構造の数も有限である．したがって，それらの構造をしらみ潰しに調べれば，A のモデルを見つけることができる．もし A のモデルが見つからなければ，$\neg A$ が恒真であることがわかる．

(e) さまざまな様相論理

以上で述べた様相論理においては，到達可能性関係に何の制約もなかった．**K** と呼ばれる論理式(のパターン)は，到達可能性関係に何の制約がなくとも成り立つ普遍的なものである．そこで，到達可能性関係に何の制約もない様相論理を **K** と呼ぶことがある．

到達可能性関係 R に制約を設けることにより，さまざまな様相論理が得られる．例えば，以下のようなものがある．

K　R に特に制約はない．

T　R が反射的．

S4　R が反射的推移的．

S5　R が反射的推移的対称的．

それぞれの様相論理は，それを特徴付ける公理(論理式のパターン)を持っている．

T　**M** とも呼ばれる．以下の公理によって特徴付けられる．

$$\Box A \supset A$$

S4　上の公理に加えて，以下の公理によって特徴付けられる．

$$\Box A \supset \Box\Box A$$

この論理式は **4** と呼ばれていた．

S5　さらに以下の公理が付け加えられる．

$$A \supset \Box\Diamond A$$

この論理式は **B** と呼ばれていた．なお，**4** と **B** を付け加える代わりに，以下の公理を付け加えてもよい．

$$\Diamond A \supset \Box\Diamond A$$

この論理式は **5** と呼ばれていた．

3.2　多重様相論理

本節では，**多重様相論理**(multi-modal logic)，すなわち，複数の様相を持つ様相論理の一般論について簡単に解説する．

(a)　構文論

多重様相論理は，様相を表す複数のラベルを持つ．

ラベル

L を集合とし，L の元を**ラベル**(label)と呼ぶ．ラベルの集合 L を定めることにより，多重様相論理が一つ定まる．どのようなラベルを選ぶかは，多重様相論理の応用によって異なる．

多重様相論理では，L のそれぞれの要素 a に対して，$[a]$ と書かれる様相記号を導入する．すなわち，前節では様相記号は □ しかなかったが，本節では，ラベル一つごとに一つの種類の様相記号が存在する．

論理式

多重様相論理の論理式は次のように定義される．

$$A ::= P \mid \neg A \mid A \vee A \mid [a]A$$

最後の規則において $a \in L$ である．

単純な様相論理と同様に，次のような省略形を導入する．

$$\langle a \rangle A := \neg [a] \neg A$$

$\langle a \rangle$ は $[a]$ に対応する様相記号である．

(b)　意味論

多重様相論理の構造は，様相の種類ごとに異なる到達可能性関係を持ち，W と R と V の組 $\langle W, R, V \rangle$ である．

・W は世界の集合である．

・各ラベル $a \in L$ に対して，R_a はラベル a に対応する到達可能性関係である．すなわち，$R_a \subseteq W \times W$ である．$\langle w_1, w_2 \rangle \in R_a$ であるとき，$w_1 R_a w_2$ とか，$w_1 \xrightarrow{a} w_2$ などと書く．

・V は各世界における割り当てである．

$$V : W \times \{\mathtt{P}_0, \mathtt{P}_1, \mathtt{P}_2, \ldots\} \to \mathbb{B}$$

構造 $S = \langle W, R, V \rangle$ のもとで，$[a]A$ という論理式は次のように解釈される．

・$S, w \models [a]A$　**iff**　$w R_a w'$ を満たす任意の $w' \in W$ に対して $S, w' \models A$

その他の論理記号の解釈は単純な様相論理と同様である．すなわち，命題論理と同様である．

(c)　多重様相論理の例

本項では多重様相論理の具体例をあげる．

動的論理

L をプログラムの集合とし，W を計算機の内部状態とする．$w_1 \xrightarrow{a} w_2$ とは，状態 w_1 でプログラム a を実行すると，a は終了して状態 w_2 になる，ということを意味する．a が非決定的なプログラムの場合は，a が終了して状態 w_2 になる可能性があるということを意味する．

すると，$[a]A$ という論理式は，プログラム a を実行したとき，a が終了した後では必ずAが成り立つという意味になる．また，$A\supset[a]B$という論理式は，Aが成り立っている状態でプログラムaを実行したとき，aが終了した後では必ずBが成り立つということを意味する．$A\supset[a]B$は，**ホーアの弱い表明**(Hoare's weak assertion)と呼ばれる式$\{A\}a\{B\}$に対応している．

Aが成り立っている状態でプログラムaを実行したとき，aが停止しないならば，aが終了した後の状態というものは存在しない．すなわち，aが終了した後の世界は存在しない．したがって，$[a]B$は自明に成り立つ．すなわち，$A\supset[a]B$という論理式は，Aが成り立っているときにaが停止しないならば正しい．したがって，$A\supset[a]B$という論理式はプログラムaの終了を要求しない．これが弱い表明という意味である．

自然数上の時相論理

Lを二つの要素を持つ集合とする．ここでは，$L=\{a,b\}$と置く．また，$W=\mathbb{N}$と置く．すなわち，自然数を世界とする．自然数nに対して，Wの要素としてのnは，時刻nにおける世界を表す．

到達可能性関係は次のように定義する．$w_1 \leqq w_2$であるとき，そして，そのときに限り，$w_1 R_a w_2$とする．また，$w_1+1=w_2$であるとき，そして，そのときに限り，$w_1 R_b w_2$とする．

すると，自然数nに対して，$S,n\models[a]A$は，時刻n以降ならば常にAが成り立つということを意味する．また，$S,n\models[b]A$は，時刻$n+1$でAが成り立つということを意味する．

様相記号$[a]$を単に$\Box$と書き，様相記号$[b]$を$\bigcirc$と書くことがよくある．$\bigcirc A$は，次の時刻においてAが成り立つということを意味する．

(d) 反射推移閉包

本項では，前項の自然数上の時相論理の例を一般化する．その前に，遷移系の概念を定義する．

Tを，世界の集合Wとその上の到達可能性関係Rの組，すなわち，$T=\langle W,R\rangle$と置く．多重様相論理の場合，各ラベル$a\in L$に対して$R_a\subseteq W\times W$である．このとき，Tを**遷移系**(transition system)もしくは**フレーム**(frame)と呼ぶ．遷移系 $T=\langle W,R\rangle$ が与えられていれば，割り当て V を定めるごとに，構造 $S=\langle W,R,V\rangle$ が定まる．任意の割り当て V に対して，$S\models A$ となるとき，$T\models A$ と書く．また，T が固定されているとき，$S,w\models A$ のことを $V,w\models A$ と書いたりする．

二つのラベルを持つ多重様相論理を考える．すなわち，$L=\{a,b\}$ と置く．また，$T=\langle W,R\rangle$ を L に対する遷移系とする．

遷移系 T において，R_a が R_b の反射推移閉包であるならば，

$$T\models [a]A\supset A\wedge[b][a]A$$

$$T\models [a](A\supset [b]A)\supset (A\supset [a]A)$$

が成り立つ．これを確かめることは難しくない．

ここでは，$T\models[a]A\supset A\wedge[b][a]A$ が成り立つことを示そう．V を割り当て，w を世界とする．$V,w\models[a]A$ を仮定して $V,w\models A$ と $V,w\models[b][a]A$ を示す．$V,w\models[a]A$ が仮定されているので，wR_aw' を満たす任意の世界 w' に対して $V,w'\models A$ が成り立つ．

まず $V,w\models A$ を示す．R_a は R_b の反射推移閉包であるので，R_a は反射的，すなわち，wR_aw が成り立つ．したがって，w' として w 自身をとることができるので，$V,w\models A$ が成り立つ．

次に $V,w\models[b][a]A$ を示すには，wR_bw_1 を満たす任意の w_1 に対して $V,w_1\models[a]A$ を示せばよい．$V,w_1\models[a]A$ を示すには，$w_1R_aw_2$ を満たす任意の w_2 に対して $V,w_2\models A$ を示せばよい．R_a は R_b の反射推移閉包なので，wR_bw_1 かつ $w_1R_aw_2$ ならば wR_aw_2 が成り立つ．したがって，w' として w_2 をとれば，$V,w_2\models A$ が成り立つことが分かる．

上の逆も成り立つ．

定理 3.4　$L=\{a,b\}$ に対する遷移系 $T=\langle W,R\rangle$ について，

$$T\models [a]A\supset A\wedge[b][a]A$$

$$T\models [a](A\supset [b]A)\supset (A\supset [a]A)$$

が任意の論理式 A に対して成り立てば，R_a は R_b の反射推移閉包と一致する．

[証明] まず，$wR_a w'$ ならば $wR_b^* w'$ が成り立つことを示す．ここで，R_b^* は R_b の反射推移閉包を表している．

$w \in W$ を固定する．また，P を適当な命題記号とする．割り当て V として，$wR_b^* w'$ であるとき，そして，そのときに限り，$V(w', P) = \top$ が成り立つものを選ぶ．すなわち，任意の $w' \in W$ に対して $wR_b^* w'$ と $V, w' \models P$ は同値である．したがって，$wR_a w'$ ならば $wR_b^* w'$ が成り立つことを示すには，$wR_a w'$ ならば $V, w' \models P$ が成り立つことを示せばよい．これは，$V, w \models [a]P$ ということに他ならない．したがって以下では，$V, w \models [a]P$ を示す．

仮定の式において，A を P と置くことによって，

$$V, w \models [a](P \supset [b]P) \supset (P \supset [a]P)$$

が得られる．これを使えば，$V, w \models [a](P \supset [b]P)$ と $V, w \models P$ を示すことにより $V, w \models [a]P$ を導ける．

$wR_b^* w$ であるから $V, w \models P$ は明らかである．

$V, w \models [a](P \supset [b]P)$ を示すには，$wR_a w'$ と $V, w' \models P$ と $w' R_b w''$ を仮定して $V, w'' \models P$ を示せばよい．$V, w' \models P$ より $wR_b^* w'$ が成り立つので，$wR_b^* w'$ と $w' R_b w''$ から $wR_b^* w''$ が得られる．したがって，$V, w'' \models P$ が成り立つ．

以上で，$wR_a w'$ ならば $wR_b^* w'$ が成り立つことが示された．

次に，$wR_b^* w'$ ならば $wR_a w'$ であることを示す．

$w \in W$ を固定する．また，P を適当な命題記号とする．割り当て V として，$wR_a w'$ であるとき，そして，そのときに限り，$V(w', P) = \top$ が成り立つものを選ぶ．すなわち，任意の $w' \in W$ に対して $wR_a w'$ と $V, w' \models P$ は同値である．すると，$V, w \models [a]P$ が成り立つ．

仮定において，A を P と置くことによって，

$$V, w \models [a]P \supset P \wedge [b][a]P$$

が得られる．したがって，

$$V, w \models P \wedge [b][a]P$$

が成り立つ．これは $V, w \models P$ かつ $V, w \models [b][a]P$ を意味するから，$wR_b w'$ なる

任意の $w' \in W$ について $V, w' \models [a]P$ が成り立つ．再び仮定を用いて $V, w' \models P \wedge [b][a]P$ が得られる．この議論を繰り返していくと，結局 $wR_b^* w'$ を満たす任意の $w' \in W$ に対して，

$$V, w' \models P \wedge [b][a]P$$

が成り立つ．特に，$V, w' \models P$ であるので $wR_a w'$ が成り立つ．以上によって，$wR_b^* w'$ ならば $wR_a w'$ であることが示された．■

3.3　時相論理

本節では，様相論理の一種である**時相論理**(temporal logic)について簡単に紹介する．時相論理は，時間とともに状態を遷移させる計算機システムの性質を記述するために広く用いられている．したがって，クリプキ構造の世界は計算機システムの状態，世界間の到達可能性は状態間の遷移可能性と考える．

クリプキ構造 $S = \langle W, R, V \rangle$ において，遷移関係 R に従う状態列 $w_0, w_1, w_2, \ldots$ は，計算機システムの実行経路を表していると考えられる．ここで，w_0 は初期状態であり，任意の $i \geqq 0$ に対して $w_i R w_{i+1}$ が成り立っている．このような状態列は無限に続く場合があるので，本節では主として無限の状態列を扱う(このため，行き止まりの状態が存在すると繁雑になるので，時相論理においては，任意の状態 $w \in W$ に対して wRw' を満たす状態 $w' \in W$ の存在を要請することが多い)．

前節で多重様相論理の例として紹介した自然数上の時相論理では，実行経路は一つしか存在しない．しかし，一般に一つの状態から複数の状態への遷移が可能である場合，すなわち，状態遷移が分岐している場合，実行経路は一意的には定まらない．このような分岐する状態遷移の扱い方の違いにより，時相論理には大きく二つの種類がある．一つは**分岐時間時相論理**(branching-time temporal logic)といい，与えられた状態から始まる実行経路の可能性について記述することができる．もう一つは**線形時間時相論理**(linear-time temporal logic)といい，実行経路を一つ固定したときに，その実行経路の性質を詳細に記述することができる．

(a)　分岐時間時相論理

3.2節(d)において，二つのラベル a と b を持つ遷移系 $T=\langle W,R\rangle$ で，R_a が R_b の反射推移閉包になっているものを紹介した．この様相論理は分岐時間時相論理の非常に簡単な場合になっている．そこで本項の前半では，この様相論理を例にして，論理式もしくはシーケントの恒真性を判定するタブロー法について解説する．ここでは，すでに詳説したシーケント計算に基づく証明手続きの拡張としてタブロー法を定式化する．

本項の後半では，分岐時間時相論理の代表ともいえる計算木論理を紹介する．

タブロー法

遷移系 $T=\langle W,R\rangle$ は二つのラベル a と b を持ち，$R_a=R_b^*$ とする．以下では，様相記号 $[a]$ を □ と書き，様相記号 $[b]$ を ○ と書く．

遷移系 T において，任意の論理式 A に対して，

$$T \models \Box A \leftrightarrow A \wedge \bigcirc \Box A$$

が成り立つ．$T \models \Box A \supset A \wedge \bigcirc \Box A$ が成り立つことはすでに確かめたが，この逆も容易に確かめることができる．以上の性質を用いると，恒真かどうかを調べたいシーケントが与えられたとき，以下のようにして，3.1節(c)と同様の証明手続きを与えることができる．

まず，一般的な方針として，$\Gamma, \Box A, \Gamma' \to \Delta$ もしくは $\Gamma \to \Delta, \Box A, \Delta'$ におけるように，□ がシーケントの論理式の最も外側に現れたとき，論理式 $\Box A$ を $A \wedge \bigcirc \Box A$ に書き換える．このように書き換えてもシーケントの意味は変わらない．

以上のような書き換えを施した後で，各論理記号に従った処理を行う．特に，

$$P_1, \ldots, P_m, \bigcirc A_1, \ldots, \bigcirc A_{m'} \to Q_1, \ldots, Q_n, \bigcirc B_1, \ldots, \bigcirc B_{n'}$$

という形のシーケントが得られたとき，必然化の規則

$$\frac{A_1, \ldots, A_{m'} \to B_j}{P_1, \ldots, P_m, \bigcirc A_1, \ldots, \bigcirc A_{m'} \to Q_1, \ldots, Q_n, \bigcirc B_1, \ldots, \bigcirc B_{n'}}$$

を逆向きに適用して，以下のシーケントの証明を独立に試みる．

$$A_1, \ldots, A_{m'} \to B_1$$

$$\cdots$$

$$A_1, \ldots, A_{m'} \to B_{n'}$$

□の書き換えを行うために，以上の証明手続きは止まらないことがある．例えば，$\Box P \to \Box A$ という形のシーケントに対して，□の書き換えを行うと，$P \land \bigcirc \Box P \to A \land \bigcirc \Box A$ というシーケントが得られる．これに対して，∧左を逆向きに適用して，$P, \bigcirc \Box P \to A \land \bigcirc \Box A$ が得られる．これに対して，∧右を逆向きに適用すると，$P, \bigcirc \Box P \to A$ と $P, \bigcirc \Box P \to \bigcirc \Box A$ が得られる．後者に着目すると，必然化を逆向きに適用して，$\Box P \to \Box A$ というシーケントが得られる．これは，最初のシーケントに等しい．

このように，同じシーケントを何度も処理する可能性があるので，一度処理したシーケントは憶えておいて，同じシーケントが再び現れたら，そのシーケントの処理は(重複して)行わないことにする．たとえ□の書き換えを行っても，手続きの実行中に現れるシーケントの数は有限である．ただし，シーケントの左辺もしくは右辺に同じ論理式が現れた場合は，それらを一つにまとめる必要がある(すなわち，本項ではシーケントの左辺と右辺を論理式の集合とみなしている)．

以上のようにして得られるシーケントのうち，

$$P_1, \ldots, P_m, \bigcirc A_1, \ldots, \bigcirc A_{m'} \to Q_1, \ldots, Q_n, \bigcirc B_1, \ldots, \bigcirc B_{n'}$$

という形のものの全体を W_0 と置こう．また，W_0 上の二項関係 R_0 を以下のように定義する．$w \in W_0$ を上の形のシーケントとしたとき，シーケント $A_1, \ldots, A_{m'} \to B_j$ から必然化以外の規則を逆向きに可能な限り適用して $w' \in W_0$ が得られたとき，$w R_0 w'$ と置く．

非常に簡単だが，例を一つ見よう(図 3.2)．$\Box P \to (\Box P \land \Box Q) \lor \neg Q$ というシーケントを考える．このシーケントは恒真ではない．以上の手続きを適用する

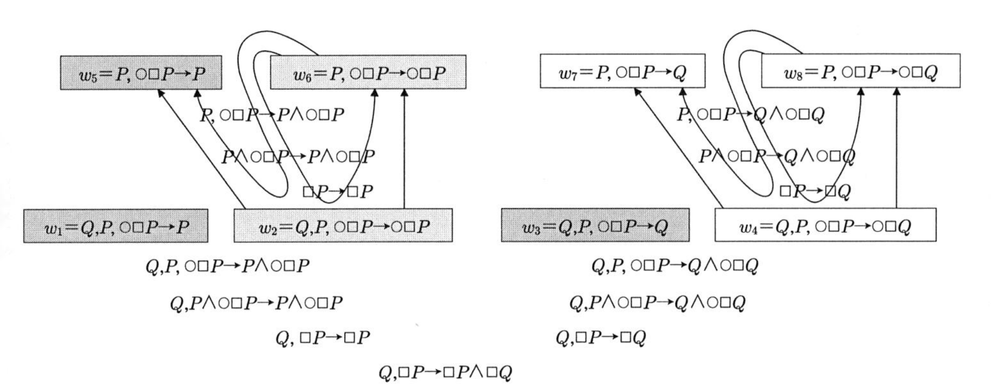

図 3.2　$\Box P\rightarrow(\Box P\wedge\Box Q)\vee\neg Q$ の証明(このような証明手続きをタブロー法という)

と以下のようなシーケントの集合 $W_0=\{w_1,\ldots,w_8\}$ が得られる．

$$w_1 = Q, P, \bigcirc\Box P \rightarrow P$$

$$w_2 = Q, P, \bigcirc\Box P \rightarrow \bigcirc\Box P$$

$$w_3 = Q, P, \bigcirc\Box P \rightarrow Q$$

$$w_4 = Q, P, \bigcirc\Box P \rightarrow \bigcirc\Box Q$$

$$w_5 = P, \bigcirc\Box P \rightarrow P$$

$$w_6 = P, \bigcirc\Box P \rightarrow \bigcirc\Box P$$

$$w_7 = P, \bigcirc\Box P \rightarrow Q$$

$$w_8 = P, \bigcirc\Box P \rightarrow \bigcirc\Box Q$$

また，関係 R_0 は，

$$R_0 = \{\langle w_2, w_5\rangle, \langle w_2, w_6\rangle, \langle w_4, w_7\rangle, \langle w_4, w_8\rangle,$$
$$\langle w_6, w_5\rangle, \langle w_6, w_6\rangle, \langle w_8, w_7\rangle, \langle w_8, w_8\rangle\}$$

となる．

以下では，W_0 と R_0 から，もとのシーケントを偽にするような構造を構成することを試みる．まず，W_0 から初期シーケントを削除する．上の例の場合は，w_1 と w_3 と w_5 が削除される．

次に，シーケントの右辺に現れる $\bigcirc\Box A$ という形の論理式に着目する．$\bigcirc\Box A$ は右辺に現れているので，もとのシーケントを偽にするという目的からは，$\bigcirc\Box A$ を偽にしたい．そのために，$\Box A$ が偽になる世界に到達可能でなければならない．さらに，その世界で $\Box A$ が偽になるためには，その世界から複数ステップ(または 0 ステップまたは 1 ステップ)によって A が偽になる世界に到達できなければならない．

$\bigcirc\Box A$ が右辺に現れているとき，これに対して必然化の規則を逆向きに適用すると $\Box A$ が右辺に現れるが，$\Box A$ は $A\wedge\bigcirc\Box A$ に書き換えられる．このとき，$\wedge$ 右によって A を選べば A を偽にすることができる．すなわち，$A\wedge\bigcirc\Box A$ に対して $\wedge$ 右を適用すると，左の前提のシーケントの右辺に A が現れるので，そのシーケントにおいて A が偽になる．$\wedge$ 右によって $\bigcirc\Box A$ を選べば再び $\bigcirc\Box A$ が右辺に現れる．

したがって，シーケント w の右辺に $\bigcirc\Box A$ という形の論理式が現れているとき，w から R_0 を繰り返して，$\wedge$ 右によって A を選んで得られるシーケントに到達できなければ，シーケント w は決して偽にできないことがわかる．そこで，そのような w を削除する．上の例の場合は，$\bigcirc\Box P$ を $\bigcirc\Box A$ として w_2 と w_6 が削除される．

あるシーケントが削除されると，その影響で他のシーケントを削除しなければならなくなることがある．すなわち，以下の場合である．

- 以下のシーケントのある j に対して，$A_1,\ldots,A_{m'}\to B_j$ に必然化以外の規則を逆向きに適用して得られるシーケントがすべて削除されている．

$$P_1,\ldots,P_m,\bigcirc A_1,\ldots,\bigcirc A_{m'}\to Q_1,\ldots,Q_n,\bigcirc B_1,\ldots,\bigcirc B_{n'}$$

- シーケントの右辺に $\bigcirc\Box A$ という形の論理式が現れており，そのシーケントから $\wedge$ 右によって A を選んで得られるシーケントに，R_0 を繰り返して到達できない．

これらの場合にシーケントを削除することを可能な限り繰り返す．そして残ったシーケントの全体を W とし，関係 R_0 を W に制限したものを R と置く．

また，シーケント w における割り当て V は，命題記号 P が w の左辺に現れるならば $V(w,P)=\top$，右辺に現れるならば $V(w,P)=\bot$ と定義する．こうして，構造 $S=\langle W,R,V\rangle$ が定まる．

もとの(恒真かどうかを調べたい)シーケントに必然化以外の規則を逆向きに適用して得られるシーケントのうち，W に属しているものがあれば，それを w_0 とする．すると，構造 S の世界 w_0 において，もとのシーケントが偽になる(章末問題 3.6)．

上の例の場合，$W=\{w_4,w_7,w_8\}$ となり，$w_0=w_4$ と置くことができる．

以上の手続きが途中で失敗したとき，すなわち，シーケントの削除を繰り返してシーケントがなくなってしまった場合，または，もとのシーケントを崩しても，W に属するシーケントが得られなかった場合，もとのシーケントは遷移系 T において恒真になる(章末問題 3.7)．したがって，遷移系 T におけるシーケントが恒真であるかどうかは，決定可能であることがわかる．

以上の手続きによってもとのシーケントが恒真とわかっても，証明木が得られるわけではない．また，恒真でない場合も，得られる構造における到達可能性関係は木構造ではなく，一般にループを含むグラフ構造になる．したがって，この手続きはシーケント計算ではなく，**タブロー法**(tableaux method)と呼ばれる証明手続きの一種になっている．タブロー法は様相論理の証明手続きとして広く用いられる．タブロー法によって得られる構造は**タブロー**(tableaux)と呼ばれる．

計算木論理

計算木論理(computation tree logic)は，分岐時間時相論理の典型例である．略して CTL という．CTL の論理式は，複数の経路や経路の間の関係を記述することができる．BNF 記法により以下のように定義される．

$$
\begin{aligned}
A ::= {} & P \mid \neg A \mid A\vee A \\
& \mathbf{EX}A \mid \mathbf{E}(A\mathbf{U}A) \mid \mathbf{EF}A \mid \mathbf{EG}A \\
& \mathbf{AX}A \mid \mathbf{A}(A\mathbf{U}A) \mid \mathbf{AF}A \mid \mathbf{AG}A
\end{aligned}
$$

ここで，例えば **EX** は，**E** という論理記号と **X** という論理記号が組み合わさったものである．**E** と **A** を**経路限定子**(path quantifier)と呼ぶ．**X**, **U**, **F**, **G** の方は，**時相演算子**(temporal operator)と呼ぶ．

以下では，経路とは，状態の無限列 $w_0, w_1, w_2, \ldots$ で，任意の $i \geqq 0$ に対して $w_i R w_{i+1}$ を満たすものをいう．

経路限定子 **E** は「現在の状態から始まる経路が存在して」と読むことができる(Exists)．**A** は「現在の状態から始まる任意の経路に対して」と読む(All)．時相演算子 **X** は，経路上の「次の状態で」と読まれる(neXt)．**G** は「経路上の任意の状態で」と読む(Globally)．**F** は「経路上のある状態で」と読む(Finally)．$A\mathbf{U}B$ は「B が成り立つまで A が成り立つ」という意味である(Until)．

論理式 $\mathbf{AX}A$ は，タブロー法の説明にあった論理式 $\circ A$ に相当する．すなわち，$\mathbf{AX}A$ は，(現在の状態から)遷移可能な状態において必ず A が成り立つことを意味する．また，論理式 $\mathbf{AG}A$ は，タブロー法の説明の論理式 $\Box A$ に相当する．すなわち，$\mathbf{AG}A$ は，(現在の状態から)複数ステップによって遷移可能な状態において必ず A が成り立つことを意味する．

EF, **AF**, **EG**, **AG** は，**U** を用いて以下のように定義することができる．

$$\mathbf{EF}A := \mathbf{E}(\top \mathbf{U} A)$$

$$\mathbf{AF}A := \mathbf{A}(\top \mathbf{U} A)$$

$$\mathbf{EG}A := \neg(\mathbf{AF}\neg A)$$

$$\mathbf{AG}A := \neg(\mathbf{EF}\neg A)$$

クリプキ構造 $S=\langle W, R, V\rangle$ に対して，CTL の論理式の解釈は以下のように定義される．$S, w \models A$ を単に $w \models A$ と書く．

- $w \models P$　**iff**　$V(w, P)=\top$
- $w \models \neg A$　**iff**　**not** $w \models A$
- $w \models A \vee B$　**iff**　$w \models A$ **or** $w \models B$
- $w \models \mathbf{EX}A$　**iff**　wRw' を満たす状態 w' が存在して $w' \models A$ が成り立つ．
- $w \models \mathbf{AX}A$　**iff**　wRw' を満たす任意の状態 w' に対して $w' \models A$ が成り立つ．
- $w \models \mathbf{E}(A\mathbf{U}B)$　**iff**　w で始まる経路 $w=w_0, w_1, w_2, \ldots$ が存在して，ある

k に対して $w_k \models B$ が成り立ち，任意の i に対して $0 \leqq i < k$ ならば $w_i \models A$ が成り立つ．

- $w \models \mathbf{A}(A\mathbf{U}B)$　**iff**　w で始まる任意の経路 $w = w_0, w_1, w_2, \ldots$ に対して，ある k に対して $w_k \models B$ が成り立ち，任意の i に対して $0 \leqq i < k$ ならば $w_i \models A$ が成り立つ．
- $w \models \mathbf{EF}A$　**iff**　wR^*w' を満たす状態 w' が存在して $w' \models A$ が成り立つ．
- $w \models \mathbf{AF}A$　**iff**　w で始まる任意の経路 $w = w_0, w_1, w_2, \ldots$ に対して，ある k に対して $w_k \models A$ が成り立つ．
- $w \models \mathbf{EG}A$　**iff**　w で始まる経路 $w = w_0, w_1, w_2, \ldots$ が存在して，任意の k に対して $w_k \models A$ が成り立つ．
- $w \models \mathbf{AG}A$　**iff**　wR^*w' を満たす任意の状態 w' に対して $w' \models A$ が成り立つ．

計算木論理に対しても，タブロー法を与えることが可能である．すなわち，計算木論理の論理式が恒真であるかどうかは判定可能である．

(b)　線形時間時相論理

線形時間時相論理(linear-time temporal logic)における論理式は，状態遷移系の一つの経路に関する性質を記述する．線形時間時相論理は略して LTL という．

LTL の論理式は BNF 記法を用いて以下のように定義される．

$$A ::= P \mid \neg A \mid A \vee A \mid \mathbf{X}A \mid A\mathbf{U}A \mid \mathbf{F}A \mid \mathbf{G}A$$

ちょうど，CTL の論理式から経路限定子を除いたものになっている．したがって，$\mathbf{X}, \mathbf{U}, \mathbf{F}, \mathbf{G}$ は時相演算子と呼ばれる．CTL と同様に，$\mathbf{F}$ と $\mathbf{G}$ は，$\mathbf{U}$ を用いて以下のように定義することができる．

$$\mathbf{F}A := \top\mathbf{U}A$$

$$\mathbf{G}A := \neg(\mathbf{F}\neg A)$$

時相演算子 $\mathbf{X}$ は $\bigcirc$，$\mathbf{F}$ は $\Diamond$，$\mathbf{G}$ は $\Box$ と書かれることもある(3.3 節(e))．

経路 π において論理式 A が成り立つことを $\pi \models A$ と書く．π を経路 $w_0, w_1,$

$w_2, \ldots$ としたとき，π_k によって w_k を表す．また，π^k によって π の部分経路 $w_k, w_{k+1}, \ldots$ を表す．各時相演算子 $\mathbf{X}, \mathbf{U}, \mathbf{F}, \mathbf{G}$ は，経路 π もしくはその部分経路に対して解釈される．

- $\pi \models P$　**iff**　$V(w_0, P) = \top$
- $\pi \models \neg A$　**iff**　**not** $\pi \models A$
- $\pi \models A \vee B$　**iff**　$\pi \models A$ **or** $\pi \models B$
- $\pi \models \mathbf{X}A$　**iff**　$\pi^1 \models A$
- $\pi \models \mathbf{A}(A\mathbf{U}B)$　**iff**　ある k に対して $\pi^k \models B$ が成り立ち，任意の i に対して $0 \leqq i < k$ ならば $\pi^i \models A$ が成り立つ．
- $\pi \models \mathbf{F}A$　**iff**　ある k に対して $\pi^k \models A$
- $\pi \models \mathbf{G}A$　**iff**　任意の k に対して $\pi^k \models A$

(c)　線形時間 vs. 分岐時間

例えば，LTL の次の論理式は常に偽である．

$$\mathbf{X}(\neg Q \wedge (P\mathbf{U}Q) \wedge (\neg P\mathbf{U}Q))$$

これは，LTL において以下の論理式と等価である．

$$\mathbf{X}(\neg Q \wedge (P\mathbf{U}Q)) \wedge \mathbf{X}(\neg Q \wedge (\neg P\mathbf{U}Q))$$

これに対して，CTL の次の論理式は，二つの状態があって，片方の状態からの経路で $P\mathbf{U}Q$ が成り立つものがあり，もう片方からの経路で $\neg P\mathbf{U}Q$ が成り立つものがあれば，そのような二つの状態へ遷移可能な状態において正しい．

$$\mathbf{EX}(\neg Q \wedge \mathbf{E}(P\mathbf{U}Q)) \wedge \mathbf{EX}(\neg Q \wedge \mathbf{E}(\neg P\mathbf{U}Q))$$

このように，CTL の論理式は複数の経路が関係する性質を記述することができる．

したがって，一見すると，分岐時間時相論理の方が線形時間時相論理よりも記述力が高いように思われるが，分岐時間時相論理の中でも CTL の表現力は特に弱い．これは，各時相演算子 $\mathbf{X}, \mathbf{U}, \mathbf{F}, \mathbf{G}$ が，必ず経路限定子 $\mathbf{E}, \mathbf{A}$ とともに用いられるためである．例えば，CTL は「Q が無限回成り立つ経路が存在する」ということを表現できない．これに対して，LTLでは $\mathbf{GF}Q$ という論理式によって，Q が無限回成り立つことを表現できる．

このように，LTLとCTLの表現力は比較できない．片方によって表現できるが，もう片方によって表現できない性質が存在する．そこで，CTLとLTLを融合した論理であるCTL* が定式化された．CTL* の論理式は，**状態論理式**(state formula)と**経路論理式**(path formula)に区別される．以下では，A や B で状態論理式を表し，M や N で経路論理式を表す．

$$A ::= P \mid \neg A \mid A \vee A \mid \mathbf{E}M$$

$$M ::= A \mid \neg M \mid M \vee M \mid \mathbf{X}M \mid M\mathbf{U}M$$

状態論理式 A は状態 w に対して解釈される．A が w において成り立つことを $w \models A$ と書く．経路論理式は経路 π に対して解釈される．M が π において成り立つことを $\pi \models M$ と書く．

- $w \models P$ **iff** $V(w, P) = \top$
- $w \models \neg A$ **iff** **not** $w \models A$
- $w \models A \vee B$ **iff** $w \models A$ **or** $w \models B$
- $w \models \mathbf{E}M$ **iff** w で始まる経路 π が存在して $\pi \models M$
- $\pi \models A$ **iff** $\pi_0 \models A$
- $\pi \models \neg M$ **iff** **not** $\pi \models M$
- $\pi \models M \vee N$ **iff** $\pi \models M$ **or** $\pi \models N$
- $\pi \models \mathbf{X}M$ **iff** $\pi^1 \models M$
- $\pi \models M\mathbf{U}N$ **iff** ある k が存在して $\pi^k \models N$ が成り立ち，任意の i に対して $0 \leqq i < k$ ならば $\pi^i \models M$ が成り立つ．

(d) 様相 μ 計算

様相 μ 計算(modal μ-calculus)は，時相論理の中で最も表現力が高い論理である．様相記号としてはCTLの $\mathbf{AX}$ しか持たないが，不動点演算子を持っているため，CTL* よりも表現力が高くなっている(ただし，このことを示すことは容易ではない)．

様相 μ 計算の論理式は以下のように定義される．

$$A ::= P \mid X \mid \neg A \mid A{\vee}A \mid \Box A \mid \mu X.A$$

ここで，CTL の **AX** は□と書かれる．また，◇は以下のように省略形として定義される．

$$\Diamond A := \neg\Box\neg A$$

様相 μ 計算は，命題記号に加えて，**命題変数**(propositional variable)を有している．命題変数は X や Y などで表す．

$\mu X.A$ という構文は**最小不動点**(minimal fixed point)と呼ばれる．例えば，後に説明するように，CTL の $\mathbf{EF}P$ という論理式は，様相 μ 計算においては，

$$\mu X.P{\vee}\Diamond X$$

と表現される．この論理式は，$P{\vee}\Diamond X$ と X が同値になるような X の中で最小のもの，すなわち，$P{\vee}\Diamond X$ と X が同値になる X で，X が成り立つ状態の集合が最小のものを表している．最小のものが定義可能であるために，$\mu X.A$ という形の論理式において，X は A の中で奇数個の否定の中にあってはならないという構文上の制限を設ける．例えば，$\mu X.\Diamond\neg X$ のような論理式を書くことはできない．

最大不動点(maximal fixed point)は μ と $\neg$ によって省略形として定義することができる．

$$\nu X.A[X] := \neg(\mu X.\neg A[\neg X])$$

命題変数はクリプキ構造の状態の集合を値としてとると考えられる．この集合は，その命題変数が成り立つ状態の全体を意味する．各命題変数に状態の集合を与える関数を**付値**(valuation)と呼ぶ．そして，様相 μ 計算の論理式は，命題変数に対する付値が与えられたときに，クリプキ構造の状態の集合によって解釈される．この集合は，その論理式が成り立つ状態の全体を意味する．すなわち，命題変数の全体を $\mathbb{V}$ としたとき，付値 $I{:}\,\mathbb{V}{\to}2^W$ に対して，論理式 A の解釈 $[\![A]\!]_I{\in}2^W$ は以下のように定義される．

- $[\![P]\!]_I{=}\{w{\in}W \mid V(w,P){=}\top\}$

・$[\![X]\!]_I = I(X)$
・$[\![\neg A]\!]_I = W - [\![A]\!]_I$
・$[\![A \vee B]\!]_I = [\![A]\!]_I \cup [\![B]\!]_I$
・$[\![\Diamond A]\!]_I = \{w \in W \mid wRw',\ w' \in [\![A]\!]_I\}$
・$[\![\mu X.A]\!]_I = \min\{C \subseteq W \mid [\![A]\!]_I[C/X] = C\}$

最後の規則において，$I[C/X]$ は I から以下のように定義される付値である．

$$I[C/X](X) = C$$
$$I[C/X](Y) = I(Y) \quad \textbf{if} \quad Y \neq X$$

以上のように，$[\![\mu X.A]\!]_I$ は，$[\![A]\!]_I[C/X] = C$ を満たす $C \subseteq W$ の中で最小のものとして定義されている．束論における**タルスキの定理**(Tarski's theorem)によると，

$$\min\{C \subseteq W \mid [\![A]\!]_I[C/X] = C\} = \bigcap\{C \subseteq W \mid [\![A]\!]_I[C/X] \subseteq C\}$$

が成り立つ．この右辺は $[\![A]\!]_I[C/X] \subseteq C$ を満たす $C \subseteq W$ 全体の交わりを表している．さらに，W が有限集合ならば，以下のような反復計算によって $[\![\mu X.A]\!]_I$ を求めることができる．まず $C_0 = \varnothing$ と置き，$C_{n+1} = [\![A]\!]_I[C_n/X]$ と置く．すると，

$$[\![\mu X.A]\!]_I = \bigcup_{n=0}^{\infty} C_n$$

が成り立つ．

したがって，厳密な議論ではないが，

$$\mu X.P \vee \Diamond X = (P \vee \Diamond \bot) \vee (P \vee \Diamond (P \vee \Diamond \bot)) \vee (P \vee \Diamond (P \vee \Diamond (P \vee \Diamond \bot))) \vee \cdots$$
$$= P \vee \Diamond P \vee \Diamond\Diamond P \vee \Diamond\Diamond\Diamond P \vee \cdots$$

が成り立つことがわかる．すなわち，この論理式は P が成り立つ状態に到達する経路が存在することを意味しており，CTL の $\mathbf{EF}P$ という論理式に相当する．

また，

$$\nu X.p\wedge\Diamond X = (P\wedge\Diamond\top)\wedge(P\wedge\Diamond(P\wedge\Diamond\bot))\wedge(P\wedge\Diamond(P\wedge\Diamond(P\wedge\Diamond\bot)))\wedge\cdots$$
$$= P\wedge\Diamond(P\wedge\Diamond(P\wedge\Diamond(P\wedge\Diamond\cdots)))$$

すなわち，この論理式は P がずっと成り立ち続けるような経路が存在することを意味する．

ν と μ を組み合わせると，次のようなことも表現できる．

$$\nu X.\mu Y.(P\wedge\Diamond X)\vee\Diamond Y$$

この論理式は，P が成り立つ状態に何ステップかで到達し，さらに，そこから同じことが成り立つ状態に到達できる(戻れる)ことを意味している．そして，再び P が成り立つ状態に何ステップかで到達する，ということを永遠に繰り返すので，P が無限回成り立つような経路が存在することを意味する．これは CTL では表現できないことであった．

(e)　モデル検査

モデル検査(model checking)とは，検査対象とするクリプキ構造において，与えられた論理式が成り立つかどうかを判定することである．

分岐時間時相論理におけるモデル検査

CTL などの分岐時間時相論理におけるモデル検査は，通常，**大域的モデル検査**(global model checking)という形態になる．クリプキ構造 $S=\langle W,R,V\rangle$ と論理式 A が与えられたとき，$w\models A$ を満たす状態 w の全体を求める．

CTL などにおけるモデル検査は，各論理式 A に対する集合 $\{w\in W \mid w\models A\}$ を，小さい論理式から順に求めることによって行うことができる．すなわち，集合 $\{w\in W \mid w\models A\}$ を求める際に，A の部分論理式 B に対する集合 $\{w\in W \mid w\models B\}$ を参照することができる．

例えば，$W_0=\{w\in W \mid w\models A\}$ としたとき，CTL の論理式 $\mathbf{EF}A$ にする集合 $W_1=\{w\in W \mid w\models \mathbf{EF}A\}$ は以下のようになる．

$$\{w \in W \mid \text{ある } w_0\in W_0 \text{ に対して } wR^*w_0\}$$

この集合は次のような反復計算によって求めることができる．

$W_1 := W_0$

while 変化がある **do**

$W_1 := W_1 \cup \{w \in W \mid$ ある $w_1 \in W_1$ に対して $wRw_1\}$

線形時間時相論理におけるモデル検査

LTL（線形時間時相論理）におけるモデル検査は，通常，**局所的モデル検査**（local model checking）という形態をとる．クリプキ構造 $S=\langle W, R, V\rangle$ と論理式 A が与えられたとき，初期状態 $w_0 \in W$ から始まる経路 $\pi = w_0, w_1, w_2, \ldots$ が常に $\pi \models A$ を満たすかどうかを判定する．

以下では，A として $\Box(P \supset \Diamond Q)$ という論理式を例にとり，線形時間時相論理におけるモデル検査の仕組みについて簡単に説明しよう．$\Box(P \supset \Diamond Q)$ という論理式は，経路上のある状態で P が成り立つとき，その状態もしくはそれより先の状態で Q が成り立つものが存在することを意味する．

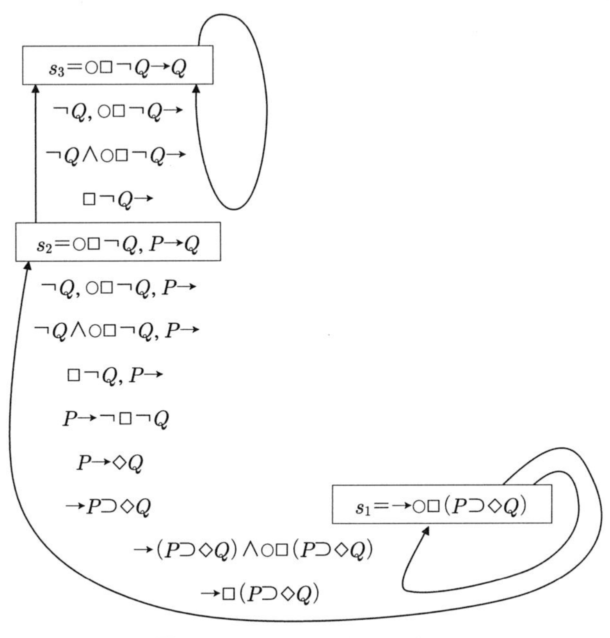

図 3.3 $\to\Box(P \supset \Diamond Q)$ のタブロー

まず，この条件が成り立つことを経路 $\pi=w_0, w_1, w_2, \ldots$ に対して動的に検査することを考えよう．ずっと永遠に P が成り立たなければ $\Box(P\supset\Diamond Q)$ は成り立つ．この場合，Q の成否はどうでもよい．i 番目の状態 w_i で P が成り立った場合は，以後の状態で Q が成り立つかどうかを調べなくてはならない．つまり，Q の真偽を監視する必要がある．そして，j 番目 $(j\geqq i)$ の状態 w_j において Q が成り立ったならば，w_j 以後は再び P の成否を調べて行けばよい．

以上のような監視は，三つの監視状態 s_1, s_2, s_3 を持つ以下のようなプログラムによって定式化することができる．s_1 は P が成り立っていない状態，s_2, s_3 は Q の真偽を監視している状態を表す．

```
if V(w0,P)=⊤ and V(w0,Q)=⊥ then s:=s2
else s:=s1
i:=1
repeat forever
  if s=s1 then
    if V(wi,P)=⊤ and V(wi,Q)=⊥ then s:=s2
    else
        if V(wi,Q)=⊥ then s:=s3
        else s:=s1
  i:=i+1
```

s は s_1, s_2, s_3 のいずれかの監視状態を値とする変数である．s_2 と s_3 を区別する必要はないが，以下で構成するタブローのシーケントに合わせた．変数 s の値がある時点からずっと s_3 であり続けるとき，論理式 $\Box(P\supset\Diamond Q)$ は偽になる．

以上のような監視状態は，シーケント $\to A$ のタブローを構成することによって求めることができる(図 3.3)．ここでは LTL を扱っているので，項(a)で述べたタブロー法とは微妙に異なってはいるが，$\Box(P\supset\Diamond Q)$ の例の場合，$\to \Box(P\supset\Diamond Q)$ というシーケントから始めて，以下のような三つのシーケントから成るタブローを得ることができる(本項では s_k がシーケントを表していることに注意)．

$$s_1 = \rightarrow \bigcirc\Box(P \supset \Diamond Q)$$

$$s_2 = \bigcirc\Box\neg Q, P \rightarrow Q$$

$$s_3 = \bigcirc\Box\neg Q \rightarrow Q$$

このタブローにおいて，s_1 から s_1 と s_2 へ到達可能であり，s_2 と s_3 から s_3 へ到達可能である(上のプログラムのように s_2 と s_3 から s_1 へは到達できない．その代わりに以下で見るように，モデル検査においては s_1 から s_1 と s_2 への遷移が非決定的に行われる)．

章末問題 3.12 にあるが，LTL における必然化の規則は以下のようになる．

$$\frac{A_1, \ldots, A_{m'} \rightarrow B_1, \ldots, B_{n'}}{P_1, \ldots, P_m, \bigcirc A_1, \ldots, \bigcirc A_{m'} \rightarrow Q_1, \ldots, Q_n, \bigcirc B_1, \ldots, \bigcirc B_{n'}}$$

これを用いて以下のようにしてタブローが得られる．$\rightarrow\Box(P\supset\Diamond Q)$ というシーケントから始めて，$\Box(P\supset\Diamond Q)$ を $(P\supset\Diamond Q)\wedge\bigcirc\Box(P\supset\Diamond Q)$ に書き換えることにより，s_1 と $P\rightarrow\Diamond Q$ が得られる．後者から，$\Diamond Q$ を $\neg\Box\neg Q$ に書き換え，さらに $\Box\neg Q$ を $\neg Q\wedge\bigcirc\Box\neg Q$ に書き換えることにより，s_2 と s_3 が得られる．

LTL のモデル検査では，監視対象のクリプキ構造 $S=\langle W, R, V\rangle$ を，以上のようにして得られた監視情報によって修飾することにより，監視情報付きのクリプキ構造を作る．上の例の場合，まず，シーケント s_k と監視対象のクリプキ構造の状態 w の組 $\langle s_k, w\rangle$ のうち，w が s_k と整合的になっているものの集合 W' を求める．

$$\begin{aligned} W' = \{\langle s_1, w\rangle \mid w{\in}W\} \cup \\ \{\langle s_2, w\rangle \mid w{\in}W,\ V(w,P){=}\top,\ V(w,Q){=}\bot\} \cup \\ \{\langle s_3, w\rangle \mid w{\in}W,\ V(w,Q){=}\bot\} \end{aligned}$$

例えば，w が s_2 と組み合わさるためには，w において P が真で Q が偽でなければならない．すなわち，w において，シーケント s_k の左辺の命題記号は真，右辺の命題記号は偽でなければならない．

次に，タブローにおける到達可能性関係と監視対象のクリプキ構造の到達可能性関係を組み合わせて，W' の状態の間の到達可能性関係 R' を与える．

$$
\begin{aligned}
R' = &\{\langle\langle s_1, w\rangle, \langle s_1, w'\rangle\rangle \mid wRw'\} \cup \\
&\{\langle\langle s_1, w\rangle, \langle s_2, w'\rangle\rangle \mid wRw'\} \cup \\
&\{\langle\langle s_2, w\rangle, \langle s_3, w'\rangle\rangle \mid wRw'\} \cup \\
&\{\langle\langle s_3, w\rangle, \langle s_3, w'\rangle\rangle \mid wRw'\} \ \subseteq \ W' \times W'
\end{aligned}
$$

最後に(実は以下では参照されないが),

$$
V'(\langle s_k, w\rangle, P) = V(w, P)
$$
$$
V'(\langle s_k, w\rangle, Q) = V(w, Q)
$$

として割り当て V' を定義する．こうしてできあがった監視情報付きクリプキ構造 $\langle W', R', V'\rangle$ を，タブローともとのクリプキ構造 S の**同期積**(synchronized product)と呼ぶことがある．

監視情報付きクリプキ構造 $\langle W', R', V'\rangle$ の経路で，$\Box(P \supset \Diamond Q)$ が偽になるようなものを特徴付けることができる．

一般に，論理式 A から作った監視情報付きクリプキ構造の経路

$$
\langle s_0, w_0\rangle, \langle s_1, w_1\rangle, \langle s_2, w_2\rangle, \ldots
$$

に関して，以下の条件(経路条件と呼ぼう)が成り立つとき，もとのクリプキ構造の経路 $\pi = w_0, w_1, w_2, \ldots$ において A が偽になる(章末問題 3.14)．

・シーケント $s_0, s_1, s_2, \ldots$ の右辺に現れる $\bigcirc\Box B$ という形の論理式に着目する．シーケント s_k の右辺に $\bigcirc\Box B$ が現れるならば，ある $k' \geqq k+1$ が存在してシーケント $s_{k'}$ は $\wedge$ 右によって B を選んで得られる．

上の例の場合は，s_1 の右辺に $\bigcirc\Box(P \supset \Diamond Q)$ が現れているので，s_1 から s_2 へいつかは遷移しなければならない．

逆に，経路条件を満たす(監視情報付きクリプキ構造の)経路が存在しなければ，(もとのクリプキ構造の経路において)必ず A が真になることがわかる(章末問題 3.15)．もとのクリプキ構造が有限ならば，タブローも有限であるので，監視情報付きクリプキ構造も有限である．有限のクリプキ構造上で，ある性質を持つ状態が無限に続くような経路があり得るかどうかは，クリプキ構造を有向グラフとみなして，その上のループの可能性を調べればよい．

監視情報付きクリプキ構造は，経路条件と合わさって，論理式 A を偽にする経路を特徴付けている．経路は状態の無限列であった．すなわち，監視情報付きクリプキ構造(と経路条件)は，状態の無限列を特徴付けている．なお，上述したように監視情報付きクリプキ構造の状態は有限個である．一般に，アルファベットと呼ばれる有限集合の要素の無限列を特徴付けるために，ω オートマトンと呼ばれる仕組みが用いられる．監視情報付きクリプキ構造の状態全体をアルファベットと考えたとき，監視情報付きクリプキ構造(と経路条件)も ω オートマトンとみなすことができる．ω オートマトンについては，第4章の4.5節(e)において，もう少しだけ詳しく述べる．

3.4　命題直観主義論理

一般に，排中律と背理法の成り立たないような論理を**直観主義論理**(intuitionistic logic)という．可能世界の考えを用いると，直観主義論理に対しても意味論を与えることができる．本節では，可能世界による意味論を中心に，直観主義論理について解説する．直観主義論理における可能世界は，人間の知識を表していると考えることができる．ある世界で論理式が真であるということは，その世界の知識に論理式が含まれているということを意味する．

人間の知識は経験を重ねるごとに増えるものである．可能世界の間の到達可能性関係は知識の増加を反映する．したがって，直観主義論理においては，ある世界で真な論理式は，その世界から到達可能な世界でも真になるようになっている．このため，直観主義論理における論理記号の解釈は，通常の古典的な論理とは異ならざるを得ない．

本節では，可能世界による意味論を通して，命題直観主義論理の解説を行う．なお，直観主義論理と対比するために，普通の論理のことを，**古典論理**(classical logic)もしくは古典的な論理などという．

(a)　構文論

命題直観主義論理(propositional intuitionistic logic)の論理式の構文は，古典的な命題論理と同じである．論理記号としては，$\neg$ と $\vee$ と $\wedge$ と $\supset$ がある．

ただし，古典論理とは異なり，直観主義論理では，$\wedge$ や $\supset$ を $\neg$ と $\vee$ の省略形として定義することはできない．すなわち，$\neg$ と $\vee$ と $\wedge$ と $\supset$ は，独立した論理記号として導入される．

ただし，論理記号 $\leftrightarrow$ は省略形とされる．すなわち，

$$A \leftrightarrow B := (A \supset B) \wedge (B \supset A)$$

と定義される．

直観主義論理では，以上の論理記号の他に，矛盾(偽)を表す $\bot$ という記号を用いることが多い．いうまでもなく，$\bot$ は常に偽に解釈される命題である．ただし，あらかじめ解釈が定まっているので，論理記号として扱う方が自然である．

すると $\neg$ は，$\bot$ と $\supset$ を用いて，

$$\neg A := A \supset \bot$$

と定義することができる．すなわち，A でないとは，A が成り立つと矛盾する，ということと同値である．もちろん，このことは古典論理でも正しいが，直観主義論理では $\neg$ の定義として用いられる．したがって，以下では，$\neg$ は省略形と考える．

(b)　意味論

命題直観主義論理に対して，クリプキ構造による意味論を与える．

構　造

様相論理と同様に，構造 $S=\langle W, R, V\rangle$ は次の要素から成り立っている．

- W は世界の集合である．
- R は世界の間の到達可能性関係である．様相論理では R は任意の二項関係でよかったが，直観主義論理では，R は W 上の半順序でなければならない．
- V は，各世界における割り当てである．すなわち，

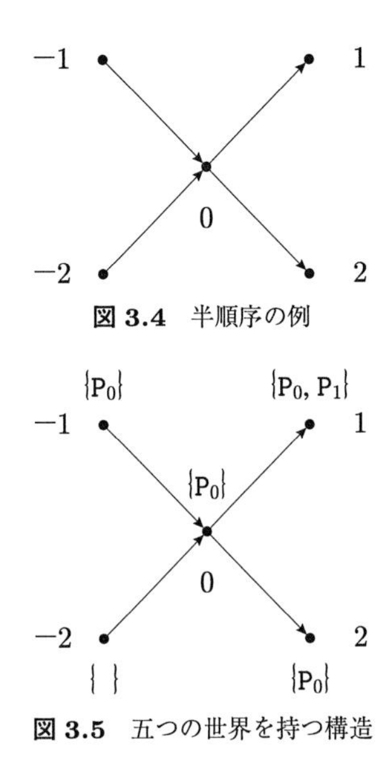

図 3.4　半順序の例

図 3.5　五つの世界を持つ構造

$$V : W \times \{\mathrm{P}_0, \mathrm{P}_1, \mathrm{P}_2, \ldots\} \rightarrow \mathbb{B}$$

である．ただし，V は次の条件を満たさなければならない．

もし $V(w, P){=}\top$ が成り立ち wRw' ならば，$V(w', P){=}\top$ も成り立たなければならない．

様相論理のときとは異なり，直観主義論理の構造においては，R と V に対して種々の要請が付け加わっている．

これらの要請は，次のように考えると納得がいくかもしれない．各世界は，人間のある時点における知識を表している．世界 $w{\in}W$ で論理式 A が真であるとは，w という時点の知識の中に A が入っている，すなわち，その時点で A が真であることを「知っている」ということを意味する．

wRw' とは，w の時点の知識を増やすことによって，w' の時点の知識が得られるということを意味する．したがって，関係 R は推移的である．すなわち，wRw' かつ $w'Rw''$ ならば wRw'' が成り立つ．

知識の増え方にはいろいろな可能性があると考える．したがって，wRw' か

つ wRw'' であっても，w' と w'' は比較できないかもしれない．このような考察から，関係 R は(全順序には限定せずに)任意の半順序とするのが適当であると考えられる．

さらに，ある時点で知り得た知識はなくならないものと仮定する．つまり，w という時点の知識の中に A という論理式が入っていたならば，その知識を増やして得られた知識，すなわち，wRw' を満たす w' という時点の知識の中にも A は入っているとする．割り当て V に対する要請は，このような考えから出てきたものである．

構造の例を一つ与えよう．$W=\{-1,-2,0,1,2\}$ と置く．半順序 R は図 3.4 のように定義する．世界 w から始まり世界 w' へ至る矢印に沿った経路(長さ 0 でもよい)が存在するときに，wRw' と定義される．

次に，割り当て V を，

$$V(-1,\mathtt{P}_0)=\top$$

$$V(-2,\mathtt{P}_0)=\bot$$

$$V(0,\mathtt{P}_1)=\bot$$

$$V(1,\mathtt{P}_1)=\top$$

$$V(2,\mathtt{P}_1)=\bot$$

と定義する．V に対する条件から，上の定義により，$\mathtt{P}_0$ と $\mathtt{P}_1$ の V による解釈は完全に定まる．各世界において真と解釈される命題記号を書き込むと図 3.5 のようになる．

論理式の解釈

$S=\langle W,R,V\rangle$ を構造，$w\in W$ を S の世界とするとき，世界 w で論理式 A が真であるということを

$$S,w\models A$$

と書く．$S,w\models A$ は，論理式の構成に従って，次のように定義される．

- $S,w\models P$　**iff**　$V(w,P)=\top$
- $S,w\models A\wedge B$　**iff**　$S,w\models A$ **and** $S,w\models B$

・$S,w \models A \vee B$ **iff** $S,w \models A$ **or** $S,w \models B$

・$S,w \models A \supset B$ **iff** wRw' を満たす任意の $w' \in W$ に対して，$S,w' \models A$ ならば $S,w' \models B$ が成り立つ．

・任意の $w \in W$ に対して，$S,w \models \bot$ は決して成り立たない．

上の定義の中で，論理記号 $\supset$ の解釈だけが古典論理と大きく異なっている．他の論理記号の解釈は，個々の世界を別々の構造と考えれば，古典論理の場合とまったく変わらない．これに対して，世界 $w \in W$ で論理式 $A \supset B$ を解釈するときには，w だけではなく w から到達可能なすべての世界が参照される．すなわち，$A \supset B$ という形の論理式が世界 w で成り立つためには，世界 w だけでなく，世界 w より到達可能な任意の世界 w' に対して，A が成り立つならば必ず B が成り立っていなければならない．

$\neg A$ は $A \supset \bot$ の省略形だったから次のことが成り立つ．

・wRw' を満たす任意の $w' \in W$ に対して，$S,w' \models A$ が成り立たないとき，そして，そのときに限り，$S,w \models \neg A$ が成り立つ．

上の論理式の解釈の定義により，以下の性質が導かれる．

定理 3.5　任意の論理式 A に対して，$S,w \models A$ が成り立ち，かつ，wRw' であるならば，$S,w' \models A$ も成り立つ．□

これは，ある時点で知り得た知識はなくならないという方針に対応するものである．この性質は，論理式の構造に関する帰納法によって証明することができる．もちろん，その際に，論理式 $A \supset B$ の解釈がキーになる．

$[\![A]\!]$ を A が成り立つような世界の集合，すなわち，

$$[\![A]\!] \;=\; \{w \in W \mid S,w \models A\} \subseteq W$$

と置くと，$[\![A]\!]$ は W の上に閉じた部分集合になる．すなわち，$w \in [\![A]\!]$ かつ wRw' ならば，$w' \in [\![A]\!]$ が成り立つ．後で見るように，$[\![A]\!]$ は構造 S における A の真偽値と考えることができる．

様相論理と同様に，任意の構造 S と任意の S の世界 w に対して，$S,w \models A$ が成り立つとき，論理式 A を恒真といい，$\models A$ と書く．

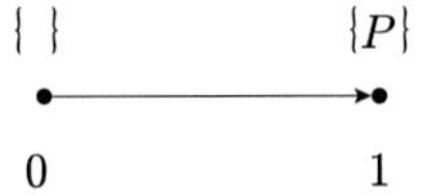

$\{\ \}$　　　$\{P\}$

0 ●——→● 1

図 3.6　二つの世界を持つ構造

排中律と二重否定の除去

排中律(excluded middle)と**二重否定の除去**(double-negation elimination)が一般には成り立たないことが直観主義論理の重要な性質である．もちろん，いままでに定義した意味論もこの性質を満たしている．すなわち，$P\vee\neg P$ という論理式(排中律)と，$\neg\neg P\supset P$ という論理式(二重否定の除去)は，恒真論理式ではない．

上の性質を示すのは簡単である．次のような構造 $S=\langle W,R,V\rangle$ を考えればよい．

$$W=\{0,1\}$$
$$R=\{\langle 0,1\rangle,\langle 0,0\rangle,\langle 1,1\rangle\}$$
$$V(0,P)=\bot$$
$$V(1,P)=\top$$

これを図示すると図 3.6 のようになる．

すると，$V(0,P)=\bot$ なので，$S,0\models P$ は成り立たない．また，$V(1,P)=\top$ かつ $0R1$ なので，$S,0\models\neg P$ も成り立たない．したがって，$S,0\models P\vee\neg P$ は成り立たない．

また，$V(1,P)=\top$ なので，$S,1\models\neg P$ は成り立たない．$S,0\models\neg P$ も成り立たなかったので，$S,0\models\neg\neg P$ が成り立つ．ところが，$S,0\models P$ は成り立たなかったので，$S,0\models\neg\neg P\supset P$ は成り立たない．

最後の審判

世界 w_f を，w_f から到達できる世界が w_f 自身しかないような世界とする．すなわち，w_fRw かつ $w_f\neq w$ を満たす世界 w は存在しない．このとき，世界 w_f においては，任意の論理式 A に対して，$S,w_f\models A\vee\neg A$ が成り立つ．これは，終末の世界において，ものごとの真偽が完全に定まる，ということを意味している．要するに，終末の世界では最後の審判が行われるのである．

また，任意の論理式 A に対して，$S, w_f \models \neg\neg A \supset A$ も成り立つ．より一般的に，A を古典論理における任意のトートロジとしたとき，$S, w_f \models A$ が成り立つ．

以上のことが成り立つ理由は，w_f において，$A \supset B$ という形の論理式の解釈が次のようになるからである．

・$S, w_f \models A$ ならば $S, w_f \models B$ が成り立つとき，そして，そのときに限り，$S, w_f \models A \supset B$ が成り立つ．

すなわち，$A \supset B$ の解釈は古典論理の場合と変わらない．

選言に関する性質

直観主義論理では，$\vee$ に関して，次の性質が成り立つ．

定理 3.6　$\models A \vee B$ ならば，$\models A$ または $\models B$ が成り立つ．　□

この性質は，**選言に関する性質**(disjunction property)と呼ばれ，直観主義論理を特徴付けるものの一つである．

選言に関する性質の対偶を証明しよう．$\not\models A$ かつ $\not\models B$ と仮定して，$\not\models A \vee B$ を導く．ここで，$\not\models A$ とは，$\models A$ が成り立たないということである．

$\not\models A$ なので，$S_A, w_A \models A$ が成り立たないような構造 $S_A = \langle W_A, R_A, V_A \rangle$ と世界 $w_A \in W_A$ がある．また，$\not\models B$ なので，$S_B, w_B \models B$ が成り立たないような構造 $S_B = \langle W_B, R_B, V_B \rangle$ と世界 $w_B \in W_B$ がある．

S_A と S_B を用いて，構造 $S = \langle W, R, V \rangle$ を次のように定義する．まず，

$$W = W_A + W_B + \{w_0\}$$

と置く．ここで，$+$ は集合の直和を表している．これは，W_A と W_B に共通部分がなく，w_0 を W_A にも W_B にも含まれない新世界としたとき，

$$W = W_A \cup W_B \cup \{w_0\}$$

のことと考えればよい．以下，このように仮定する．

R は次のように定義する．

$$R = \{\langle w_0, w_A \rangle,\ \langle w_0, w_B \rangle,\ \langle w_0, w_0 \rangle\} \cup R_A \cup R_B$$

すなわち，w_0 からは w_A と w_B（と w_0 自身）に到達することができる．また，S_A と S_B の到達可能性は保存される．

最後に，任意の命題記号 P に対して，

$$V(w_0, P) = \bot$$
$$V(w, P) = V_A(w, P) \quad (w \in W_A)$$
$$V(w, P) = V_B(w, P) \quad (w \in W_B)$$

とする．

すると，任意の論理式に対して，W_A 上では，構造 S における真偽と構造 S_A における真偽が等しくなる．また，W_B 上では，S における真偽と S_B における真偽が等しくなる．したがって，$S_A, w_A \models A$ が成り立たないので $S, w_A \models A$ も成り立たない．同様に $S, w_B \models B$ も成り立たない．

さて，$S, w_0 \models A$ と仮定すると，ある時点で知り得た知識はなくならないことから，$S, w_A \models A$ も成り立っているはずである．ところが，$S, w_A \models A$ は成り立たないので，$S, w_0 \models A$ も成り立たないことがわかる．同様に，$S, w_0 \models B$ も成り立たない．したがって，

$$S, w_0 \models A \vee B$$

も成り立たない．こうして，$\not\models A \vee B$ が示された．

選言に関する性質は，直観主義論理においては，選言 $A \vee B$ の論理記号 $\vee$ が，A か B かという 1 ビットの情報を含んでいることを意味している．

(c)　直観主義論理の真偽値

古典論理では，命題の解釈は真か偽かのどちらかに定まる．これに対して，直観主義論理では，世界を固定すれば命題の解釈は真か偽かのどちらかに定まるが，構造全体としては，命題の解釈は一般に真か偽のどちらともいえない．では，直観主義論理において命題の真偽の度合いを測るにはどうしたらよいだろうか．

一般に，真偽の度合いのことを**真偽値**（truth value）という．古典論理では，真偽値は真 $\top$ と偽 $\bot$ の二つしかない．命題直観主義論理では，先に定義した

$[\![A]\!]$ が論理式 A の真偽値であると考えることができる．

命題直観主義論理の真偽値

$S=\langle W,R,V\rangle$ を構造とする．$[\![A]\!]$ は，A が成り立つような世界の集合，すなわち，

$$[\![A]\!] \ = \ \{w \in W \mid S,w \models A\} \subseteq W$$

であった．また，$[\![A]\!]$ は W の上に閉じた部分集合であった．すなわち，$w\in[\![A]\!]$ かつ wRw' ならば $w'\in[\![A]\!]$ が成り立つ．

一般に，W の部分集合 $X\subseteq W$ が上に閉じているとは，任意の $w,w'\in W$ に対して，$w\in X$ かつ wRw' ならば $w'\in X$ が成り立つことをいう．

$[\![A]\!]$ に関して，次の性質が成り立つ．

$$[\![A\wedge B]\!]=[\![A]\!]\cap[\![B]\!]$$

$$[\![A\vee B]\!]=[\![A]\!]\cup[\![B]\!]$$

$$[\![\bot]\!]=\varnothing$$

$\wedge$ と $\cap$，$\vee$ と $\cup$ が対応していることがわかる．

また，論理記号 $\supset$ の解釈より，

$$[\![A\supset B]\!] \ = \ \left\{ w\in W \;\middle|\; \begin{array}{l} \text{任意の } w'\in W \text{ に対して，} \\ wRw' \text{ かつ } w'\in[\![A]\!] \text{ ならば } w'\in[\![B]\!] \end{array} \right\}$$

が成り立つ．そこで，$X,Y\subseteq W$ に対して，W の部分集合 $X\supset Y$ を，

$$X\supset Y \ = \ \left\{ w\in W \;\middle|\; \begin{array}{l} \text{任意の } w'\in W \text{ に対して，} \\ wRw' \text{ かつ } w'\in X \text{ ならば } w'\in Y \end{array} \right\}$$

と定義する．すると，明らかに，$[\![A\supset B]\!]=[\![A]\!]\supset[\![B]\!]$ が成り立つ．

$X,Y\subseteq W$ に対して，$X\supset Y$ は，W の上に閉じた部分集合 Z で，$X\cap Z\subseteq Y$ を満たすもののうち最大のものになっている．すなわち，次のことが成り立つ．

・$X\rightarrow Y$ は W の上に閉じた部分集合である．

・$X\cap(X\to Y)\subseteq Y$ が成り立つ．
・Z を W の上に閉じた部分集合とすると，$X\cap Z\subseteq Y$ ならば $Z\subseteq X\to Y$ が成り立つ．

したがって，$\mathbb{H}$ を W の上に閉じた部分集合の全体とすると，$\mathbb{H}$ は $\subseteq$ を順序としてハイティング代数になる．

第 2 章の 2.1 節(d)において，命題論理に対する「少し変わった意味論」を与えたが，上の意味論はこの一種となっている．

命題古典論理の真偽値

古典論理の構造は，直観主義論理の構造の特殊な場合と考えることができる．命題直観主義論理の構造 $S=\langle W,R,V\rangle$ において，世界が一つしかない，すなわち，世界の集合 W が一点集合であるとき，構造 S は本質的に命題古典論理の構造と変わらない．

W が一点集合のとき，$W=\{w_0\}$ と置くと，W の上に閉じた部分集合は，空集合 $\varnothing$ と W 全体 $\{w_0\}$ の二つしかない．そして，$S,w_0\models A$ が成り立つならば，$[\![A]\!]=\{w_0\}$ となり，$S,w_0\models A$ が成り立たなければ，$[\![A]\!]=\varnothing$ となる．したがって，$\{w_0\}$ は真を表し，$\varnothing$ は偽を表すと考えることができる．

(d)　シーケント計算

直観主義論理の演繹体系は，古典論理の演繹体系から排中律と背理法(もしくは二重否定の除去)を除くことによって得られるが，実際にどのようにしてそれらを除くかは演繹体系によって異なる．ここでは，シーケント計算の場合について簡単に述べる．

シーケント

先に，$\neg$ は $\bot$ と $\supset$ による省略形であると述べた．すなわち，

$$\neg A := A \supset \bot$$

であるとした．実は，シーケント計算にはこの定義はなじまない．シーケント計算では $\bot$ を用いず，$\neg$ は省略形ではなく独立した論理記号であるとする．

さて，命題論理と一階述語論理のシーケント計算において直観主義論理の演繹体系を得るのは，実は，非常に簡単である．直観主義論理の演繹体系では，シーケントの $\rightarrow$ の右側の論理式の数を 0 個か 1 個に制限すればよい．

A という論理式を証明しようとする場合，$\rightarrow A$ というシーケントを証明すればよいのだが，その証明の中では，$\rightarrow$ の右側の論理式の数が 2 個以上のシーケントを用いてはならない．すなわち，各推論規則の前提と結論において $\rightarrow$ の右側に論理式が 2 個以上現れてはならない．

推論規則

上の制限を加えるだけで，推論規則そのものに変更を加える必要はほとんどない．例外は $\vee$ 右と $\neg$ 左だけである．$\vee$ 右は，

$$\frac{\Gamma \rightarrow A}{\Gamma \rightarrow A \vee B}$$

と

$$\frac{\Gamma \rightarrow B}{\Gamma \rightarrow A \vee B}$$

という二つの規則で置き換えられる．

$\neg$ 左は，

$$\frac{\Gamma \rightarrow A}{\neg A, \Gamma \rightarrow}$$

または，

$$\frac{\Gamma \rightarrow A}{\neg A, \Gamma \rightarrow C}$$

という形になる．後者は，前者の結論に水増しの規則によって，C が $\rightarrow$ の右に付け加わったものと考えることもできる．

以上のような制限と変更のもとでは，排中律や二重否定の除去が証明できないことが簡単に示せる．

健全性と完全性

命題直観主義論理の意味論に対して，上のシーケント計算は健全かつ完全で

あることが知られている．完全性の証明の基本的な方針は古典論理や様相論理と同じであるが，かなり複雑であるので，本書の範囲外としたい．

証明手続き

直観主義論理の場合も，ワングのアルゴリズムと同様の証明手続きを与えることができる．ただし，直観主義論理では，古典論理の場合と異なり，推論規則を適用する順番，すなわち，論理記号を崩す順番が意味を持つ．古典論理では，論理記号の崩し方はどうでもよかった．どのように崩したとしても，証明しようとしている論理式が恒真(トートロジ)であるならば必ず証明することができる．これに対して，直観主義論理では，いろいろな崩し方を調べなければならない．といっても，命題論理の場合は，論理記号の崩し方は有限通りしかないので，有限時間内にすべての崩し方を網羅することができる．したがって，与えられた論理式が恒真かどうかを決定可能である．

章末問題

3.1　[3.1 節(b)]次の命題様相論理式が恒真であることを示せ．

(i) $\Box A \supset \Diamond A$

(ii) $\Box(A \wedge B) \supset \Box A \wedge \Box B$

(iii) $\Box A \wedge \Box B \supset \Box(A \wedge B)$

(iv) $\Box A \vee \Box B \supset \Box(A \vee B)$

3.2　[3.1 節(c)]次の命題様相論理式を証明せよ．

(i) $\Box P \supset \Diamond P$

(ii) $\Box(P \wedge Q) \supset \Box P \wedge \Box Q$

(iii) $\Box P \wedge \Box Q \supset \Box(P \wedge Q)$

(iv) $\Box P \vee \Box Q \supset \Box(P \vee Q)$

3.3　[3.1 節(c)]次の命題様相論理式を偽にするクリプキ構造を求めよ．

(i) $\Diamond P \supset \Box P$

(ii) $\Box(P \vee Q) \supset \Box P \vee \Box Q$

3.4　[3.1 節(c)]次の命題様相論理式を偽にするクリプキ構造を求めよ．

D　$\Box P \supset \Diamond P$

T $\Box P \supset P$

B $P \supset \Box\Diamond P$

4 $\Box P \supset \Box\Box P$

5 $\Diamond P \supset \Box\Diamond P$

3.5 [3.1節(d)および3.1節(e)]到達可能性関係が反射的推移的であるものに限定された様相論理を**S4**というのであった．**S4**においても有限モデル性が成り立つことを示せ．

3.6 [3.3節(a)]タブロー法によって構成されたタブローの中の各シーケントは，それ自身において偽になることを示せ．

3.7 [3.3節(a)]タブロー法に関して次の問に答えよ．

(i) 構造$S_0=\langle W_0, R_0, V_0\rangle$が与えられているとき，タブロー法の実行中にタブローに現れる各シーケント$\Gamma\to\Delta$に対して，$\Gamma\to\Delta$を偽にするW_0の世界を対応させる．すなわち，Γの論理式はすべて真，Δの論理式はすべて偽であるような世界を対応させる．このような世界の全体を$W_0(\Gamma\to\Delta)$と書く．$W_0(\Gamma\to\Delta)\neq\varnothing$を満たすシーケント$\Gamma\to\Delta$は，タブロー法の実行中に決して削除されないことを示せ．

(ii) タブロー法を実行するもとになったシーケント$\Gamma_0\to\Delta_0$に対して，$W_0(\Gamma_0\to\Delta_0)\neq\varnothing$が成り立つならば，$\Gamma_0\to\Delta_0$を崩して得られるシーケントがタブローの中に必ず存在することを示せ．

(iii) 以上より，恒真でないシーケントに対してタブロー法を実行すると，必ずそのシーケントを偽にするタブローが求まることを示せ．

したがって，タブロー法が失敗したときはもとのシーケントは恒真であることがわかる．

3.8 [3.3節(a)]CTLにおいて次の論理式が恒真になることを示せ．

(i) $\mathbf{E}(A\mathbf{U}B) \leftrightarrow B\vee(A\wedge\mathbf{EX}(\mathbf{E}(A\mathbf{U}B)))$

(ii) $\mathbf{A}(A\mathbf{U}B) \leftrightarrow B\vee(A\wedge\mathbf{AX}(\mathbf{A}(A\mathbf{U}B)))$

3.9 [3.3節(b)]LTLにおいて次の論理式が恒真になることを示せ．

(i) $\neg\bigcirc A \leftrightarrow \bigcirc\neg A$

(ii) $A\mathbf{U}B \leftrightarrow B\vee(A\wedge\bigcirc(A\mathbf{U}B))$

3.10 [3.3節(d)]CTLの論理式$\mathbf{E}(P\mathbf{U}Q)$は様相μ計算ではどのように表現されるか．CTLの論理式$\mathbf{A}(P\mathbf{U}Q)$は様相μ計算ではどのように表現されるか．

3.11 [3.3節(e)]CTLにおいて，集合$W_A=\{w\in W \mid w\models A\}$と$W_B=\{w\in W \mid w\models B\}$から，以下の集合を求める反復計算を与えよ．

(i) $\{w \in W \mid w \models \mathbf{E}(A\mathbf{U}B)\}$

(ii) $\{w \in W \mid w \models \mathbf{A}(A\mathbf{U}B)\}$

3.12　[3.3節(e)]LTLにおいて，以下の推論規則が成り立つことを示せ．

$$\frac{A_1, \ldots, A_{m'} \to B_1, \ldots, B_{n'}}{P_1, \ldots, P_m, \circ A_1, \ldots, \circ A_{m'} \to Q_1, \ldots, Q_n, \circ B_1, \ldots, \circ B_{n'}}$$

3.13　[3.3節(e)]LTLの次のシーケントに対してタブローを作ってみよ．

(i) $\to \Box\Diamond P$

(ii) $\Box\Diamond P \to$

(iii) $\to P\mathbf{U}Q$

(iv) $P\mathbf{U}Q \to$

(v) $\Box(P \supset \Diamond Q) \to$

3.14　[3.3節(e)]LTLのモデル検査において，監視情報付きクリプキ構造の経路

$$\langle s_0, w_0 \rangle, \langle s_1, w_1 \rangle, \langle s_2, w_2 \rangle, \ldots$$

が経路条件を満たすならば，経路 $\pi = w_0, w_1, w_2, \ldots$ に対して，π^k はシーケント s_k を偽にすることを示せ．

3.15　[3.3節(e)]LTLのモデル検査において，論理式 A を偽にする経路 $\pi = w_0, w_1, w_2, \ldots$ が存在すれば，監視情報付きクリプキ構造の経路

$$\langle s_0, w_0 \rangle, \langle s_1, w_1 \rangle, \langle s_2, w_2 \rangle, \ldots$$

であって，経路条件を満たすものが存在することを示せ．

3.16　[3.4節(b)]命題論理式 A から命題様相論理式 $[A]$ への翻訳を以下のように定義する．

・$[P] := \Box P$

・$[A \wedge B] := [A] \wedge [B]$

・$[A \vee B] := [A] \vee [B]$

・$[A \supset B] := \Box([A] \supset [B])$

・$[\bot] := P \wedge \neg P$

・$[\neg A] := \Box \neg [A]$

次の問に答えよ．

(i) 命題直観主義論理の構造 $S = \langle W, R, V \rangle$ とその世界 $w \in W$ に対して，$w \models A$ であることと，$w \models [A]$ であることが等価になることを示せ．

(ii) A が直観主義論理において恒真であることと，$[A]$ が **S4** において恒真にな

ることが等価になることを示せ.

(iii) **S4** の有限モデル性を用いて，命題直観主義論理においても有限モデル性が成り立つことを示せ.

3.17 [3.4 節(b)]図 3.5 の構造の各世界において，次の論理式を解釈してみよ.

(i) $\mathrm{P}_0 \wedge \mathrm{P}_1$

(ii) $\mathrm{P}_1 \wedge \mathrm{P}_0$

(iii) $\mathrm{P}_0 \vee \mathrm{P}_1$

(iv) $\mathrm{P}_1 \vee \mathrm{P}_0$

(v) $\mathrm{P}_0 \supset \mathrm{P}_1$

(vi) $\mathrm{P}_1 \supset \mathrm{P}_0$

(vii) $\neg \mathrm{P}_0$

(viii) $\neg \mathrm{P}_1$

(ix) $\mathrm{P}_0 \vee \neg \mathrm{P}_0$

(x) $\mathrm{P}_1 \vee \neg \mathrm{P}_1$

(xi) $\neg\neg \mathrm{P}_0 \supset \mathrm{P}_0$

(xii) $\neg\neg \mathrm{P}_1 \supset \mathrm{P}_1$

3.18 [3.4 節(b)]定理 3.5 を，論理式の大きさに関する帰納法を用いて証明せよ.

3.19 [3.4 節(b)]論理式 A が直観主義論理で恒真ならば，古典論理でも恒真であることを示せ.

3.20 [3.4 節(b)]定理 3.5 の証明において，任意の論理式に対して，W_A 上で S における真偽と S_A における真偽が等しいことを示せ.

3.21 [3.4 節(b)および 3.4 節(c)]図 3.4 の半順序集合の上に閉じた部分集合をすべて数え上げ，図 1.1 のような図を描け.

3.22 [3.4 節(c)]任意の $X, Y \subseteq W$ に対して，$X \rightarrow Y$ は上に閉じていることを示せ.

3.23 [3.4 節(d)]命題直観主義論理のシーケント計算の推論規則を書き下せ.

3.24 [3.4 節(d)]命題直観主義論理のシーケント計算によって $P \vee \neg P$ が証明できないことを示せ．$\neg\neg P \supset P$ が証明できないことを示せ.

3.25 [3.4 節(d)]命題直観主義論理のシーケント計算を用いて $\neg(P \wedge \neg P)$ を証明せよ.

3.26 [3.4 節(d)]命題直観主義論理のシーケント計算を用いて $P \vee Q \rightarrow Q \vee P$ を証明せよ．その際，右の $\vee$ の崩し方に注意が必要であることを納得せよ.

4

計算可能性

自然数から自然数への関数 f が計算可能であるとは，簡単にいうと，自然数 x を入力として自然数 $f(x)$ を出力する計算機が存在するということである．しかし，単に「計算機」といったのでは数学的な厳密さに欠ける．そこで，計算機を形式化する必要が生じる．実際に，計算機を形式化するために数多くの方法が提案されている．例えば，

チューリング機械／部分帰納的関数／λ 項

などがある．そして，驚くべきことに，どの形式化を採用しても，計算可能な関数の全体は変わらない．例えば，あるチューリング機械で計算できるような関数は適当な部分帰納的関数によって計算できるし，ある部分帰納的関数によって計算できる関数は適当なチューリング機械によって計算できる．したがって，関数の計算可能性は，計算機の形式化に依らない根源的な概念と考えられる．ただし，残念ながら，特定の形式化を用いずして計算可能性を定義することはできない．

ゲーデルの不完全性定理は，論理と計算可能性の接点であるということができよう．計算可能性の概念を用いて，算術に対して完全な公理や推論規則を与えることが不可能であることが示される．

4.1　チューリング機械

チューリング機械(Turing machine)は，計算可能性を定義するための仮想的な計算機である．

(a)　チューリング機械

一つのチューリング機械は，**テープ**(tape)，**ヘッド**(head)，**現在の状態**(current state)，**テーブル**(table)から成り立っている．

- チューリング機械のテープは図 4.1 のように，左右両方向に無限に伸びており無限個のマス目(枡目)に分かれている．それぞれのマス目には有限種類の文字のうちの一文字を印字することができる．テープに印字できる文字の全体を**テープ・アルファベット**(tape alphabet)という．テープ・アルファベットには‘ ’(空白文字)が属していると仮定する．
- チューリング機械のヘッドは図 4.1 のようにテープ上の一つのマス目の上に置かれ，その下のマス目に印字されている文字を読むことができる．また，その下のマス目に文字を新たに印字することができる．その場合，それまでに印字されていた文字が消されて新たな文字が印字される．ヘッドは一度に左右のどちらかに一マス目分だけ動かすことができる．
- チューリング機械は，有限種類の状態のうちの一つの状態を現在の状態として憶えている．チューリング機械がとり得る状態の全体を**状態集合**(state set)という．状態集合には，**初期状態**(initial state)と**終了状態**(final state)という二つの特別な状態が属していると仮定する．
- チューリング機械のテーブルは，
  - チューリング機械の現在の状態
  - ヘッドの下のマス目に印字されている文字

  のそれぞれの組合せに対して，
  - チューリング機械の次の状態
  - ヘッドの下のマス目に印字すべき文字
  - ヘッドを右に動かすか，左に動かすか，それとも，動かさないか

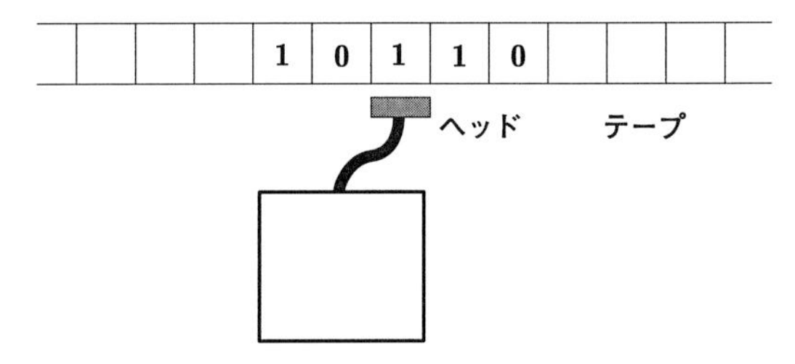

図 4.1 チューリング機械

を対応させるためのものである．このテーブルがチューリング機械の動作を制御するプログラムである．なお，チューリング機械は終了状態に至ると停止するものと仮定する．したがって，現在の状態が終了状態である場合は，次の状態も終了状態であり，ヘッドの下のマス目には読んだ文字をそのまま印字し，ヘッドは動かさない．

チューリング機械の状態集合とチューリング機械のテープ・アルファベットは，各チューリング機械ごとにあらかじめ定まっているものとする．状態集合もテープ・アルファベットも有限集合であるので，チューリング機械の現在の状態とヘッドの下のマス目に印字されている文字の可能な組合せの数は有限である．したがって，チューリング機械の動作を制御するテーブル，すなわちチューリング機械のプログラムも有限になる．

テープ上に適当な文字列を印字してヘッドをテープ上の適当な位置に置き，現在の状態を初期状態に設定してチューリング機械を走らせると，チューリング機械はテーブルに従って状態とヘッドの位置を刻々と変えながらテープ上の文字列を書き換え，終了状態に至ると停止する．もちろん，チューリング機械は終了状態に至らずに永遠に走り続けることも有り得る．

チューリング機械に関して重要な点を一言でいうと，テープは無限であるが，テーブルは有限であるということだろう．すなわち，チューリング機械は，メモリは無限にあるがプログラムは有限であるような計算機である．ただし，メモリが無限にあるといっても，有限時間内に参照できる部分は有限であるので，無限のメモリというより無限の仮想メモリといった方がよい．

(b)　計算可能関数

自然数から自然数への関数を計算するには，例えば，'0','1',' '(空白文字)の三種類の文字をテープ・アルファベットとするチューリング機械を用いればよい．関数の入力となる自然数を二進数で表現してテープ上に印字する．二進数が印字された以外のマス目にはすべて空白文字を印字する．そして，ヘッドを二進数の最初の文字のマス目の上に置き，チューリング機械の状態を初期状態に設定してチューリング機械を走らせる．チューリング機械が停止した場合は，テープ上の二進数が表現する自然数を関数の出力とする．空白で区切られた二進数が複数ある場合は，例えば最初の二進数を出力とすると約束する．チューリング機械が停止しない場合は，関数の出力は定義されない．すなわち，以上のようにしてチューリング機械が計算する関数は，自然数から自然数への**部分関数**(partial function)になる．定義されないということを $\perp$ で表すと，自然数から自然数への部分関数とは，$\mathbb{N}\rightarrow(\mathbb{N}\cup\{\perp\})$ に属する関数のことである．

いうまでもなく，状態集合とテーブルが異なればチューリング機械の計算する部分関数も一般に異なる．自然数から自然数への部分関数が，あるチューリング機械が計算する部分関数に一致するとき，その部分関数を**計算可能**(computable)，もしくは，**チューリング計算可能**(Turing computable)であるという．

4.2　帰納的関数

原始帰納的，部分帰納的の順に帰納的関数を説明し，さらに算術の階層について説明する．

(a)　原始帰納的関数

以下の規則を有限回適用して定義することのできる自然数上の関数を**原始帰

納的(primitive recursive)であるという[1].

- 定数0は0引数の関数として原始帰納的である.
- $S(x)=x+1$ と定義される関数 S は原始帰納的である. S は**後継者関数**(successor function)と呼ばれる.
- $f(x_1,\ldots,x_n)=x_i$ と定義される関数 f は原始帰納的である. このような関数は**射影**(projection)と呼ばれる.
- f と g_i が原始帰納的であるとき,

$$h(x_1,\ldots,x_n)=f(g_1(x_1,\ldots,x_n),\ldots,g_m(x_1,\ldots,x_n))$$

  と定義される関数 h は原始帰納的である. h は f と g_i の**合成**(composition)と呼ばれる.
- f と g が原始帰納的であるとき,

$$h(0,x_1,\ldots,x_n)=f(x_1,\ldots,x_n)$$
$$h(S(x),x_1,\ldots,x_n)=g(x,h(x,x_1,\ldots,x_n),x_1,\ldots,x_n)$$

  と定義される関数 h は原始帰納的である.

最後の規則を用いて関数 f と g から関数 h を定義することを, **原始帰納法**(primitive recursion)という. 二番目の条件において, h を定義するのに h 自身を参照しているが, 第一引数の値が1だけ減っている.

例えば, 関数 $plus(x,y)=x+y$ は,

$$plus(0,y)=y$$
$$plus(S(x),y)=S(plus(x,y))$$

と定義することができるので原始帰納的である. 同様に, xy や x^y などの関数も原始帰納的である. また, $x \geqq y$ ならば $monus(x,y)=x-y$, $x<y$ ならば $monus(x,y)=0$ となる原始帰納的関数 $monus$ を次のように定義することができる.

---

1) induction は「帰納」で, recursion は「再帰」と訳すが, 歴史的なしがらみで「recursive function」には「再帰的関数」ではなく「帰納的関数」という訳語が一般的である.

$$monus(x,0) = x$$
$$monus(x,S(y)) = pred(monus(x,y))$$

この定義では，第二引数の値が 1 だけ減っている．ただし，$pred$ は次のように定義される原始帰納的関数である．

$$pred(0) = 0$$
$$pred(S(x)) = x$$

以後，$monus(x,y)$ を $x \dot{-} y$ と書く．

原始帰納法は，

・0 は自然数である．

・x が自然数ならば $S(x)$ は自然数である．

という自然数の**帰納的定義**(inductive definition)に従って関数を定義することに他ならないので，原始帰納的な関数は明らかに計算可能である．したがって，原始帰納的関数を計算可能性の基礎に置くことは極めて妥当なことである．また，以下に示すように，数多くの計算可能な関数を実際に原始帰納的関数として定義することができる．

有界最小化

$f(x,y)$ が原始帰納的関数であるとき，次のような関数 $g(x,z)$ を原始帰納的関数として定義することができる．

・$y<z$ かつ $f(x,y)=0$ を満たす自然数 y が存在するとき，$g(x,z)$ はそのような y の最小のものに等しい．これが最小化ということ．

・$y<z$ かつ $f(x,y)=0$ を満たす自然数 y が存在しないとき，$g(x,z)=0$ となる．z は y の上界を示している．この場合，$g(x,z)$ の値は何でもよいが，とりあえず 0 としている．

実際に，関数 $g(x,z)$ は $g(x,z)=h(x,z,z)$ と定義される．ただし $h(x,z,w)$ は，関数 f，後継者関数 S，掛け算，関数 $monus$ を用いて次のように定義される原始帰納的関数である．

$$h(x,z,0) = 0$$
$$h(x,z,S(w)) = (1\dot{-}f(x,z\dot{-}S(w)))(z\dot{-}S(w)) + (1\dot{-}(1\dot{-}f(x,z\dot{-}S(w))))h(x,z,w)$$

この定義では第三引数の値が1だけ減っている．二番目の条件は，プログラム的に **if then else** という構文を用いると次のように書ける．

$$h(x,z,S(w)) = \textbf{if}\ f(x,z\dot{-}S(w)){=}0\ \textbf{then}\ z\dot{-}S(w)\ \textbf{else}\ h(x,z,w)$$

以上のようにして，関数 f から関数 g を定義することを**有界最小化**(bounded minimization)という．

関数 $g(x,z)$ を関数 $f(x,y)$ を用いて，

$$g(x,z) = \mu y.(y < z \land f(x,y) = 0)$$

と書く．$\mu y.\cdots$ は $\cdots$ が成り立つような最小の y を表す記法である．

例えば，$\mathit{div2}(x){=}\mu y.(y{<}x \land x\dot{-}(2y{+}1){=}0)$ と定義すると，$\mathit{div2}(x)$ は x を 2 で割った商を計算する関数となる．このように，有界最小化を用いて，割算などの数多くの原始帰納的関数を簡潔に定義することができる．

なお，関数 $f(x,y,w_1,\ldots,w_n)$ のように x と y 以外の引数があってもかまわない．すると，関数 g も $g(x,z,w_1,\ldots,w_n)$ のようになり，

$$g(x,z,w_1,\ldots,w_n) = \mu y.(y < z \land f(x,y,w_1,\ldots,w_n) = 0)$$

と書かれる．

有限列の符号化

先に定義した関数 $\mathit{div2}(x)$ を用いて原始帰納的関数 $p(x,y)$ を

$$p(x,y) = \mathit{div2}((x{+}y{+}1)(x{+}y)){+}y$$

と定義すると，$p(x,y)$ は $\mathbb{N}\times\mathbb{N}$ と $\mathbb{N}$ を一対一に対応させる関数になる(図 4.2)．$\mathbb{N}\times\mathbb{N}$ の格子点 (x,y) に $p(x,y)$ の値が示されている．逆に，

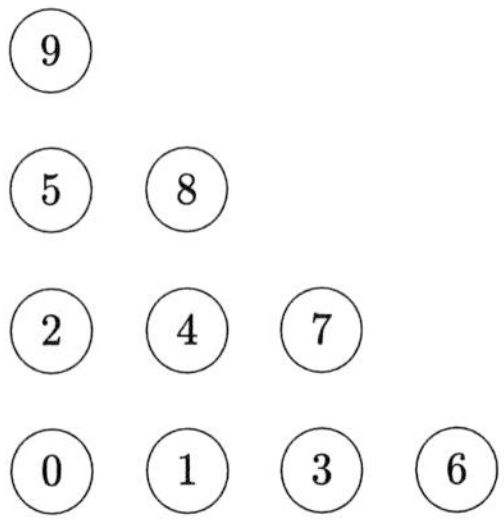

図 4.2　自然数の組の符号化

$$p_1(p(x,y)) = x$$

$$p_2(p(x,y)) = y$$

となる原始帰納的関数 $p_1(x)$ と $p_2(x)$ を定義することができる．

例えば，関数 $p_1'(z,x)$ を，

$$p_1'(z,x) = p(x, \mu y.(y < z{+}1 \wedge (p(x,y) \dot{-} z){+}(z \dot{-} p(x,y)){=}0))$$

と置くと，関数 $p_1(z)$ は，

$$p_1(z) = \mu x.(x < z{+}1 \wedge (p_1'(z,x) \dot{-} z){+}(z \dot{-} p_1'(z,x)){=}0)$$

と定義することができる．関数 $p(x,y)$ を用いて自然数の組を一つの自然数に対応させるので，組 $\langle x,y \rangle$ に対して自然数 $p(x,y)$ を $\langle x,y \rangle$ の**符号**(code)といい，$\langle x,y \rangle$ に $p(x,y)$ を対応させることを**符号化**(coding)という．

関数 $p(x,y)$ を繰り返し適用することにより，自然数の有限列 $x_0, x_1, \ldots, x_{n-1}$ を

$$p(x_0, p(x_1, \ldots, p(x_{n-1}, 0) \cdots))$$

という一つの自然数に符号化することができる．

原始帰納的関数 $b(y,i)$ を，

$$b(y,0) = y$$
$$b(y,S(i)) = p_2(b(y,i))$$

と定義すると，

$$a(y,i) = p_1(b(y,i))$$

と定義される原始帰納的関数 $a(y,i)$ は，$x_0, x_1, \ldots, x_{n-1}$ の符号 y に対して $a(y,i){=}x_i$ を満たす．すなわち，$a(y,i)$ は符号 y から x_i を取り出す関数である．

一般に，一つの文字は一つの自然数(いわゆる文字コード)によって表現することができるので，以上のような符号化を繰り返すことにより，有限の文字列やその並びを一つの自然数に対応させることができる．このような場合も，有限の文字列やその有限の並びに対応する自然数を，文字列や並びの符号という．

自然数の順序に従った帰納法

原始帰納的関数 $f(x)$ と $g(x)$ に対して，$f(x){\neq}0$ ならば必ず $g(x){<}x$ が成り立つとき，

$$h(x) = \begin{cases} c & (f(x)=0) \\ k(x,h(g(x))) & (f(x)\neq 0) \end{cases}$$

と定義される関数は原始帰納的である．ただし，c は自然数で $k(x,y)$ は原始帰納的関数である．例えば，$\mathit{div2}(x)$ は，

$$\mathit{div2}(x) = \begin{cases} 0 & (x\dot{-}1=0) \\ \mathit{div2}(x\dot{-}2){+}1 & (x\dot{-}1\neq 0) \end{cases}$$

と定義することもできる．

関数 $h(x)$ を定義するために，$h'(x){=}p(h(x),p(h(x\dot{-}1),\ldots,p(h(0),0)\cdots))$ を満たす原始帰納的関数 $h'(x)$ を

$$
\begin{aligned}
h'(0) &= p(c, 0) \\
h'(S(x)) &= p((1 \dot{-} (1 \dot{-} f(S(x))))k(S(x), a(h'(x), x \dot{-} g(S(x)))) + \\
&\qquad (1 \dot{-} f(S(x)))c, \\
&\qquad h'(x))
\end{aligned}
$$

と定義する．すると，関数 $h(x)$ は $h'(x)$ を用いて，

$$h(x) = a(h'(x), 0)$$

と定義することができるので原始帰納的である．

(b)　部分帰納的関数

$f(x,y)$ と $g(y)$ を原始帰納的関数とする．自然数から自然数への部分関数 $h(x)$ を次のように定義する．

- $f(x,y)=0$ を満たす自然数 y が存在するとき，そのような y の最小のものを y_0 とし $h(x)=g(y_0)$ と定義する．
- $f(x,y)=0$ を満たす自然数 y が存在しないとき，$h(x)$ は定義されない，すなわち，$h(x)=\perp$ とする．

以上のようにして定義することのできる部分関数 $h(x)$ を**部分帰納的**(partial recursive)であるという．

関数 $f(x,y)$ と自然数 x に対して，$f(x,y)=0$ を満たす最小の y を求めることを(有界でない)**最小化**(minimization)という．部分帰納的関数 $h(x)$ は，原始帰納的関数 $f(x,y)$ の最小化の結果に原始帰納的関数 $g(y)$ を適用して得られる関数ということができる．なお，最小化は有界最小化と異なり定義されないこともある．

関数 $h(x)$ は，$f(x,y)=0$ を満たす最小の y を表す $\mu y.(f(x,y)=0)$ という記法を用いると，

$$h(x) = g(\mu y.(f(x,y) = 0))$$

と書くことができる．

本書では部分帰納的関数を定義する際に，$g(\mu y.(f(x,y)=0))$ というように，

最小化を一回だけ適用しているが，一般に最小化を何回適用しても，部分帰納的関数の範囲を超えることはない．例えば，$f(x,y)$ が部分帰納的ならば，$g(x)=\mu y.(f(x,y)=0)$ と定義される関数 g も部分帰納的になる．ただし，y を 0 から始めて $f(x,y)=0$ を満たす最小の y を求めるので，そのような y より小さい $y'<y$ に対して $f(x,y')$ が定義されないとき，$g(x)$ も定義されない(章末問題 4.4)．なお，引数が複数個ある関数 $f(x,y)$ が部分帰納的であるとは，部分帰納的関数 $h(z)$ を用いて $f(x,y)=h(p(x,y))$ と定義されることをいう．

任意の自然数 x に対して $f(x,y)=0$ を満たす自然数 y が存在するとき，すなわち，任意の自然数 x に対して $h(x)$ が定義されるとき，関数 $h(x)$ を**帰納的**(recursive)であるという．明らかに原始帰納的関数は帰納的であるが，その逆は成り立たない．すなわち，帰納的であるが原始帰納的でないような関数が存在することが知られている(章末問題 4.3)．

部分帰納的関数に対して次のことが成り立つ．

定理 4.1　自然数から自然数への部分関数が部分帰納的であることとチューリング機械によって計算可能であることとは同値である．　□

定理 4.1 の証明は概念的にはやさしいが，厳密に書くと非常に繁雑になるので，以下ではその雰囲気だけを述べる．

[証明]　$h(x)$ を $f(x,y)$ と $g(y)$ から定義される部分帰納的関数 $g(\mu y.f(x,y)=0)$ とすると，以下のようにして $h(x)$ を計算するチューリング機械 M を構成することができる．M は，まずテープ上に y を格納する場所を用意し $y=0$ と置く．次に，$f(x,y)=0$ かどうかを調べる．$f(x,y)=0$ ならば $g(y)$ を計算し，その結果をテープに印字して停止する．$f(x,y)\neq 0$ ならば y の値を 1 増やし，$f(x,y)=0$ を調べるところに戻る．$f(x,y)=0$ を満たす y が存在すれば M はやがて停止して y を出力するが，そのような y が存在しなければ M は停止しない．したがって，M が計算する関数は $h(x)$ に一致する．

逆に，チューリング機械 M が部分関数 $h(x)$ を計算するとする．M から以下のようにして関数 f と g を定義することができる．

一般に，チューリング機械が走ると，

・現在の状態

・ヘッドの位置

・テープ上の文字列

の三つ組が刻々と変化する．ただし，チューリング機械が走り始めるとき，テープの入力以外の部分はすべて空白文字であるから，テープ上の空白でない部分は常に有限である．したがって，テープ上の文字列としては，最も左の空白でないマス目から，最も右の空白でないマス目までに印字されている有限の文字列のみを考えればよいので，上の三つ組を一つの自然数に符号化することができる．さらに，チューリング機械が走り始めてから停止するまでに得られるすべての三つ組の並びを一つの自然数に符号化することができる．

すると，三つ組の並びの符号が与えられたとき，それがチューリング機械 M を実際に走らせたときに得られるものの符号であるかどうかを判定する原始帰納的関数を定義することができる．すなわち，チューリング機械 M に対して，次のような原始帰納的関数 $f(x,y)$ を定義することができる．

・チューリング機械 M が入力 x に対して走り始めてから停止するまでに得られるすべての三つ組の並びの符号が y であるとき $f(x,y){=}0$ となる．

・それ以外のときは $f(x,y){=}1$ となる．

さらに，符号 y からチューリング機械 M の出力を読みとる関数 $g(y)$ も原始帰納的関数として定義することができる．すると，関数 $h(x)$ は $f(x,y)$ と $g(y)$ を用いて定義される部分帰納的関数 $g(\mu y.(f(x,y){=}0))$ に一致する．　■

関数 f は M に依存するので f_M と書く．チューリング機械 M が入力 x に対して停止するということは，$f_M(x,y){=}0$ となる自然数 y が存在することと同値である．関数 g の方は M に依存しない．慣例に従って g を U と書く．

さて，チューリング機械のテーブルは，適当なアルファベット上の有限の文字列によって表現することができる．さらに，そのような文字列は一つの自然数に符号化することができる．すると，チューリング機械 M のテーブルの符号 e に対して，

$$T(e,x,y) = f_M(x,y)$$

が成り立つような原始帰納的関数 T を定義することができる．すなわち，関数 T は，e をテーブルとするチューリング機械が，入力 x に対して走り始めてから停止するまでに得られるすべての三つ組の並びの符号が，y に等しいか

どうかを調べる．

関数 T を**クリーネの $\boldsymbol{T}$ 述語**(Kleene's T-predicate)といい，e を M の**インデックス**(index)という．上の定義により，インデックス e を持つチューリング機械が入力 x に対して停止することと，$T(e,x,y)=0$ を満たす自然数 y が存在することとは同値である．

(c)　停止問題

チューリング機械 M のインデックス e と入力 x に対して，

$$h(p(e,x)) = \begin{cases} 0 & (T(e,x,y)=0 \text{ を満たす自然数 } y \text{ が存在する}) \\ 1 & (T(e,x,y)=0 \text{ を満たす自然数 } y \text{ が存在しない}) \end{cases}$$

を満たすような関数 h は計算可能であろうか．つまり，チューリング機械 M のインデックス e と入力 x が与えられたとき，M が x に対して停止するかどうかを判定することのできる関数は存在するだろうか．この問題をチューリング機械の**停止問題**(halting problem)という．

チューリング機械の停止問題の答えは否である．このことは以下のようにして示すことができる．もし仮に h が計算可能であったとすると，入力 x に対して，

・$h(p(x,x))=0$ ならば停止しない

・$h(p(x,x))=1$ ならば停止する

となるチューリング機械 M_0 を構成することができる．M_0 のインデックスを e_0 とする．もし $h(p(e_0,e_0))=0$ であるとすると，M_0 の定義から M_0 は入力 e_0 に対して停止しない．ところが h の定義から $T(e_0,e_0,y)=0$ を満たす自然数 y が存在するので，M_0 が入力 e_0 に対して停止することになってしまって矛盾する．もし $h(p(e_0,e_0))=1$ であるとすると，M_0 の定義から M_0 は入力 e_0 に対して停止する．ところが h の定義から $T(e_0,e_0,y)=0$ を満たす自然数 y が存在しないので，M_0 が入力 e_0 に対して停止しないことになってしまって矛盾する．

したがって，チューリング機械が入力に対して停止するかどうかを判定することのできる(有限時間内に必ず停止する)手続きは存在しない．すなわち，チ

ューリング機械の停止性は，**決定不能**(undecidable)である．

(d)　帰納的集合

$f(x,y)$ が原始帰納的な関数であるとき

$$R = \{x \in \mathbb{N} \mid f(x,y)=0 \text{ を満たす } y \in \mathbb{N} \text{ が存在する}\}$$

によって定義される $\mathbb{N}$ の部分集合 R を**帰納的に可算**(recursively enumerable)であるという．$f(x,y)$ に対応する帰納的に可算な集合 R は，$f(x,y)$ によって定義される部分帰納的関数 $h(x)$ が定義される集合，すなわち，$\{x \in \mathbb{N} \mid h(x) \neq \perp\}$ と一致している．

R と $\mathbb{N}-R$ の両方が帰納的に可算な集合であるとき，集合 R を**帰納的**(recursive)であるという．R と $\mathbb{N}-R$ を

$$R = \{x \in \mathbb{N} \mid r(x,y)=0 \text{ を満たす } y \in \mathbb{N} \text{ が存在する}\}$$

$$\mathbb{N}-R = \{x \in \mathbb{N} \mid s(x,y)=0 \text{ を満たす } y \in \mathbb{N} \text{ が存在する}\}$$

とすると，任意の自然数 x に対して，

- $r(x,y)=s(x,y)=0$ を満たす自然数 y が存在しない
- $r(x,y)=0$ を満たす自然数 y が存在するか，$s(x,y)=0$ を満たす自然数 y が存在する

が成り立つ．このとき，自然数 x が R に属するかどうかを次のようにして判定することができる．まず，$y=0$ と置く．次に，$r(x,y)$ と $s(x,y)$ を計算する．$r(x,y)=0$ ならば $x \in R$ であると判定できる．$s(x,y)=0$ ならば $x \in R$ でないと判定できる．$r(x,y)=0$ でも $s(x,y)=0$ でもなければ y の値を 1 増やし，$r(x,y)$ と $s(x,y)$ を計算するところに戻る．r と s の条件から，必ずいつかは，$r(x,y)=0$ または $s(x,y)=0$ が成り立つ．

以上のようにして $x \in R$ か $x \notin R$ かどうかを判定することができるので，入力 x に対して $x \in R$ ならば 0，$x \notin R$ ならば 1 を出力するチューリング機械を構成することができる．そのチューリング機械のインデックスを e と置き，原始帰納的関数 $f(x,y)=T(e,x,y)$ と $g(y)=U(y)$ を用いて部分帰納的関数 $h(x)=g(\mu y.(f(x,y)=0))$ と定義すると，

$$h(x) = \begin{cases} 0 & (x \in R) \\ 1 & (x \notin R) \end{cases}$$

が成り立つ．$h(x)$ は任意の自然数 x に対して定義されているので帰納的である．逆に，任意の帰納的関数 $h(x)$ に対して，集合 $\{x \in \mathbb{N} \mid h(x)=0\}$ は帰納的になる．すなわち，$\mathbb{N}$ の部分集合 R が帰納的であることは，R の特性関数が帰納的であることに他ならない．

さて，$\mathbb{N}$ の部分集合 K を

$$K = \{x \in \mathbb{N} \mid T(x,x,y)=0 \text{ を満たす } y \text{ が存在する}\}$$

と置く．関数 T は原始帰納的なので K は帰納的に可算である．しかし，K は帰納的ではない．このことは以下のようにして示すことができる．まず，

$$h(x) = \begin{cases} 0 & (x \in K) \\ 1 & (x \notin K) \end{cases}$$

と定義し，h が帰納的であると仮定して，入力 x に対して，

・$h(x)=0$ ならば停止しない

・$h(x)=1$ ならば停止する

となるチューリング機械 M_1 のインデックスを e_1 とすると，$h(e_1)=0$ としても $h(e_1)=1$ としても矛盾する．

K は帰納的に可算ではあるが帰納的でない集合として最も典型的なものである．また，K は帰納的でないので $\mathbb{N}-K$ は帰納的に可算ではない．$\mathbb{N}-K$ は帰納的に可算でない $\mathbb{N}$ の部分集合として最も典型的なものである．

(e) 算術的階層

$f(x,y)$ を原始帰納的関数としたとき，

$$\{x \in \mathbb{N} \mid f(x,y)=0 \text{ を満たす } y \in \mathbb{N} \text{ が存在する}\}$$

と定義される集合は帰納的に可算である．この集合は，存在記号 ∃ を用いると，

$$\{x \in \mathbb{N} \mid \exists y(f(x, y) = 0)\}$$

と書くことができる．このように定義される集合を，∃が一つという意味で，**$\boldsymbol{\Sigma_1}$ 集合**(Σ_1-set)という．Σ_1 集合は帰納的に可算な集合の別名である．

Σ_1 集合に対して，

$$\{x \in \mathbb{N} \mid \forall y(f(x, y) = 0)\}$$

と定義される集合を **$\boldsymbol{\Pi_1}$ 集合**(Π_1-set)という．

$X=\{x\in\mathbb{N} \mid \forall y(f(x, y)=0)\}$ が Π_1 集合であるとき，$g(x, y)=1\dot{-}f(x, y)$ と置くと，

$$\mathbb{N}-X = \{x \in \mathbb{N} \mid \exists y(g(x, y) = 0)\}$$

が成り立つので，$\mathbb{N}-X$ は Σ_1 集合である．すなわち，X が Π_1 集合ならば $\mathbb{N}-X$ は Σ_1 集合である．逆に，X が Σ_1 集合ならば $\mathbb{N}-X$ は Π_1 集合である．

一般に，$f(x, y_1, \ldots, y_n)$ を原始帰納的関数としたとき，

$$\{x \in \mathbb{N} \mid \exists y_1 \forall y_2 \exists y_3 \cdots (f(x, y_1, \ldots, y_n) = 0)\}$$

と定義される集合を **$\boldsymbol{\Sigma_n}$ 集合**(Σ_n-set)といい，

$$\{x \in \mathbb{N} \mid \forall y_1 \exists y_2 \forall y_3 \cdots (f(x, y_1, \ldots, y_n) = 0)\}$$

と定義される集合を **$\boldsymbol{\Pi_n}$ 集合**(Π_n-set)という．例えば，

$$\{x \in \mathbb{N} \mid \exists y_1 \forall y_2 \exists y_3 \forall y_4 (f(x, y_1, y_2, y_3, y_4) = 0)\}$$

と定義される集合は Σ_4 集合である．このように∃と∀は交互に並べられる．X が Π_n 集合ならば $\mathbb{N}-X$ は Σ_n 集合である．X が Σ_n 集合ならば $\mathbb{N}-X$ は Π_n 集合である．

Σ_n 集合でも Π_n 集合でもあるような集合を **$\boldsymbol{\Delta_n}$ 集合**(Δ_n-set)という．帰納的集合は Σ_1 集合でも Π_1 集合でもあるような集合として特徴付けることができるので，Δ_1 集合は帰納的集合の別名である．

4.2節(d)で，$\mathbb{N}$ の部分集合 K は Σ_1 集合ではあるが Δ_1 集合ではないとい

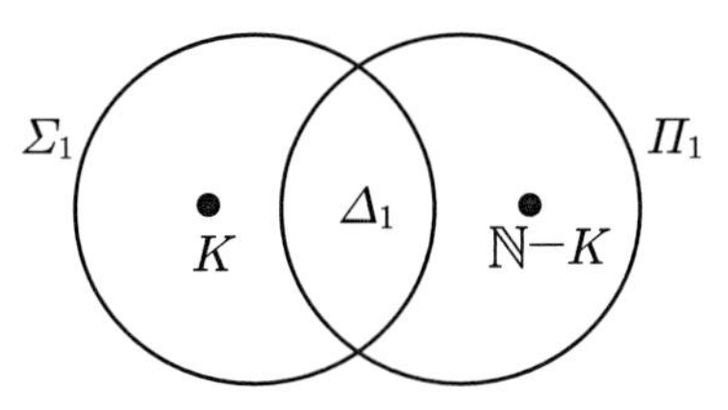

図 4.3 Σ_1 集合と Π_1 集合

うことを示した．また，$\mathbb{N}-K$ は Π_1 集合ではあるが Δ_1 集合ではない(図4.3)．

以上のことを拡張した次の定理が成り立つ．

定理 4.2 任意の 1 以上の自然数 n に対して次のことが成り立つ．

- X が Σ_n 集合または Π_n 集合ならば，X は Σ_{n+1} 集合でもあり Π_{n+1} 集合でもある．すなわち，X は Δ_{n+1} 集合である．
- Σ_n 集合ではあるが Δ_n 集合ではないような集合がある．したがって，Π_n 集合ではあるが Δ_n 集合ではないような集合がある． □

この定理によって知られる Σ_n 集合と Π_n 集合の階層を，**算術的階層**(arithmetical hierarchy)という．

4.3 不完全性定理

本節では，ゲーデル(Gödel)の不完全性定理について解説する．

(a) 算　術

一般の述語論理が解釈を限定していないのに対して，**算術**(arithmetic)とは，領域を自然数の全体に限定し，関数記号や述語記号の解釈も自然数上の定まった関数や述語に限定した述語論理のことである．特に，一階の述語論理に対応する算術を**一階の算術**(first-order arithmetic)という．一階の算術の言語は，少なくとも，述語記号と関数記号として次のものを含む．

- 定数記号としては 0 を含む．また，関数記号としては $S(x)=x+1$ を意味する S を含む．すると，任意の自然数は $S(S(\cdots S(0)\cdots))$ という形の項によって表現することができる．例えば，項 $S(S(S(0)))$ は自然数 3 を表現する．

・関数記号としては，さらに，足し算 $+$ と掛け算 $\cdot$ を含む．掛け算の記号 $\cdot$ は普通は書かない．

・述語記号としては等号 $=$ と不等号 $<$ を含む．不等号 $\leqq$ は $=$ と $<$ によって定義される省略形と考えることができる．

自然数の全体を領域とし，これらの関数記号や述語記号を自明に解釈する構造を算術の（自然数の）**標準構造**（standard structure）という．算術における論理式，すなわち，以上の関数記号や述語記号から成る論理式は，標準構造のもとで真もしくは偽となるとき，真もしくは偽であるという．

算術において真である論理式を，定理として導くための演繹体系を考える．例えば，ヒルベルト流にさらに算術に特有の公理を追加したものが典型的である．算術の公理として次のようなものを追加する．

・$\forall x\forall y(S(x){=}S(y)\supset x{=}y)$　　・$\forall x(x{=}x)$

・$\forall x(\neg 0{=}S(x))$

・$\forall x(x{+}0{=}x)$

・$\forall x\forall y(x{+}S(y){=}S(x{+}y))$

・$\forall x(x{\cdot}0{=}0)$

・$\forall x\forall y(x{\cdot}S(y){=}x{\cdot}y{+}x)$

・$\forall x(0{<}S(x))$

・$\forall x(\neg x{<}0)$

・$\forall x\forall y(S(x){<}S(y)\leftrightarrow x{<}y)$

・$\forall x\forall y(x{=}y\wedge A[x]\supset A[y])$

・$A[0]\wedge\forall x(A[x]\supset A[S(x)])\supset\forall xA[x]$

最後のとその前の公理は，一つの論理式ではなく，論理式のパターンを表している．これらの公理において，$A[x]$ は任意の論理式を表す．特に最後の形の公理を**数学的帰納法**（mathematical induction）という．演繹体系によっては，これらの公理を推論規則の形で定式化することもできる．

以上の公理によって，$=, <, 0{<}S, +, \cdot$ に関する計算を体系の中で行うことができる．例えば，$S(0){+}S(S(0)){=}S(S(S(0)))$ のような論理式を証明することができる．このことは項(b)で述べる表現可能性のために必要である．

次項以降の議論は，証明可能な論理式の全体が帰納的に可算ならば，演繹体系に依存しない．例えば，適当な公理や推論規則を追加したシーケント計算を用いてもかまわない．

算術の演繹体系が標準構造に対して**健全**(sound)であるとは，証明可能な論理式が標準構造のもとで真になることを意味する．算術の演繹体系が標準構造に対して**完全**(complete)であるとは，真である論理式が証明可能であることを意味する．次項以降で見るように，算術に対して完全な演繹体系を与えることは不可能である．

(b)　表現可能性

自然数 x に対して，

$$\underbrace{S(S(\cdots S}_{x\text{ 個の }S}(0)\cdots))$$

という項を $\overline{x}$ で表す．例えば $\overline{3}$ は $S(S(S(0)))$ という項を表す．

自然数上の関数 $f(x_1,\ldots,x_n)$ が**表現可能**(representable)であるとは，$n+1$ 個の自由変数 $x_1,\ldots,x_n,y$ を含む論理式 $A_f[x_1,\ldots,x_n,y]$ で，次のような条件を満足するものがあることをいう．

・$f(x_1,\ldots,x_n)=y$ ならば論理式 $A_f[\overline{x_1},\ldots,\overline{x_n},\overline{y}]$ が証明可能である．

・論理式 $\forall x_1\cdots\forall x_n\forall y\forall y'(A_f[x_1,\ldots,x_n,y]\land A_f[x_1,\ldots,x_n,y']\supset y=y')$ が証明可能である．

関数 f が表現可能ならば，論理式 A_f を証明することによって関数 f を計算することができる．すなわち，自然数 $x_1,\ldots,x_n$ が与えられたとき，論理式 $A_f[\overline{x_1},\ldots,\overline{x_n},\overline{y}]$ が証明可能であれば，$f(x_1,\ldots,x_n)$ の値が y であることがわかる．最初の条件は，任意の自然数 $x_1,\ldots,x_n$ に対して $A_f[\overline{x_1},\ldots,\overline{x_n},\overline{y}]$ が証明可能であるような y が必ず存在することを保証している．二番目の条件は，そのような y が唯一存在することを体系の中で保証している．なお，上の二つの条件を次の少し弱い条件で置き換えても，以下の議論は同様に展開することができる．

・$f(x_1,\ldots,x_n)=y$ ならば論理式 $\forall y(A_f[\overline{x_1},\ldots,\overline{x_n},y]\leftrightarrow y=\overline{y})$ が証明可能である．

例えば，関数 $monus(x_1,x_2)$ は，

$$(x_1<x_2 \supset y=0)\wedge(x_2\leqq x_1 \supset x_1=x_2+y)$$

という論理式によって表現することができる．ただし，この論理式は，次の定理の証明の中で構成される論理式とは異なるものである．

次の定理が成り立つ．

定理 4.3　任意の原始帰納的関数は表現可能である． □

この定理を証明するには，原始帰納的関数 f の定義に従って論理式 A_f を実際に構成してやればよい(原始帰納的関数の定義に関する帰納法)．直感的にいうと，関数 f の値の求まり方を論理式 A_f によって表す．

- $A_0[y]$ は $y=0$ とする
- $A_S[x,y]$ は $y=S(x)$ とする
- $f(x_1,\ldots,x_n)=x_i$ ならば，$A_f[x_1,\ldots,x_n,y]$ は $y=x_i$ とする
- $h(x_1,\ldots,x_n)=f(g_1(x_1,\ldots,x_n),\ldots,g_m(x_1,\ldots,x_n))$ ならば，$A_h[x_1,\ldots,x_n,y]$ は，

$$\exists y_1\cdots\exists y_m(A_{g_1}[x_1,\ldots,x_n,y_1]\wedge\cdots\wedge A_{g_m}[x_1,\ldots,x_n,y_m]\wedge A_f[y_1,\ldots,y_m,y])$$

と，ここまではまったく問題なく論理式 A_f を構成することができる．しかし，関数 h が関数 f と g から原始帰納法によって定義されている場合，すなわち，関数 $h(x,x_1,\ldots,x_n)$ が，

$$h(0,x_1,\ldots,x_n)=f(x_1,\ldots,x_n)$$
$$h(S(x),x_1,\ldots,x_n)=g(x,h(x,x_1,\ldots,x_n),x_1,\ldots,x_n)$$

と定義されている場合，論理式 A_h を構成することは簡単なことではない．そのためには，関数 h の値の求まり方を論理式 A_h によって表すことができなければならない．

いま仮に，4.2 節(a)で定義した関数 $a(y,i)$，すなわち，自然数の有限列 $x_0,x_1,\ldots,x_{n-1}$ の符号 y に対して $a(y,i)=x_i$ を満たす関数 $a(y,i)$ が算術の演繹体系の中に関数記号として含まれていたとしよう．実はこの仮定は本末転倒

である．なぜなら，関数 a は原始帰納的であるが，いま証明しようとしているのは，原始帰納的な関数を論理式によって計算できるということなのであるから．

しかし，いま仮に関数 a が算術の演繹体系の中に関数記号として含まれていたとすると，$h(x, x_1, \ldots, x_n)=y$ ならば，自然数の有限列 $h(0), h(1), \ldots, h(x-1), h(x)$ の符号 z に対して，

$$
\begin{aligned}
f(x_1, \ldots, x_n) &= a(z, 0) \\
g(0, a(z, 0), x_1, \ldots, x_n) &= a(z, 1) \\
g(1, a(z, 1), x_1, \ldots, x_n) &= a(z, 2) \\
&\cdots \\
g(x-1, a(z, x-1), x_1, \ldots, x_n) &= a(z, x)
\end{aligned}
$$

が成り立つ．もちろん $a(z, x)=h(x, x_1, \ldots, x_n)$ である．したがって，論理式 A_f と A_g が関数 f と g を表現しているとすると，

$$
\begin{aligned}
&A_f[x_1, \ldots, x_n, a(z, 0)] \\
&A_g[0, a(z, 0), x_1, \ldots, x_n, a(z, 1)] \\
&A_g[1, a(z, 1), x_1, \ldots, x_n, a(z, 2)] \\
&\cdots \\
&A_g[x-1, a(z, x-1), x_1, \ldots, x_n, a(z, x)]
\end{aligned}
$$

が成り立つので，$h(x, x_1, \ldots, x_n)=y$ ならば，

$$
\begin{aligned}
&A_f[x_1, \ldots, x_n, a(z, 0)] \wedge \\
&\quad \forall i(i<x \supset A_g[i, a(z, i), x_1, \ldots, x_n, a(z, S(i))]) \wedge a(z, x)=y
\end{aligned}
$$

が成り立つ．$h(x, x_1, \ldots, x_n)=y$ であれば必ず上のような z が存在する．逆に，上のような z が存在すれば $h(x, x_1, \ldots, x_n)=y$ が成り立つ．したがって，論理式

$$
\begin{aligned}
&\exists z(A_f[x_1, \ldots, x_n, a(z, 0)] \wedge \\
&\quad \forall i(i<x \supset A_g[i, a(z, i), x_1, \ldots, x_n, a(z, S(i))]) \wedge a(z, x)=y)
\end{aligned}
$$

を $A_h[x, x_1, \ldots, x_n, y]$ と置けばよい．

ところで，$a(z,i)=w$ を $E[z,i,w]$ と書くと，A_h を，

$$\begin{aligned}&\exists z(\exists w(E[z,0,w]\wedge A_f[x_1,\ldots,x_n,w])\wedge\\&\quad\forall i(i<x \supset \exists w\exists w'(E[z,i,w]\wedge E[z,S(i),w']\wedge A_g[i,w,x_1,\ldots,x_n,w']))\wedge\\&\quad E[z,x,y])\end{aligned}$$

と置くことができる．

さて，問題は関数 $a(z,i)$ が算術の演繹体系の中にない場合である．そのような場合でも，関数 $a(z,i)$ の代わりに，次のような条件を満たす論理式 $E[z,i,w]$ があればよい．

・自然数の任意の有限列 $x_0, x_1, \ldots, x_{n-1}$ に対して，適当な自然数 z が存在して，$E[z,i,w]$ であることと $w=x_i$ であることとが同値になる．

このような論理式 $E[z,i,w]$ があれば，上のようにして論理式 A_h を構成することができる．

n 個の互いに異なる 1 以上の自然数 $v_0, v_1, \ldots, v_{n-1}$ に対して，M を v_i の中の最大のものとし，1 以上 M 以下の自然数の最小公倍数を P と置く．すなわち，1 以上 M 以下の任意の自然数は P の約数である．すると，$1 \leqq v < v' \leqq M$ を満たす自然数 v と v' に対して，$1+vP$ と $1+v'P$ は互いに素になる．なぜなら，$v'-v$ は 1 以上 M 以下の自然数であるから $P=(v'-v)k$ と置くことができるが，

$$\begin{aligned}&v^2k(1+v'P)-(vv'k-1)(1+vP)\\&= v^2k+v^2kv'P-vv'k-vv'kvP+1+vP\\&= -v(v'-v)k+vP+1\\&= -vP+vP+1\\&= 1\end{aligned}$$

が成り立つので，$1+v'P$ と $1+vP$ は互いに素であることがわかる．したがって，自然数 Q を

$$Q = \prod_{i=0}^{n-1}(1+v_iP)$$

と置くと，$1 \leqq v \leqq M$ かつ $1+vP$ が Q の約数であることと，v が v_i のどれかに等しいこととが同値になる．

関数 $f(x,y)$ を $f(x,y)=(x+y+1)(x+y)+2y$ と定義する．$f(x,y)$ は $p(x,y)$ を二倍したものであるから，任意の自然数 z に対して $z=f(x,y)$ を満たす自然数の組 x,y は唯一に定まる．なお，$f(x,y)$ は $p(x,y)$ とは異なり足し算と掛け算のみによって定義されている．

自然数の任意の有限列 $x_0, x_1, \ldots, x_{n-1}$ に対して，

$$v_i = f(x_i, i)+1$$

と置くと，$v_0, v_1, \ldots, v_{n-1}$ は n 個の互いに異なる 1 以上の自然数になるので，v_i から上のようにして M と P と Q を求め，z を

$$z = f(M, f(P, Q))$$

と置く．そして，$E[z,i,w]$ を次の条件の連言を意味する論理式とする．

・$z=f(M, f(P,Q))$ となる M, P, Q が存在する．

・P は 1 以上 M 以下の自然数の最小公倍数である．

・Q の約数は $1+(f(x,j)+1)P$ という形をしており，$f(x,j)+1 \leqq M$ が成り立つ．

・各 j に対して Q の約数 $1+(f(x,j)+1)P$ は唯一である．

・$1+(f(w,i)+1)P$ は Q の約数である．

すると，z が $x_0, x_1, \ldots, x_{n-1}$ から上のようにして定まる自然数ならば，$E[z,i,w]$ であることと $w=x_i$ であることとが同値になる．逆に，$E[z,i,w]$ が成り立てば，z はある有限列 $x_0, x_1, \ldots, x_{n-1}$ を上のようにして符号化した結果になっていて，$w=x_i$ が成り立つ．

ところで，a が b の約数であるということは，$b=ac$ を満たす c が存在するということであるから，等号 $=$ と掛け算と存在記号 $\exists$ を用いて表すことができる．また，$f(x,y)$ も足し算と掛け算のみによって定義されていたので，$E[z,i,w]$ は算術の演繹体系の中で論理式として定義することができる．

なお，以上の議論は厳密なものではない．厳密には，$E[z,i,w]$ を算術の演繹体系の中の論理式として定義した後で，A_h に対して表現可能性の二つの条

件が成り立つことを示さなければならない．

(c)　符号化

項や論理式も文字列であるので自然数に符号化することができる．ただし，項や論理式の構造(すなわち木構造)に従った符号化をした方が，以下でその存在を仮定する *proof* などの関数の定義がはるかに簡単となる．したがって，項 t や論理式 A の**符号**(code)を $\ulcorner t \urcorner$ や $\ulcorner A \urcorner$ で表すとすると，例えば，

$$
\begin{aligned}
\ulcorner t_1 = t_2 \urcorner &= p(1, p(\ulcorner t_1 \urcorner, \ulcorner t_2 \urcorner)) \\
\ulcorner t_1 < t_2 \urcorner &= p(2, p(\ulcorner t_1 \urcorner, \ulcorner t_2 \urcorner)) \\
\ulcorner \neg A \urcorner &= p(3, p(\ulcorner A \urcorner)) \\
\ulcorner A_1 \vee A_2 \urcorner &= p(4, p(\ulcorner A_1 \urcorner, \ulcorner A_2 \urcorner)) \\
\ulcorner \forall x A \urcorner &= p(5, p(\ulcorner x \urcorner, \ulcorner A \urcorner)) \\
\ulcorner x \urcorner &= p(1, \text{変数}\ x\ \text{の文字コード}) \\
\ulcorner 0 \urcorner &= p(2, 0) \\
\ulcorner S(t) \urcorner &= p(3, \ulcorner t \urcorner) \\
&\cdots
\end{aligned}
$$

のような符号化が妥当である．ただし，関数 $p(x,y)$ は自然数の組を自然数に符号化する関数である．このようにして定義される項 t や論理式 A の符号 $\ulcorner t \urcorner$ や $\ulcorner A \urcorner$ のことを，t や A の**ゲーデル数**(Gödel number)ということもある．

以上のように項や論理式の符号を定義すると，自然数 x が与えられたとき，x が項や論理式の符号であるかどうかを判定する関数を原始帰納的関数として定義することができる．

また，特に，自由変数 x を含む論理式 $A[x]$ の符号 y と自然数 z に対して，論理式 $A[\overline{z}]$ の符号を対応させる関数を原始帰納的関数として定義することができる．

さて，最も簡単には，証明とは，論理式の有限列 $A_0, A_1, \ldots, A_{n-1}$ であって，それぞれの論理式 A_i が公理であるか，$A_0, A_1, \ldots, A_{n-1}$ のどれかから推論規則によって導かれるようなもののことである．例えば，ヒルベルト流に

算術の公理を追加して得られる演繹体系を考えればよい．なお，証明 $A_0, A_1, \ldots, A_{n-1}$ のことを論理式 A_{n-1} の証明という．

以下では，与えられた符号を持つ論理式が公理かどうか，また，与えられた符号を持つ論理式が，与えられた符号を持つ論理式の有限列から推論規則によって導かれるのかどうかを原始帰納的関数によって判断できるものとする．したがって，

・x が論理式 A の符号であり y が A の証明の符号であるとき $\mathit{proof}(x,y)=0$ が成り立つ

・そうでないとき $\mathit{proof}(x,y)=1$ が成り立つ

を満たす関数 $\mathit{proof}(x,y)$ を原始帰納的関数として定義することができる．

関数 $\mathit{proof}(x,y)$ を用いると，証明可能な論理式の符号の全体は，

$$\{x \in \mathbb{N} \mid \mathit{proof}(x,y)=0 \text{ を満たす } y \in \mathbb{N} \text{ が存在する}\}$$

と定義することができるので，帰納的に可算である．

さて，項(a)で導入したような算術の演繹体系が標準構造に対して健全であるとする．すなわち，証明可能な論理式は標準構造のもとで真になるとする．これは極めて妥当な仮定である．実際にこのことを確かめるには，すべての公理が標準構造で真になることを確かめ，推論規則は前提が真であれば結論も真になることを確かめればよい．

さらに，算術の演繹体系が標準構造に対して完全であると仮定する．すなわち，標準構造のもとで真になる論理式は証明可能であるとする．すると，閉じた論理式 A が偽であるならば $\neg A$ は真になるので，$\neg A$ は証明可能になる．閉じた論理式は標準構造のもとで真か偽かのどちらかであるので，A と $\neg A$ のどちらかは証明可能である．したがって，両者の証明を同時に試みれば，健全性により A が真であるか $\neg A$ が真であるかを判定することができる．すなわち，閉じた論理式が真かどうかは決定可能である．

クリーネの T 述語 $T(e,x,y)$ は原始帰納的であるので，これを表現する論理式 $A_T[e,x,y,z]$ が存在する．$T(e,x,y)=0$ を満たす自然数 y が存在するならば，$A_T[\overline{e},\overline{x},\overline{y},0]$ が証明できるので，健全性により標準構造において $A_T[\overline{e},\overline{x},\overline{y},0]$ は真になる．したがって，閉じた論理式 $\exists y A_T[\overline{e},\overline{x},y,0]$ は標準構造のも

とで真になる．$T(e, x, y)$ の値は 0 または 1 であるので，自然数 y に対して $T(e, x, y)=0$ が成り立たないならば $T(e, x, y)=1$ が成り立ち，論理式 $A_T[\overline{e}, \overline{x}, \overline{y}, S(0)]$ が証明できるので，標準構造において $A_T[\overline{e}, \overline{x}, \overline{y}, S(0)]$ は真になり $A_T[\overline{e}, \overline{x}, \overline{y}, 0]$ は偽になる．したがって，$T(e, x, y)=0$ を満たす自然数 y が存在しないならば，標準構造のもとで $\exists y A_T[\overline{e}, \overline{x}, y, 0]$ は偽になる．

インデックス e を持つチューリング機械が入力 x に対して停止することと，$T(e, x, y)=0$ を満たす自然数 y が存在することとは同値であったので，インデックス e のチューリング機械が x に対して停止することと，閉じた論理式 $\exists y A_T[\overline{e}, \overline{x}, y, 0]$ が標準構造のもとで真であることとは同値である．ところが，チューリング機械の停止性は決定不能であるので，演繹体系が(健全かつ)完全であるという仮定が間違っていたことになる．

以上の議論により，次のことが示された．

定理 4.4　標準構造に対して健全かつ完全な算術の演繹体系は存在しない．

□

Γ を算術の公理の集合とする．ここでは，Γ は閉じた論理式の無限集合とする．もちろん，算術の標準構造は Γ を充足する．以下では，A は閉じた論理式であるとする．

強い完全性より，A が Γ の論理的帰結であることと A が Γ から証明可能であることは同値である．また，A が Γ から証明可能であれば，A は標準構造のもとで真である．しかし，不完全性より，この逆は成り立たない．したがって，A が標準構造のもとで真であっても，A が Γ から証明可能であるとは限らない．これは，Γ を充足する構造に，算術の標準構造以外のものがあるからである．

実際に，2.2 節(g)で見たように，等号付き一階述語論理の文の集合 Γ が無限の領域を持つ解釈によって充足されるならば，任意の無限濃度に対して，その濃度もしくはそれより大きい濃度の領域を持つ構造で Γ を充足するものが存在する．可算でない濃度に対して，このような構造は標準構造と成り得ない．

(d)　ゲーデルの不完全性定理

すでに算術の完全な演繹体系は存在しないことを見たが，ゲーデルの不完全性定理の目標は，いままでに挙げたような条件を満たす算術の演繹体系に対して，G も $\neg G$ も証明できないような閉じた論理式 G が存在することを，実際に G を構成することによって示すことにある．一般に閉じた論理式は(標準構造において)真か偽かのどちらかであるが，閉じた論理式 G の真偽を証明によって知ることはできない．

本項では，任意の閉じた論理式 A に対して，A か $\neg A$ かのどちらかが必ず証明できるような演繹体系を**完全**(complete)であるという．したがって，上で述べたような論理式 G が存在すれば，演繹体系は**不完全**(incomplete)である．なお，算術の演繹体系が標準構造に対して健全ならば，この意味の完全性と標準構造に対する完全性は一致する．

ゲーデルの不完全性定理は，標準構造を参照せずに，無矛盾性や(上に述べた)完全性などの，演繹体系の証明可能性に関する条件のみを仮定して示される．演繹体系が**無矛盾**(consistent)であるとは，A も $\neg A$ も証明できるような論理式 A が存在しないことをいう．無矛盾性は，算術に限らず，演繹体系に対する当然の要請であろう．なお，通常の演繹体系においては，A と $\neg A$ からは任意の論理式を証明することができるので，証明できない論理式が一つでもあれば演繹体系は無矛盾である．

前項の原始帰納的関数 $proof(x,y)$ を表現する論理式を $Proof[x,y,z]$ とする．すなわち，$proof(x,y){=}z$ ならば論理式 $Proof[\overline{x},\overline{y},\overline{z}]$ が証明可能である．

論理式 $\exists y Proof[x,y,0]$ を $Provable[x]$ と置く．論理式 $Provable[x]$ は x が証明可能な論理式の符号であることを意味している．

自由変数 x を含む論理式 $A[x]$ の符号 y と自然数 z に対して，論理式 $A[\overline{z}]$ の符号を対応させる原始帰納的関数を $substx(y,z)$ とし，$substx(y,z)$ を表現する論理式を $Substx[y,z,w]$ と置く．ここで，自由変数 x を一つ固定して考えていることに注意されたい．

次の論理式を $A[y]$ と置く．

$$\exists w(Substx[y,y,w] \land \neg Provable[w])$$

$A[y]$ は，$substx(y,y)$ を符号とする論理式，すなわち，y を符号とする論理式 $B[x]$ の変数 x に $\overline{y}$ という項を代入して得られる論理式 $B[\overline{y}]$ が証明可能でないということを意味している．

論理式 $A[x]$ 自身の符号を z とし，論理式 $A[\overline{z}]$ を G と置く．G の符号は $substx(z,z)$ である．すると，G，すなわち，$A[\overline{z}]$，すなわち，

$$\exists w(Substx[\overline{z},\overline{z},w] \land \neg Provable[w])$$

は，

$$\neg Provable[\overline{substx(z,z)}]$$

と同値になる．$substx(z,z)$ は G の符号であったから，G と $\neg Provable[\overline{\ulcorner G \urcorner}]$ とが同値になる．したがって，論理式 G は「自分自身が証明できない」ということを意味する論理式であることがわかる．

以上の議論は演繹体系の中でも行うことができる．すなわち，

$$G \leftrightarrow \neg Provable[\overline{\ulcorner G \urcorner}]$$

という論理式を演繹体系の中で証明することができる．その際，$Substx[y,z,w]$ に対する表現可能性の二つの条件が必要となる．

さて，いま仮に，論理式 G を演繹体系の中で証明することができたとしよう．G の証明の符号を y_0 とすると，$proof(\ulcorner G \urcorner, y_0)=0$ が成り立つので，$Proof[\overline{\ulcorner G \urcorner},\overline{y_0},0]$ も証明可能である．ところが，上の結果から，$\neg Provable[\overline{\ulcorner G \urcorner}]$ も証明できるので，$\neg\exists y Proof[\overline{\ulcorner G \urcorner},y,0]$ も証明可能となる．すなわち，論理式 $\exists y Proof[\overline{\ulcorner G \urcorner},y,0]$ とその否定の両方が証明できることになってしまう．したがって，演繹体系が無矛盾であるならば，G を演繹体系の中で証明することはできない．

逆に，もし G の否定 $\neg G$ を証明することができたとすると，$Provable[\overline{\ulcorner G \urcorner}]$，すなわち，$\exists y Proof[\overline{\ulcorner G \urcorner},y,0]$ が証明可能である．この論理式は G の証明が存在するということを意味しているが，実際に G の証明が存在するな

らば，G とその否定の両方が証明できることになってしまう．

しかし，$\exists y Proof[\overline{\ulcorner G \urcorner}, y, 0]$ が証明可能であっても，$Proof[\overline{\ulcorner G \urcorner}, \overline{y_0}, 0]$ が証明可能であるような自然数 y_0 が存在するとは限らない．任意の自然数 y に対して $proof(\ulcorner G \urcorner, y)=0$ または $proof(\ulcorner G \urcorner, y)=1$ であるので，$Proof[\overline{\ulcorner G \urcorner}, \overline{y_0}, 0]$ が証明可能であるような自然数 y_0 が存在しなければ，任意の自然数 y に対して $proof(\ulcorner G \urcorner, y)=1$ が成り立ち，$Proof[\overline{\ulcorner G \urcorner}, \overline{y}, S(0)]$ が証明できる．したがって，任意の自然数 y に対して $\neg Proof[\overline{\ulcorner G \urcorner}, \overline{y}, 0]$ を証明することができる．

一般に，算術の演繹体系が **ω 無矛盾**(ω-consistent)であるとは，

・$\exists x A[x]$ が証明できる

・任意の自然数 y に対して $\neg A[\overline{y}]$ が証明できる

を満たす論理式 $A[x]$ が存在しないことをいう．ω 無矛盾性は単なる無矛盾性よりも強い条件であるが，算術の演繹体系に対しては自然な要請であると考えられる．

さて，算術の演繹体系が ω 無矛盾であると仮定すると，$Proof[\overline{\ulcorner G \urcorner}, \overline{y_0}, 0]$ が証明可能であるような自然数 y_0，すなわち，G の証明の符号が存在することが導かれる．したがって G は証明可能である．ところが，ここでは $\neg G$ が証明可能と仮定していたので，演繹体系は矛盾してしまう．

以上に示したことをまとめると次のようになる．

定理 4.5 算術の演繹体系が ω 無矛盾であると仮定すると，G も $\neg G$ も証明することはできない． □

これを**ゲーデルの不完全性定理**(Gödel's incompleteness theorem)という．

実は，算術の演繹体系の不完全性をいうためには ω 無矛盾性は必要なく，単なる無矛盾性だけで十分であることが知られている(章末問題 4.8)．すなわち，無矛盾な算術の演繹体系は完全ではない，ということが知られている．ただし，ω 無矛盾性を仮定した方が，不完全性の証明は以上のように簡潔でわかりやすい．

(e) 第二不完全性定理

第二不完全性定理は，前項の議論を演繹体系自身の中で行う，つまり，不完全性定理の証明を**形式化**(formalize)，もしくは，**内面化**(internalize)するこ

とにより，演繹体系の無矛盾性は演繹体系自身の中では証明できない，ということを示すものである．

いま，演繹体系の無矛盾性を表す論理式，すなわち，

$$\exists x(Formula[x] \wedge \neg Provable[x])$$

という論理式を C と書くことにする．ただし，$Formula[x]$ は，x が論理式の符号であることを表現する論理式である．

前項で証明したことは，「演繹体系が無矛盾であるならば論理式 G は証明できない」ということであった．この議論を演繹体系自身の中で展開することにより，

$$C \supset \neg Provable[\overline{\ulcorner G \urcorner}]$$

という論理式を演繹体系の中で証明することができる．ここではその詳細にまでは立ち入らない．なお，上の逆，すなわち，

$$\neg Provable[\overline{\ulcorner G \urcorner}] \supset C$$

は C の定義から明らかである．

さて，もし C が演繹体系の中で証明できたとしたならば，$\neg Provable[\overline{\ulcorner G \urcorner}]$ も演繹体系の中で証明することができる．すると，$\neg Provable[\overline{\ulcorner G \urcorner}] \supset G$ は演繹体系の中で証明可能なので，G も証明可能となり演繹体系が無矛盾であることに反する．すなわち，演繹体系が無矛盾ならば論理式 C をその演繹体系の中で証明することはできない．これを**ゲーデルの第二不完全性定理**(Gödel's second incompleteness theorem)という．

第二不完全性定理は，一般に，演繹体系の無矛盾性を，その演繹体系の中で，つまり，その演繹体系と同じ強さを持った演繹体系の中で証明することはできない，ということを主張している．逆にいうと，演繹体系の無矛盾性を証明するためには，その演繹体系にないものを用いる必要があるということである．

4.4 プレスバーガ算術

4.3 節(c)で議論したように，算術における閉じた論理式が真か偽かは決定不能である．ただし，算術の言語を制限してやると，閉じた論理式が真か偽かが決定可能になる場合がある．

プレスバーガ算術(Presburger arithmetic)は，掛け算を持たない算術である．より具体的にいうと，プレスバーガ算術は，足し算 $+$ と比較 $<$ のみの一階の算術である．議論を簡単にするために，プレスバーガ算術の標準構造は，自然数の全体ではなく整数の全体 $\mathbb{Z}$ を領域とする．

(a) 構文論と意味論

プレスバーガ算術の言語は，定数記号 0 と 1，足し算と引き算を表すアリティ 2 の関数記号 $+$ と $-$，大小関係を表すアリティ 2 の述語記号 $<$ のみから成る．掛け算はない．等号 $=$ は，

$$x = y := x{<}y{+}1 \land y{<}x{+}1$$

と定義可能である．

プレスバーガ算術の標準構造の領域は整数の全体 $\mathbb{Z}$ である．もし領域を自然数に制限したければ，変数に関する制約を付加すればよい．つまり，論理式 $\forall x A[x]$ は $\forall x(x{\geqq}0{\supset}A[x])$ と書き換え，$\exists x A[x]$ は $\exists x(x{\geqq}0{\land}A[x])$ と書き換えればよい．

整数定数倍は表現可能である．例えば，

$$5x := x{+}x{+}x{+}x{+}x$$

と定義可能である．

さらに，$c|e$ という形の論理式を省略形として用いる．c は整数定数，e は項であり，$c|e$ は c が e を割り切ることを意味する．$c|e$ は足し算と $=$ により表現可能である．例えば，

$$5|x := \exists y(x = y+y+y+y+y)$$

と定義可能である．

(b)　限定子除去

プレスバーガ算術の閉じた論理式がその標準構造において真であるかどうかは，決定可能である．**クーパのアルゴリズム**(Cooper's algorithm)と呼ばれる**限定子除去**(quantifier elimination)の手続きによって判定することができる．以下，クーパのアルゴリズムの概要を説明する．

$A[x]$ を $\forall$ も $\exists$ も含まない論理式とする．必ずしも閉じていなくてよい．すなわち，x 以外に変数を含むかもしれない．以下のようにして，論理式 $\exists x A[x]$ に対して，それと同値で $\forall$ も $\exists$ も含まない論理式を構成する．このことを繰り返すと，論理式の内側から順に $\exists$ と $\forall$ を除去することができる．$\forall x A[x]$ という論理式は，$\neg\exists x\neg A[x]$ と変形してから，$\exists x\neg A[x]$ を $\exists$ も $\forall$ も含まない論理式に書き換えればよい．

まず，等号 $=$ は上の定義によって展開し，原子論理式としては，述語記号 $<$ による比較と，定数によって割り切れるかどうかのテスト $c|t$ のみが現れるように標準化する．しかも，否定は $c|t$ の前にのみ現れるようにする．例えば，$\neg(B_1\wedge B_2)$ という形の部分論理式は $\neg B_1\vee\neg B_2$ で置き換える．$\neg(t_1<t_2)$ という形の部分論理式は $t_2<t_1+1$ で置き換える．

次に，$A[x]$ における変数 x の係数の最小公倍数を求め，式を適当に定数倍して，x の係数はすべて同一の定数 $c>0$ になるようにする．しかも，x が現れる比較の論理式は，$cx<t$ もしくは $t<cx$ という形に揃える．ただし t に x は現れない．また，x が割り切れるかどうかのテストは $d|cx+t$ という形になる．この結果を改めて $\exists x A[cx]$ と置く．

$\exists x A[cx]$ を $\exists x A[x]\wedge c|x$ に変形する．その結果を改めて $\exists x A[x]$ と置く．$A[x]$ において x の係数はすべて 1 であり，x が現れる比較の論理式はすべて $x<t$ もしくは $t<x$ という形になる．ただし t に x は現れない．また，x が割り切れるかどうかのテストは $d|x+t$ という形になる．

$\exists x A[x]$ が真になる場合を二つに分ける．

(1) $A[x]$ を真にする最小の x が存在する.

(2) そのような最小の x が存在しない.

以下では,それぞれの場合に対して,$\exists x A[x]$ と同値で $\forall$ も $\exists$ も含まない論理式を構成する.

(2)の場合:$A[x]$ を満たすいくらでも小さい x が存在する.$A[x]$ の中の原子論理式に注目する.$x{<}t$ という形の論理式は,他の変数の値は何であれ,x が十分に小さくなると真になる.$t{<}x$ という形の論理式は,x が十分に小さくなると偽になる.また,$d|x{+}t$ という形の論理式の真偽は定まらない.

そこで,$A[x]$ の中の $x{<}t$ を真に,$t{<}x$ を偽に置き換えた論理式を $A_{-\infty}[x]$ とする.すると,x は $d|x{+}t$ という形の論理式の中にしか現れない.$d|x{+}t$ という形の論理式における d の最小公倍数を δ とする.すると,$\exists x A[x]$ が成り立つかどうかを調べるには,$A_{-\infty}[1]$ から $A_{-\infty}[\delta]$ までをチェックすればよい.

(1)の場合:$\exists x A[x]$ を成り立たせる最小の x は,いずれかの $t{<}x$ をぎりぎりで成り立たせているはずである.ここで,$t{<}x$ は否定の中にないことに注意せよ.したがって,j を 1 以上 δ 以下の整数として,$A[t{+}j]$ が成り立つような j が存在するはずである.逆に,これらの選言を作れば,$\exists x A[x]$ に同値になる.

そこで,項の集合 D を

$$D := \{t \mid t{<}x \text{ は } A[x] \text{ に現れる原子論理式}\}$$

と置くと,(1)と(2)の場合の両方を考慮して,論理式 $\exists x A[x]$ は,

$$\bigvee_{j=1,\ldots,\delta} A_{-\infty}[j] \vee \bigvee_{j=1,\ldots,\delta} \bigvee_{t\in D} A[t{+}j]$$

という論理式と同値になる.ここで,$\bigvee_{j=1,\ldots,\delta} A_{-\infty}[j]$ という記法は,1 から δ までのそれぞれの j に対する論理式 $A_{-\infty}[j]$ を,$\vee$ で結んだものを表している.

例として,以下の論理式を考えてみよう.

$$\exists x.\ x < y{+}y \wedge z < x \wedge 3|x$$

$A[x]$ は $x<y+y \wedge z<x \wedge 3|x$ である．すでに，x の係数はすべて 1 になっている．そこで，$A_{-\infty}[x]$ は，$x<y+y$ を真，$z<x$ を偽で置き換えて，偽に同値である．δ は 3 であり，D は $\{z\}$ である．したがって，

$$\bigvee_{j=1,\ldots,3} A_{-\infty}[j] \vee \bigvee_{j=1,\ldots,3} \bigvee_{t\in\{z\}} A[t+j]$$

を計算すると，

$$A[z+1] \vee A[z+2] \vee A[z+3]$$

となり，

$$\begin{aligned}
&(z+1 < y+y \wedge z < z+1 \wedge 3|z+1) \vee \\
&(z+2 < y+y \wedge z < z+2 \wedge 3|z+2) \vee \\
&(z+3 < y+y \wedge z < z+3 \wedge 3|z+3)
\end{aligned}$$

になる．

4.5　述語論理の決定不能性と決定可能な部分体系

本節では，述語論理の論理式が恒真かどうかが決定不能であることを示すとともに，その部分体系で決定可能なものをいくつか紹介する．

(a)　一階述語論理の決定不能性

エルブランの定理によれば，閉じた論理式 A が与えられたとき，A が充足不能ならば，そのスコーレム化 $\forall x_1 \cdots \forall x_n A'[x_1,\ldots,x_n]$（$A'$ は $\forall$ および $\exists$ を含まない）に対して，$A'[t_{11},\ldots,t_{1n}] \wedge \cdots \wedge A'[t_{m1},\ldots,t_{mn}]$ が命題論理式として充足不能となる項 t_{ij} が存在する．したがって，A が充足不能ならば，このような t_{ij} がいつかは必ず見つかって，A が充足不能であることがわかる．

以上のことから，充足不能の閉じた論理式の符号の全体は帰納的に可算であることがわかる．同様に，恒真の閉じた論理式の符号の全体も帰納的に可算である．

これに対して，恒真でないような閉じた論理式の符号の全体は帰納的に可算でない．同様に，充足可能な閉じた論理式の符号の全体は帰納的に可算でな

い．もし帰納的に可算であるとすると，充足不能な閉じた論理式の符号の全体も帰納的に可算であるので，充足可能かどうかが決定可能になってしまうからである．ところが，以下に示すように，充足可能かどうかは決定不能である．

チューリング機械の実行過程を項によって表現する．ここでは，算術における表現とは異なり，チューリング機械の状態を表す定数記号，テープを表すための関数記号(例えばリストの構成子)，テープ上の記号を表す定数記号などを用意する．チューリング機械のテーブルも項として表現される．クリーネの T 述語に相当する述語 $T(e,x,y)$ が満たすべき条件を，一階述語論理の閉じた論理式 A によって表現する．すると，インデックス e_0 のチューリング機械が入力 t_0 に対して停止することは，

$$A \wedge \exists y T(e_0, t_0, y)$$

という閉じた論理式で表現することができる．この論理式が充足可能であることと，チューリング機械 e_0 が入力 t_0 に対して停止することは同値になる．

以上とは逆に，

$$A \supset \exists y T(e_0, t_0, y)$$

という文が恒真になることと，チューリング機械 e_0 が入力 t_0 に対して停止することが同値になるような定式化も考えられる．

どちらにしても，閉じた論理式が充足可能(恒真)かどうかは決定不能である．決定可能であるとすると，チューリング機械の停止性が決定可能になってしまうからである．

(b)　単項一階述語論理

一般に，アリティが1である述語記号や関数記号を**単項**(monadic)という．**単項一階述語論理**(monadic first-order predicate logic)とは，述語記号が単項のものに限られ，関数記号を持たない一階述語論理のことである．

I を構造とする．I の領域を U とする．単項の述語記号 P に対して，$I(P)$ は U から $\mathbb{B}$ への関数である．J を変数への付値とする．$\mathbb{V}$ を変数の全体とすると，J は $\mathbb{V}$ から U への関数である．

A を単項一階述語論理の論理式とする．A に現れる述語記号を $P_1, \ldots, P_n$ とする．U の要素の間に以下のように同値関係を定義する．

$$u \approx v \quad \textbf{iff} \quad \text{任意の } i \text{ に対して，} I(P_i)(u) = \top \ \textbf{iff} \ I(P_i)(v) = \top$$

この同値関係に関して，$u \in U$ の同値類を $[u]$ と書く．構造 I に対して，$U/\approx$ を領域とする構造 I' を以下のように定義する．まず，

$$I'(P)([u]) = I(P)(u)$$

と置く．ここで $[u]$ は u の属する同値類であった．$u \approx v$ ならば $I(P)(u) = I(P)(v)$ なので，上の等式は定義として妥当である．いうまでもなく，構造 I' は様相論理の商構造に似ている．

また，変数への付値 J に対して，付値 J' を以下のように定義する．

$$J'(x) = [J(x)]$$

すると，次のことが成り立つ．

$$[\![A]\!]_{I',J'} = [\![A]\!]_{I,J}$$

これは，論理式 A の構造に関する帰納法によって示すことができる．

したがって，論理式 A が I によって充足されるならば，A は I' によっても充足される．$U/\approx$ の要素の数は 2^n 以下である．すなわち，論理式 A が充足可能であるならば，領域の大きさが 2^n 以下の構造で A を充足するものが存在する．したがって，A が充足可能かどうかを判定するには，領域の大きさが 2^n の構造を網羅すればよい．すなわち，論理式が充足可能かどうかは決定可能である．

(c)　等号付き単項一階述語論理

等号付き単項一階述語論理(monadic first-order predicate logic with equality)では，単項の述語記号に加えて等号を許す．等号は，もちろん領域の要素間の等しさによって解釈する．

A を閉じた等号付き単項一階述語論理の論理式とする．以下のようにして

A を変形する．まず，A の $\forall$ と $\exists$ を外に出す．その結果を，$Q_1x_1\cdots Q_nx_n$ $B[x_1,\ldots,x_n]$ とする．ここでは，Q_i は $\forall$ または $\exists$ を表している．B は $\forall$ も $\exists$ も含まない論理式である．

B に含まれる述語記号を $P_1,\ldots,P_m$ とする．変数と同じ数の新しい単項述語記号 $R_1,\ldots,R_n$ を導入する．論理式 $W[x]$ は，$P_i(x)$ と $R_j(x)$ の真偽を組み合わせたものとする．すなわち，以下のように，$W[x]$ は，$P_i(x)$ または $\neg P_i(x)$ と，$R_j(x)$ または $\neg R_j(x)$ を，i と j に関して結んだ連言である．

$$W[x] := \cdots\wedge(\neg)P_i(x)\wedge\cdots\wedge(\neg)R_j(x)\wedge\cdots$$

論理式 $B[x_1,\ldots,x_n]$ の中の等式 $x=y$ を，以下のような論理式に置き換えた結果を $B'[x_1,\ldots,x_n]$ とする．

$$\bigwedge_{W[x]}(W[x]\leftrightarrow W[y])$$

ここで，$\bigwedge_{W[x]}$ とは，上のような W を網羅して連言を作ることを意味する．すると，$Q_1x_1\cdots Q_nx_nB'[x_1,\ldots,x_n]$ が充足可能ならば，$Q_1x_1\cdots Q_nx_n$ $B[x_1,\ldots,x_n]$ も充足可能となる．したがって，等号がない場合の単項一階述語論理に帰着することができる．

(d)　一階述語論理のガード付きフラグメント

一階述語論理の**ガード付きフラグメント**(guarded fragment)とは，論理式を以下のように制限したものである．ガード付きフラグメントを簡単に GF という．GF の論理式は以下のように帰納的に定義される．

- 任意の原子論理式は GF の論理式である(述語としては等号を含めてもよい)．ただし，定数記号以外の関数記号は現れない．
- GF は，命題論理の論理記号 $\neg,\wedge,\vee,\supset$ に関して閉じている．
- $x_1,\ldots,x_m,y_1,\ldots,y_n$ が変数の列，$P(x_1,\ldots,x_m,y_1,\ldots,y_n)$ が原子論理式，$A[x_1,\ldots,x_m,y_1,\ldots,y_n]$ が GF の論理式，$\mathbf{FV}(A[x_1,\ldots,x_m,y_1,\ldots,y_n])\subseteq\mathbf{FV}(P(x_1,\ldots,x_m,y_1,\ldots,y_n))=\{x_1,\ldots,x_m,y_1,\ldots,y_n\}$ ならば，

$$\exists y_1 \cdots \exists y_n (P(x_1,\ldots,x_m,y_1,\ldots,y_n) \wedge A[x_1,\ldots,x_m,y_1,\ldots,y_n])$$

および

$$\forall y_1 \cdots \forall y_n (P(x_1,\ldots,x_m,y_1,\ldots,y_n) \supset A[x_1,\ldots,x_m,y_1,\ldots,y_n])$$

は GF の論理式である．$\mathbf{FV}(A)$ は論理式 A に自由に現れる変数の集合を表す．なお，$P(x_1,\ldots,x_m,y_1,\ldots,y_n)$ における変数の順番は変えてもよいが，すべての変数が引数として現れなくてはならない．

命題様相論理の論理式は，世界を明示的に表現することによって，一階述語論理の論理式に翻訳することができる．すなわち，クリプキ構造を，その世界の全体を領域とする一階述語論理の構造に対応させる．命題様相論理の命題記号は，世界を引数とするアリティ 1 の述語記号に対応し，到達可能性関係は，アリティ 2 の述語記号によって表現される．例えば，$\Box P$ という命題様相論理式は，$\forall y(R(x,y) \supset P(y))$ という述語論理式に翻訳される（3.1 節(b)の $\Box$ と $\forall$ の類似性）．命題記号 P は述語記号 $P(x)$ に対応している．$R(x,y)$ は，現在の世界 x から世界 y に到達できることを表す述語である．$\forall y(R(x,y) \supset P(y))$ は，現在の世界 x において $\Box P$ が成り立つことを表す．$\Diamond P$ という命題様相論理式は，$\exists y(R(x,y) \wedge P(y))$ という述語論理式に翻訳される．これらの翻訳後の論理式は，すべて GF の論理式である．すなわち，命題様相論理式は GF の論理式に翻訳することができる．

GF の閉じた論理式が恒真であるかどうかは決定可能であることが知られている．命題様相論理式が恒真であるかどうかは決定可能であるが，上に述べたように，命題様相論理式が GF の論理式へ翻訳できることを考えると，GF の決定可能性は命題様相論理の決定可能の拡張になっていることがわかる．

(e) 後継者のみの単項二階論理

2.3 節(b)において，二階の算術の部分体系として，後継者のみの単項二階論理 S1S を導入した．S1S は自然数の全体 $\mathbb{N}$ を領域とし，$\mathbb{N}$ の部分集合の全体を二階の領域とする二階述語論理の部分体系である．定数記号は 0，関数記号は S しかない．述語記号はない．

一般に，表現可能性が成り立つような算術の演繹体系において，閉じた論理式が真であるかどうかは決定不能である．もちろん，このことは二階の算術においても成り立つ．これに対して，二階の算術の部分体系である S1S においては，閉じた論理式が真かどうかは決定可能である．本書ではこのことを証明する余裕はないが，それを示すための手がかりだけ簡単に説明しよう．また，S1S をさらに弱くした部分体系である WS1S についても触れる．

まず最初に，S1S の論理式を，それと同値で二階の変数と述語記号 $\mathbf{S}$ のみを含むものに書き換える方法を示す．$\mathbf{S}$ は(自然数の)集合を二つ引数とする述語であり，以下のように定義される．

$$\mathbf{S}(X, Y) := \exists x.\ X(x) \wedge Y(S(x))$$

$\mathbf{S}$ を用いて次々と定義を行う．

$$\begin{aligned}
\mathit{Empty}(X) &:= \neg(\exists Y.\ \mathbf{S}(X, Y)) \\
X \subseteq Y &:= \forall Z.\ \mathbf{S}(X, Z) \supset \mathbf{S}(Y, Z) \\
X = Y &:= X \subseteq Y \wedge Y \subseteq Z \\
\mathit{Sing}(X) &:= \neg \mathit{Empty}(X) \wedge (\exists Y.\ \neg \mathit{Empty}(Y) \wedge (\forall Z.\ \mathbf{S}(X, Z) \supset Y \subseteq Z)) \\
\mathit{Sing0}(X) &:= \neg \mathit{Empty}(X) \wedge \neg(\exists Y.\ \mathbf{S}(Y, X))
\end{aligned}$$

領域の要素である自然数は，それのみから成る一点集合に対応させることができる．したがって，以下のようにして一階の変数 x に関する限定子を，二階の変数 X に関する限定子に書き換えることができる．

$$\forall x.\ \cdots \mapsto \forall X.\ \mathit{Sing}(X) \supset \cdots$$

$\cdots$ の中で，x の参照，例えば $Y(S(S(x)))$ は，

$$\exists X_1.\ \exists X_2.\ \mathbf{S}(X, X_1) \wedge \mathit{Sing}(X_1) \wedge \mathbf{S}(X_1, X_2) \wedge \mathit{Sing}(X_2) \wedge X_2 \subseteq Y$$

のように書き換える．0 の参照，例えば $Y(S(S(0)))$ は，

$$\begin{gathered}
\exists X.\ \exists X_1.\ \exists X_2.\ \mathit{Sing0}(X) \wedge \mathbf{S}(X, X_1) \wedge \mathit{Sing}(X_1) \wedge \\
\mathbf{S}(X_1, X_2) \wedge \mathit{Sing}(X_2) \wedge X_2 \subseteq Y
\end{gathered}$$

のように書き換える．

以上のようにして，S1S の任意の論理式は，二階の変数と述語記号 **S** のみを含む論理式に書き換えることができる．そこで，$A[X_1, \ldots, X_n]$ を，そのような論理式で二階の変数 $X_1, \ldots, X_n$ のみを自由変数として含むものとする．各自由変数は自然数の集合を表している．

さて，一般に n 個の自然数の集合 $X_1, \ldots, X_n$ に，$\{0,1\}^n$ の要素の無限列 σ を以下のように対応させることができる．

$$X_1, \ldots, X_n \longleftrightarrow \sigma = a_0 a_1 a_2 \cdots \quad \textbf{where}$$
$$a_i = \langle b_1, \ldots, b_n \rangle \quad \textbf{where}$$
$$b_j = 1 \Longleftrightarrow i \in X_j$$

$\{0,1\}^n$ の要素は $\langle b_1, \ldots, b_n \rangle$ という形をしている．b_j は 0 または 1 である．

オートマトン(automaton)は，文字列を判別する仕組みである．オートマトンの入力となる文字列は，**アルファベット**(alphabet)と呼ばれる有限集合の要素(文字と呼ぶ)の有限列もしくは無限列である．チューリング機械と同様に，オートマトンは有限種類の状態のうちの一つの状態を**現在の状態**(current state)として憶えている．オートマトンは，入力文字列の中の文字を最初から順に読み，それに従って現在の状態を遷移させる．オートマトンのテーブルは，

・オートマトンの現在の状態

・入力文字列の文字

のそれぞれの組合せに対して，オートマトンの次の状態を与える．オートマトンの状態のうち，**初期状態**(initial state)と呼ばれる状態が一つ定義される．また，状態のいくつかは**受理状態**(accept state)と呼ばれる．

オートマトンは，まず現在の状態を初期状態に設定し，入力文字列の中の文字を最初から順に読み，テーブルに従って状態の遷移を繰り返す．有限文字列の場合は，すべての文字を読み終わったときに，現在の状態が受理状態ならば，その有限文字列を受理する．無限文字列の場合は，状態の遷移を無限回行ったときに，受理状態が無限回現れるならば，その無限文字列を受理する．なお，有限文字列に対するオートマトンは，**有限オートマトン**(finite automaton)と呼ばれ，無限文字列に対するオートマトンは，**$\boldsymbol{\omega}$ オートマトン**

(ω-automaton) と呼ばれる．

論理式とオートマトンを対応させるために，有限集合 $\{0,1\}^n$ をアルファベットと定義する．すなわち，$\{0,1\}^n$ の要素が文字である．すると，$A[X_1, \ldots, X_n]$ が成り立つときに，そして，そのときに限り，自然数の集合 $X_1, \ldots, X_n$ に対応する無限文字列 σ を受理する，という ω オートマトンを構成することができる．そして，そのような ω オートマトンが受理する無限文字列が存在するかどうかは決定可能であることが知られている．したがって，一般に閉じた論理式が真かどうかを判定することができる．

以上のように，S1S の論理式は無限文字列に関する性質を記述していると考えられる．このことは，線形時間時相論理における論理式が，無限経路の性質を記述することに通じている．実際に，線形時間時相論理の論理式を S1S の論理式に翻訳することが可能である．また，時相論理における充足可能性判定やモデル検査においては，タブローと呼ばれるグラフが用いられる．様相論理のクリプキ構造自体も一種のグラフである．上述したオートマトンもグラフに他ならない．このように，様相論理や時相論理と単項二階論理との関連は深い．

以下では，二階の変数が動く範囲を有限集合に限定した論理である**弱い後継者一つの単項二階論理** (weak monadic second-order logic with one successor) について説明する．略して WS1S と書く．

WS1S の標準構造は，自然数の全体を領域とし，二階の領域は U の有限部分集合の全体とする．すなわち，二階の変数の動く範囲を自然数の有限集合に限定している．

以下のように，n 個の自然数の集合 $X_1, \ldots, X_n$ と，$\{0,1\}^n$ をアルファベットとする有限文字列 w を対応させる．

$$X_1, \ldots, X_n \longleftrightarrow w = a_0 a_1 a_2 \cdots \quad \textbf{where}$$
$$a_i = (b_1, \ldots, b_n) \quad \textbf{where}$$
$$b_j = 1 \Longleftrightarrow i \in X_j$$
$$i > j \Longrightarrow \neg(i \in X_j)$$

この場合は，$A[X_1, \ldots, X_n]$ が成り立つときに，そして，そのときに限り，自然数の有限集合 $X_1, \ldots, X_n$ に対応する有限文字列 w を受理する，という有

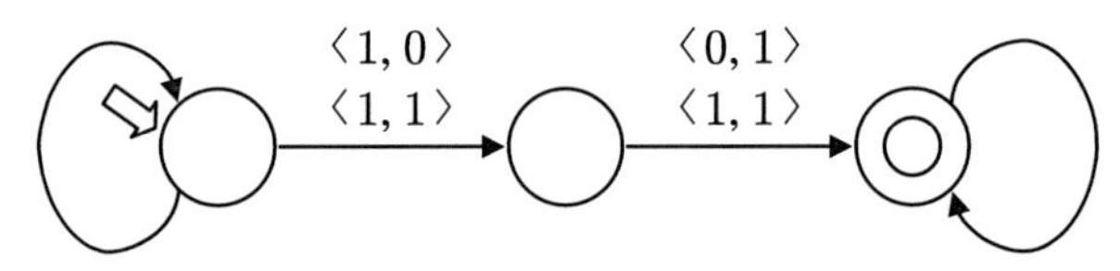

図 4.4　$\mathbf{S}(X_1, X_2)$ に対応する有限オートマトン

限オートマトンを構成することができる．有限オートマトンに対して，それが受理する有限文字列が存在するかどうかは決定可能である．したがって，一般に閉じた論理式が真かどうかを判定することができる．

上述した有限オートマトンは，論理式の構造に従って構成される(章末問題 4.9)．例えば，$\mathbf{S}(X_1, X_2)$ という論理式に対しては，図 4.4 の有限オートマトンが対応する．また，$\neg A[X_1, \ldots, X_n]$ に対応する有限オートマトンは，有限文字列 w を頭部に持つ任意の有限文字列が $A[X_1, \ldots, X_n]$ に対応する有限オートマトンに受理されないとき，そして，そのときに限り，w を受理する．有限オートマトンの理論によれば，このような有限オートマトンを構成することは可能である．

2.3 節(b)の最後に，後継者二つの単項二階論理 S2S について簡単に触れた．S2S もしくは WS2S においては，文字列に対するオートマトンではなく，木に対するオートマトンが対応する．

章末問題

4.1　[4.2 節(a)]次の関数 $f(x, y)$ と $g(x, y)$ が原始帰納的であることを示せ．

$$f(x, y) = \begin{cases} 0 & (x = y) \\ 1 & (x \neq y) \end{cases}$$

$$g(x, y) = \begin{cases} 0 & (x < y) \\ 1 & (x \geqq y) \end{cases}$$

4.2　[4.2 節(a)]x 番目のフィボナッチ数を返す関数 $\mathit{fib}(x)$ は，

$$\mathit{fib}(x) = \begin{cases} x & (x < 2) \\ \mathit{fib}(x-1)+\mathit{fib}(x-2) & (x \geqq 2) \end{cases}$$

と定義される．$\mathit{fib}(x)$ が原始帰納的であることを示せ．

4.3　[4.2 節(a)および 4.2 節(b)]以下のように，自然数上の関数 $ack(m, n)$ を定義する．

$$ack(0,n) = n+1$$
$$ack(m+1,0) = ack(m,1)$$
$$ack(m+1,n+1) = ack(m, ack(m+1,n))$$

以下の問に答えよ．

(i) この定義により関数 $ack(m,n)$ が一意的に定まることを説明せよ．

(ii) ack に関する次の性質を示せ．

- $m+n+1 \leqq ack(m,n)$
- $ack(m,n) < ack(m,n+1)$
- $ack(m,n+1) \leqq ack(m+1,n)$
- $ack(m,n) < ack(m+1,n)$

(iii) 任意の原始帰納的関数 $f(x_1,\ldots,x_n)$ に対して，ある自然数 c が存在して，任意の自然数 $x_1,\ldots,x_n$ に対して

$$f(x_1,\ldots,x_n) < ack(c, \max\{x_1,\ldots,x_n\})$$

であることを示せ．

[ヒント]　原始帰納的関数の定義に関する帰納法を用いる．すなわち，関数 0, $S(x)$, $f(x_1,\ldots,x_n)=x_i$ に対して主張を示し，合成と原始帰納法のもとになる関数が主張を満たすとき，定義される関数が主張を満たすことを示す．

(iv) 関数 $ack(m,n)$ が原始帰納的でないことを説明せよ．

4.4　[4.2 節(b)]部分関数 $f(x,y)$ が部分帰納的であるとき，次のように定義される部分関数 $g(x)$ も部分帰納的であることを示せ．

- $f(x,y_0)=0$ が成り立ち，任意の $y<y_0$ に対して $f(x,y)\neq\perp$ かつ $f(x,y)\neq 0$ であるとき，$g(x)=y_0$ となる．
- 上のような y_0 が存在しないとき，$g(x)=\perp$ となる．

(ただし，部分関数 $f(x,y)$ が部分帰納的であるとは，部分帰納的関数 $h(z)$ を用いて $f(x,y)=h(p(x,y))$ と定義されることをいう．)

4.5　[4.2 節(d)]空集合 $\varnothing$ は帰納的であることを示せ．自然数の全体 $\mathbb{N}$ は帰納的であることを示せ．

4.6　[4.2 節(d)]帰納的に可算な集合は，結びと交わりについて閉じていることを示せ．帰納的な集合は，結びと交わりと補集合について閉じていることを示せ．

4.7　[4.3 節(b)]次の問に答えよ．

(i) 自然数 x が素数ならば 0，そうでなければ 1 を返す関数は原始帰納的であることを簡単に説明せよ．

(ii) この関数を表現する一階算術の論理式を与えよ．ただし，記号としては $=$, $<$, 0, S, $+$, $\times$ および一階述語論理の論理記号 $\neg$, $\wedge$, $\vee$, $\supset$, $\forall$, $\exists$ のみを用いる．

4.8　[4.3 節(d)]次の問に順に答えよ．

(i) 帰納的な関数は表現可能であることを示せ．

(ii) $\mathbb{N}$ の部分集合 R_0 を，

$$R_0 = \{y \in \mathbb{N} \mid substx(y,y) \text{ を符号とする論理式は証明可能でない}\}$$

と定義する．算術の演繹体系が無矛盾ならば R_0 は帰納的ではないことを示せ．

(iii) 算術の演繹体系が完全(任意の閉じた論理式 A に対して，A か $\neg A$ かのどちらかが必ず証明できる)ならば，証明可能な論理式の符号の全体は帰納的であることを示せ．

(iv) 算術の演繹体系が無矛盾ならば不完全であることを示せ．

4.9　[4.5 節(e)]WS1S において，二階の変数 $X_1, \ldots, X_n$ のみを自由変数とする論理式 $A[X_1, \ldots, X_n]$ と $B[X_1, \ldots, X_n]$ に対応する有限オートマトンをもとに，以下の論理式に対応する有限オートマトンを構成せよ．

(i) $\neg A[X_1, \ldots, X_n]$

(ii) $A[X_1, \ldots, X_n] \vee B[X_1, \ldots, X_n]$

(iii) $\exists X_1 A[X_1, \ldots, X_n]$

5

λ計算

式の一部をより簡単な式で置き換えることを簡約という．例えば，1+1 という式を 2 という式で置き換えることは簡約である．また，$f(x)=x^2+1$ のような関数定義があって，$f(3)$ という式があったとき，関数 f の定義を展開して，3^2+1 という式で置き換えることも簡約である．

一般に簡約を繰り返すことによって式の値を求めることができる．例えば，$f(1+(2+3))=f(1+5)=f(6)=6^2+1=36+1=37$ のようにして，$f(1+(2+3))$ の値が 37 であることがわかる．したがって，計算とは簡約である，といい切ったとしてもいい過ぎではないだろう．

本章では，関数の計算に関する理論である λ 計算(λ-calculus)について解説する．λ 計算では関数を基本的な概念とし，すべてのものは関数として表現され，計算は簡約により定義される．簡約の基本的な性質はチャーチ-ロッサーの定理である．この定理は，簡約により定義される計算に矛盾がない，ということを保証する．さらに，式の種類を表す概念である型を導入した型付き λ 計算を紹介し，その基本的な性質として停止性やカリー-ハワードの対応について述べる．

5.1　λ　項

λ計算で扱うλ項の定義を与える前に，再帰的関数やλ式に関して簡単に説明する．

(a)　再帰的関数

x の階乗を計算する関数 $\mathit{fact}(x)=x!$ は次のように原始帰納法によって定義することができる．

$$\mathit{fact}(0) = 1$$

$$\mathit{fact}(S(x)) = S(x)\cdot \mathit{fact}(x)$$

$\mathit{fact}(S(x))$ の定義の中では fact 自身が参照されているので，このような関数の定義を一般に**再帰的定義**(recursive definition)といい，再帰的に定義される関数を**再帰的関数**という[1)]．**if** P **then** x **else** y によって，命題 P が真ならば x に等しく，P が偽ならば y に等しい式を表すとする．そうすると，関数 $\mathit{fact}(x)$ は，

$$\mathit{fact}(x) = \textbf{if } x{=}0 \textbf{ then } 1 \textbf{ else } x\cdot \mathit{fact}(x-1)$$

と定義される．この場合も $\mathit{fact}(x)$ の定義の中で fact 自身が参照されている．

x 番目のフィボナッチ(Fibonacci)数を返す関数 $\mathit{fib}(x)$ も，次のように再帰的に定義することができる．

$$\mathit{fib}(x) = \textbf{if } x{<}2 \textbf{ then } x \textbf{ else } \mathit{fib}(x-1)+\mathit{fib}(x-2)$$

上の再帰的定義そのものは原始帰納法の形をしていない．もっと工夫して書けば，原始帰納法の形をした $\mathit{fib}(x)$ の定義をあたえることができるので，関数 $\mathit{fib}(x)$ は原始帰納的な関数である．

---

1)　これは 4.2 節(b)で定義した部分帰納的関数となる．再帰的関数と帰納的関数はともに recursive function の訳語である．ここでは再帰的に定義された関数を特に「再帰的関数」と呼ぶ．

再帰的定義は，そのまま関数の値を求めるために用いることができる．すなわち，再帰的定義は，関数の値を求めるプログラムであると考えることができる．例えば，$\mathit{fact}(x)$ の再帰的定義を用いて $\mathit{fact}(3)$ の値を計算することができる．

$$
\begin{aligned}
&\mathit{fact}(3)\\
=\ &\textbf{if } 3{=}0 \textbf{ then } 1 \textbf{ else } 3{\cdot}\mathit{fact}(3-1)\\
=\ &\textbf{if } \bot \textbf{ then } 1 \textbf{ else } 3{\cdot}\mathit{fact}(3-1)\\
=\ &3{\cdot}\mathit{fact}(3-1)\\
=\ &3{\cdot}\mathit{fact}(2)\\
=\ &3{\cdot}(\textbf{if } 2{=}0 \textbf{ then } 1 \textbf{ else } 2{\cdot}\mathit{fact}(2-1))\\
&\cdots\\
=\ &3{\cdot}(2{\cdot}(1{\cdot}(\textbf{if } 0{=}0 \textbf{ then } 1 \textbf{ else } 0{\cdot}\mathit{fact}(0-1))))\\
=\ &3{\cdot}(2{\cdot}(1{\cdot}(\textbf{if } \top \textbf{ then } 1 \textbf{ else } 0{\cdot}\mathit{fact}(0-1))))\\
=\ &3{\cdot}(2{\cdot}(1{\cdot}1))\\
&\cdots\\
=\ &6
\end{aligned}
$$

上の計算では，$3{=}0$ という式は $\bot$ に等しく，$0{=}0$ という式は $\top$ に等しいということを用いた．また，**if** $\top$ **then** x **else** y という式は x に等しく，**if** $\bot$ **then** x **else** y という式は y に等しい．以上のように，式の一部をそれと等しいもので置き換えるという操作を繰り返すことにより，$\mathit{fact}(3)$ の値である 6 を求めることができる．

ここで，次のような疑問が自然と生じる．上のように，関数定義の展開のような書き換えによって，関数の値を必ず求めることができるのであろうか．また，書き換えに一般的な法則性があるのだろうか．このような疑問に答えようとするのが，**λ 計算**(λ-calculus)の理論である．

ところで，$f(x,y)$ と $g(y)$ を原始帰納的関数とすると，$f(x,y)$ と $g(y)$ から定義される部分帰納的関数 $h(x){=}g(\mu y.(f(x,y){=}0))$ は，

$$k(x,y) = \mathbf{if}\ f(x,y){=}0\ \mathbf{then}\ g(y)\ \mathbf{else}\ k(x, S(y))$$

と定義される再帰的関数 $k(x,y)$ を用いて，

$$h(x) = k(x,0)$$

と定義することができる．原始帰納的関数は明らかに再帰的に定義することができるので，任意の部分帰納的関数は再帰的に定義できることが示せた．

ちなみに，プログラミング言語の分野では，関数 $\mathit{fact}(x)$ の定義に現れる変数 x のように，渡された式を表す変数のことを**仮引数**(formal parameter)と呼ぶ．そして，$\mathit{fact}(3)$ の 3 のように，関数に実際に渡される式を**実引数**(actual parameter)と呼ぶ．単に**引数**(argument)といったときには実引数をさすことが多いようである．

(b) λ 式

次のように定義される関数 $\mathit{twice}(f,x)$ を考える．

$$\mathit{twice}(f,x) = f(f(x))$$

twice の最初の引数 f は引数を一つ取る関数である．$\mathit{twice}(f,x)$ は関数 f を 2 回続けて引数 x に適用した結果を返す．例えば，

$$\begin{aligned}\mathit{twice}(\mathit{fact},3) &= \mathit{fact}(\mathit{fact}(3))\\ &= \mathit{fact}(6)\\ &= 720\end{aligned}$$

が成り立つ．

twice を用いて 2^{2^3} を計算するには，

$$\mathit{exp2}(x) = 2^x$$

というように $\mathit{exp2}$ という関数を定義しておいて，

$$\mathit{twice}(\mathit{exp2},3)$$

とすればよいが，このようにいちいち使い捨ての関数を定義するのは面倒であり，関数の名前を考えるのも一苦労である．「x に 2^x を対応させる関数」を直接に表す記法があった方が便利であるし自然である．そのような記法が**λ式**(λ-expression)である．

x に 2^x を対応させる関数は，

$$\lambda(x)2^x$$

という λ 式によって表すことができる．すると，$twice(exp2, 3)$ は

$$twice(\lambda(x)2^x, 3)$$

と書くことができる．

$\lambda(x)2^x$ の中の変数 x は，$\sum_{i=0}^{100} i^2$ の i や $\int_0^1 \sqrt{1-x^2}\mathrm{d}x$ の x や $\forall z P(z)$ の z のように，**束縛変数**(bound variable)である．したがって，束縛変数の名前の付け方が違っていても同じ関数を表す．例えば，$\lambda(x)2^x$ と $\lambda(y)2^y$ とは同じ関数を表す．

$twice(\lambda(x)2^x, 3)$ の値を求めると以下のようになる．

$$\begin{aligned} twice(\lambda(x)2^x, 3) &= (\lambda(x)2^x)((\lambda(x)2^x)(3)) \\ &= (\lambda(x)2^x)(2^3) \\ &= (\lambda(x)2^x)(8) \\ &= 2^8 \\ &= 256 \end{aligned}$$

$(\lambda(x)2^x)(3)$ という式は，x を 2^x に対応させる関数が引数 3 に適用されたものなので，2^3 に等しい，すなわち，

$$(\lambda(x)2^x)(3) = 2^3$$

が成り立つ．

さて，関数 add を次のように定義する．

$$add(x) = \lambda(y)x+y$$

add は x に $\lambda(y)x+y$ という関数を対応させる関数である．例えば，

$$add(3) = \lambda(y)3+y$$

が成り立つ．$\lambda(y)3+y$ は y に $3+y$ を対応させる関数，すなわち，3 を加えるという関数である．したがって，

$$\begin{aligned}(add(3))(4) &= (\lambda(y)3+y)(4)\\ &= 3+4\\ &= 7\end{aligned}$$

が成り立つ．すなわち，$(add(3))(4)$ を計算すると 3 を加えるという関数がまず求まり，それが 4 に適用されて $3+4$ が求まり 7 が得られる．

一般に，二引数の関数 $f(x,y)$ に対して，関数 g を $g(x)=\lambda(y)f(x,y)$ と定義する．g は一引数関数であり，引数に適用されると一引数関数が求まるようなものである．このような関数 g を f の**カリー化された関数**(curried function) という．カリー化を用いると，二引数の関数は一引数の関数だけで表すことができる．三引数の関数 $f(x,y,z)$ も $g(x)=\lambda(y)\lambda(z)f(x,y,z)$ という一引数の関数にカリー化することができる．したがって，関数の計算に関して純粋な理論を展開するには，関数はすべて一引数であると仮定してよいように思われる．

次に，さまざまなデータが λ 式で表現できることを紹介する．最初の例として，真偽値を考えてみよう．関数 $true$ と $false$ を次のように定義する．

$$true(x) = \lambda(y)x$$

$$false(x) = \lambda(y)y$$

そして，**if** P **then** x **else** y を，

$$(P(x))(y)$$

の別記法であるとする．すると，

$$(true(x))(y) = x$$

$$(false(x))(y) = y$$

であるから，

$$\textbf{if } \mathit{true} \textbf{ then } x \textbf{ else } y = x$$

$$\textbf{if } \mathit{false} \textbf{ then } x \textbf{ else } y = y$$

が成り立つ．この意味で *true* は真(⊤)，*false* は偽(⊥)を表していると考えることができる．すなわち，真偽値が関数により表現できたわけである．

自然数 n は，後で詳しく説明するように，

$$\lambda(f)\lambda(x)f(f(\cdots f(x)\cdots))$$

と表される．f の出現する個数が n となっている．具体的には，

$$0 = \lambda(f)\lambda(x)x$$

$$1 = \lambda(f)\lambda(x)f(x)$$

$$2 = \lambda(f)\lambda(x)f(f(x))$$

$$3 = \lambda(f)\lambda(x)f(f(f(x)))$$

$$\cdots$$

のようになる．このような自然数の λ 式による表現を**チャーチの数字**(Church numeral)という．

以上のようなことから，純粋な計算の理論を展開するためには，関数のみを対象にすればよいと考えられる．このような観点から定義された体系が **λ 計算**(λ-calculus)である．

(c) λ 項

λ 計算は **λ 項**(λ-term)と呼ばれる式を対象とする体系である．

変数はあらかじめ無限個用意されているとする．変数を表すメタ変数として $x, y, z, \ldots$ などが用いられる．

BNF 記法を用いると，λ 項は以下のように定義できる．

$$M ::= x \mid (MN) \mid \lambda x.M$$

λ 項を表すメタ変数として M,N などが用いられる．(MN) は**関数適用**(function application)，もしくは，単に**適用**(application)と呼ばれる．$\lambda x.M$ は，**λ 抽象**(λ-abstraction)と呼ばれる．関数を表すために用いる記法である λ 式と区別するために，λ 計算では $\lambda(x)$ ではなく $\lambda x.$ を用いる．

前項までは，$\mathit{fact}(3)$ のように，M と N との関数適用を $M(N)$ と書いていた．これは，$\mathit{twice}(f,3)$ のように引数が複数ある場合に，後ろの引数の方に小括弧を付けるためであろう．一方，λ 計算では，すべての関数の引数の個数は一個だけであるので，後方に小括弧を付けるのではなく，(MN) のように全体に付ける．混乱のない場合には，小括弧を省略して単に MN と書く．

小括弧は次のような規則で省略することが多い．$(M_1M_2)M_3$ は，$M_1M_2M_3$ と略記する．$M_1M_2\cdots M_{n-1}M_n$ は，$((\cdots(M_1M_2)\cdots M_{n-1})M_n)$ の小括弧を省略したものである．一方，$M_1(M_2M_3)$ の小括弧は省略しない．$\lambda x.(MN)$ という λ 項は，小括弧を省略して $\lambda x.MN$ と書いてもよい．もちろん，$(\lambda x.M)N$ の小括弧は省略してはならない．

λ 抽象がいくつか連なる $\lambda x.\lambda y.\lambda z.M$ のような λ 項は，$\lambda xyz.M$ と略記してもよい．

λ 項 M の一部分であるような λ 項を M の **λ 部分項**(λ-subterm)と呼ぶ．混乱をまねかないかぎり，単に**部分項**と呼ぶことが多い．

λ 項において変数 x の**出現**(occurrence)とは，λ 項において変数 x が現れる位置，場所を意味する．λ 項において変数 x の出現が**束縛されている**(bound)とは，その出現が M の中の λ 抽象 $\lambda x.N$ という形の部分項の N の中に現れていることをいう．例えば，

$$\lambda y.(\lambda x.f\underline{x})x$$

という λ 項において下線の付いた変数 x の出現は，束縛されている．

これに対して，変数 x の出現が λ の直後でもなく，束縛もされていないとき，その出現は**自由**(free)であるという．例えば，

$$\lambda y.(\lambda x.fx)\underline{x}$$

において下線の付いた変数 x の出現は自由である．

λ 項 M において，自由な出現を持つ変数を**自由変数**(free variable)と呼び，

束縛された出現を持つ変数を**束縛変数**(bound variable)という．

λ 項 $\lambda x.fxz$ は，x に fxz を対応させる関数を表し，λ 項 $\lambda y.fyz$ は，y に fyz を対応させる関数を表すので，この二つの λ 項はまったく同じ関数を表すと考えられる．$\lambda y.fyz$ は，$\lambda x.fxz$ の束縛変数 x を y に置き換えたものに他ならない．このような束縛変数の置き換えの操作を **α 変換**(α-conversion)と呼ぶことがある．ただ，本書では束縛変数の置き換えを構文上の合同関係とみなし，**α 合同**(α-congruent)とか **α 同値**(α-equivalent)と呼ぶ．α 同値である二つの λ 項 M, N は $M{=_\alpha}N$ と書く．数学的には

$$\lambda x.M =_\alpha \lambda y.M'$$

を含む最小の合同関係として定義される．ただし，変数 y は M の中にはまったく出現していない変数であり，M' は M の中に自由に出現する x をすべて y に置き換えた結果である．また，$=_\alpha$ が合同関係であるとは，以下の条件を満たすことをいう．

- $=_\alpha$ は同値関係である．
- $M{=_\alpha}M'$ かつ $N{=_\alpha}N'$ ならば，$MN{=_\alpha}M'N'$.
- $M{=_\alpha}M'$ ならば，$\lambda x.M{=_\alpha}\lambda x.M'$.

λ 項に変数 x が自由に出現するとき，x を λ 項 N に置き換えるという操作がよくでてくる．この操作を**代入**(substitution)と呼び $[x{:=}N]$ と書く．さらに一般的に，変数 $x_1, \ldots, x_n$ をそれぞれ同時に λ 項 $M_1, \ldots, M_n$ に置き換える代入を $[x_1{:=}M_1, \ldots, x_n{:=}M_n]$ と書く．

一階述語論理の論理式に対する代入についてはすでに 2.2 節(a)で簡単に紹介し，2.2 節(d)では代入を用いて公理を与えた．2.2 節(f)の導出原理では，$[x{:=}t]A$ というふうに対象となる論理式の前に代入を書いていたが，本章では λ 計算の習慣に従い，$M[x{:=}N]$ というふうに対象となる λ 項の後に代入を書くこととする．

代入を行う際には，束縛変数の名前に注意しなければならない．例えば，

$$(\lambda y.xy)[x{:=}\lambda z.yz]$$

という場合を考えてみる．単に変数 x を $\lambda z.yz$ に置き換えてしまうと，

$$\lambda y.(\lambda z.\underline{y}z)\underline{y}$$

となり，下線を引いた二か所の出現が束縛されている．一方，$\lambda y.xy$ を α 変換した項 $\lambda y'.xy'$ に対して同じ代入をほどこすと，

$$\lambda y'.(\lambda z.yz)\underline{y'}$$

となり，下線を引いている一か所の出現だけが束縛されている．前者の方が間違いで，$\lambda z.yz$ の y は $\lambda y.xy$ の λy とは別のものをさしているにもかかわらず，代入の結果，束縛されてしまっているのである．このようなとき，y は**捕獲**(capture)されたというのであった．

このような問題を避けるために，通常，**変数規約**(variable convention)という次のような取り決めをする．

> λ 計算で扱う λ 項は，α 同値である λ 項を適切に選んでくることにより，一つの λ 項の中ではもちろん，各 λ 項の間でも束縛変数の名前は相異なることとする．また，束縛変数の名前は自由変数の名前とも異なっているとする．

例えば，λ 項 M の変数 x に λ 項 N を代入するという場合を考える．M と α 同値である M'，N と α 同値である N' を適切に選んできて，M' の中の束縛変数名と N' の中の束縛変数名とは相異なるようにするというのが，変数規約である．

そして，本書のこれ以降の部分では，変数規約を満たすように α 変換を暗黙的に行う．$=_\alpha$ を構文的な等しさと同一視し，以下では単に $=$ と書く．

以上のような仮定のもとで，代入は以下のように帰納的に定義する．

$x[x{:=}M,\ldots] = M$

$x[x_1{:=}M_1,\ldots,x_n{:=}M_n] = x$

　ただし，$x \neq x_1,\ldots,x_n$

$(M_1M_2)[x_1{:=}M_1,\ldots,x_n{:=}M_n] =$

　$(M_1[x_1{:=}M_1,\ldots,x_n{:=}M_n])(M_2[x_1{:=}M_1,\ldots,x_n{:=}M_n])$

$(\lambda y.M)[x_1{:=}M_1,\ldots,x_n{:=}M_n] = \lambda y.\ M[x_1{:=}M_1,\ldots,x_n{:=}M_n]$

　ただし，$y \neq x_1,\ldots,x_n$

最後の等式において，変数規約により，y は，$M_1, \ldots, M_n$ において自由に出現しないということが暗黙的に仮定されていることに注意してほしい．

数学として紙の上で議論するときには，上記のような λ 項の構文が扱いやすいが，計算機上でソフトウェアによって操作するときには必ずしも扱いやすいわけではない．上記のような λ 項の定義の他に，**デブルーイン記法**(de Bruijn notation)と呼ばれる表現法がある．$\lambda x.$ と束縛変数 x との間の繋がりを変数名で表現するのではなく，「束縛変数から外側へたどっていって，いくつめの λ が対応する λ 抽象なのか」という順番に関する情報を変数名の代わりに利用するのである．例えば，

$$\lambda z.\lambda x.(\lambda y.fxy)x$$

という λ 項を考えてみよう．fxy の x はどのように表されるだろうか．内側からたどって 0 番目の λ は $\lambda y.$ で，1 番目の λ が $\lambda x.$ であり，これが今着目している x を束縛する λ であるから，この x は 1 と表す．また，fxy の y は内側からたどって 0 番目の λ に束縛されているから，0 となる．そして，変数 x の最後の出現は，$\lambda x.$ が x から外側にたどっていって 0 番目の λ であるので，0 となる．よって，デブルーイン記法では，上記の λ 項は λ の直後の束縛変数とドットも省略して以下のように記述される．

$$\lambda\lambda(\lambda f10)0$$

このように表現すると，α 同値である λ 項はちょうど一通りに表すことができるので，α 変換や α 同値という概念は不要となるし，変数規約なども課さなくてもよくなり，ソフトウェアで扱いやすくなる．

5.2 簡 約

ここでは簡約という書き換えについて説明する．

(a) β 簡約

λ 式 $(\lambda(x)2^x)(3)$ を 2^3 と等しいと考え，$(\lambda(x)2^x)(3)$ をより簡単な式である

2^3 へ書き換えた．そして，さらに簡単な式である 8 に書き換え，計算を簡単な式への書き換えであると考えることを紹介した．λ 計算でも

$$(\lambda x.M)N$$

という λ 項があったら，M における x の自由な出現を N に置き換えた λ 項

$$M[x{:=}N]$$

に等しいと考える．すなわち，$(\lambda x.M)N$ をより簡単な項である $M[x{:=}N]$ に書き換える．この書き換えを**簡約**(reduction)，特に，**β 簡約**(β-reduction)という．簡約の対象となる λ 項の一部分に $(\lambda x.M)N$ が現れていたら，それを $M[x{:=}N]$ に置き換える操作も β 簡約と呼ぶ．M が M' に β 簡約されるとき，

$$M{\rightarrow_\beta}M'$$

と書く．β 簡約で書き換えられる場所を **β レデックス**または β 基(β-redex)と呼ぶ．

本書では，「β レデックス」という言葉は，λ 項ではなく λ 項の出現を意味する．すなわち，$(\lambda x.M)N$ という形の λ 項が現れる場所を意味するのである．

$$((\lambda x.x)y)((\lambda x.x)y)$$

という λ 項について，「β レデックスは？」と問われたら，「二か所現れる」と答えるべきであり，「(($(\lambda x.x)y$) が)一個」ではない．(注意)ちなみに，前述の変数規約に基づくと，本当は，この λ 項を $((\lambda x.x)y)((\lambda x'.x')y)$ とみなすべきである．

簡約の例を紹介する．

$$(\lambda x.xx)(\lambda y.y){\rightarrow_\beta}(\lambda y.y)(\lambda y.y){\rightarrow_\beta}\lambda y.y$$

この例の右端の $\lambda y.y$ のように，もうこれ以上，β 簡約をすることができない形の λ 項を **β 正規形**(β-normal form)と呼ぶ．他種の簡約の正規形と混乱がない場合は，単に**正規形**ということもある．また，M を簡約し正規形に至っ

たとき，その正規形を M の正規形と呼ぶ．ただ，λ 項を β 簡約すると必ずしも β 正規形になるわけではない．例えば，

$$(\lambda x.xx)(\lambda x.xx) \to_\beta (\lambda x.xx)(\lambda x.xx) \to_\beta (\lambda x.xx)(\lambda x.xx) \to_\beta \cdots$$

というように，何回 β 簡約を行っても β 正規形にならないものもある．ちなみに，この λ 項 $\lambda x.xx$ には「Ω」という名前が付けられている．

このように，上であげたような $M_1 \to_\beta M_2 \to_\beta M_3 \cdots$ という β 簡約で連なる λ 項の列のことを **β 簡約列**（β-reduction sequence）と呼ぶ．β 簡約列は，有限列のこともあれば，無限列になることもある．有限列の場合，右端の λ 項は，β 正規形であってもよいし，β 正規形でなくてもよい．

一つの λ 項の中には，β レデックスが複数ある場合もある．そのような場合には，β 簡約のしかたが複数通りありうる．$(\lambda x.\lambda y.x)(\lambda x.x)\Omega$ という λ 項の β 簡約を考えてみる．Ω の内部にある β レデックスだけを β 簡約していくと，

$$(\lambda x.\lambda y.x)(\lambda x.x)\Omega \to_\beta (\lambda x.\lambda y.x)(\lambda x.x)\Omega \to_\beta \cdots$$

というふうになる．一方，一番左に現れる β レデックスを β 簡約していくと，

$$(\lambda x.\lambda y.x)(\lambda x.x)\Omega \to_\beta (\lambda y.(\lambda x.x))\Omega \to_\beta \lambda x.x$$

となり，β 正規形に到達する．

ここまでの β 簡約の定義は，直感に訴えるものであり，あまり形式的に定義されたものではなかった．β 簡約の形式的な定義にはいくつかのやりかたがある．一つは文脈という概念を使って定義する方法であり，上記の直感的定義を形式化したものといえる．

λ 項の**文脈**（context）とは，以下のように BNF 記法により定義されるものである．文脈は $C[\,]$ と書かれる．

$$C[\,] ::= [\,] \mid (M\ C[\,]) \mid (C[\,]\ M) \mid \lambda x.C[\,]$$

$[\,]$ を**穴**（hole）と呼ぶ．直感的に説明すると，文脈とは，λ 項の部分項の出現のうちの一か所だけが穴 $[\,]$ に置き換わったものである．そのことから，「文脈」

を「穴あき項」と呼ぶこともある．文脈 $C[\,]$ と λ 項 M に対して，$C[M]$ と書くと，これは $C[\,]$ の中の穴 $[\,]$ を M に置き換えて得られる λ 項を表す．

文脈を用いた β 簡約の定義　文脈 $C[\,]$ と項 M に対し，次のように定義される λ 項の間の二項関係を β 簡約と呼ぶ．

$$C[(\lambda x.M)N] \to_\beta C[M[x:=N]]$$

例えば，$\lambda x.x((\lambda y.y)x) \to_\beta \lambda x.xx$ は，$C[\,]$ を $\lambda x.(x[\,])$ とし M を $(\lambda y.y)x$ とすれば，上の定義にあてはまる．

文脈を用いる定義の他に，帰納的定義による方法もある．

規則を用いた帰納的定義による β 簡約の定義　次の四つの規則から導かれる λ 項の間の二項関係を β 簡約と呼ぶ．

$$\frac{}{(\lambda x.M)N \to_\beta M[x:=N]}\ \textbf{Beta}$$

$$\frac{M \to_\beta M'}{MN \to_\beta M'N}\ \textbf{AppL} \qquad \frac{N \to_\beta N'}{MN \to_\beta MN'}\ \textbf{AppR} \qquad \frac{M \to_\beta M'}{\lambda x.M \to_\beta \lambda x M'}\ \textbf{Lam}$$

例えば，$\lambda x.x((\lambda y.y)x) \to_\beta \lambda x.xx$ は，

$$\frac{\dfrac{\dfrac{}{(\lambda y.y)x \to_\beta x}\ \textbf{Beta}}{x((\lambda y.y)x) \to_\beta xx}\ \textbf{AppR}}{\lambda x.x((\lambda y.y)x) \to_\beta \lambda x.xx}\ \textbf{Lam}$$

というふうに導かれる．すなわち，上の規則のみを用いて $M \to_\beta N$ が導かれるときに限り，$M \to_\beta N$ が成り立つと定義する．

二項関係 $\to_\beta$ の反射推移閉包を $\overset{*}{\to}_\beta$ と書く．また，二項関係 $\to_\beta$ の反射推移対称閉包を $=_\beta$ と書く．例えば，$M \overset{*}{\to}_\beta M$ と $M =_\beta M$ が任意の λ 項 M に対して成り立つ．

また，$M_1 \to_\beta M_2$ かつ $M_2 \to_\beta M_3$ ならば，$M_1 \overset{*}{\to}_\beta M_3$ が成り立つ．$M_1 \to_\beta M_2$ かつ $M_3 \to_\beta M_2$ ならば，$M_1 \overset{*}{\to}_\beta M_3$ は成り立たないが，$M_1 =_\beta M_3$ は成り立つ．

$=_\beta$ は反射推移対称閉包として定義されたので，明らかに同値関係である．

ここで，いくつかの疑問が生じる．例えば，二つの λ 項 M と N が与えられたとき，これらに対して，$M \overset{*}{\to}_\beta N$ や $M =_\beta N$ が成り立つかどうかは，一般に判定可能であるだろうか．さらにもっと根源的な疑問がある．任意の λ 項 M と N に対して，二項関係 $=_\beta$ が成り立ってしまうことはないだろうか．もし，そうだとすると $=_\beta$ という二項関係は無意味になってしまう．このような疑問に答えるのがチャーチ-ロッサーの定理(Church–Rosser theorem)であるが，それはひとまず置いておいて，β 簡約の例を付けくわえておきたい．

(b) β 簡約の例

チャーチの数字

自然数 n に対して，

$$\lambda f.\lambda x.\ \underbrace{f(f(\cdots(f}_{n\text{ 個の }f}\ x)\cdots))$$

という λ 項を，n に対応する**チャーチの数字**(Church numeral)と呼び，本書では，$\overline{n}$ で表すことにする．すると，

$$succ = \lambda n.\lambda f.\lambda x.f(n\ f\ x)$$

と置くと，

$$succ\,\overline{n} =_\beta \overline{n+1}$$

が成り立つ．例えば，

$$\begin{aligned}
succ\ \overline{3} &= (\lambda n.\lambda f.\lambda x.f(nfx))(\lambda f.\lambda x.f(f(fx))) \\
&\to_\beta \lambda f'.\lambda x'.f'((\lambda f.\lambda x.f(f(fx)))\ f'\ x') \\
&\to_\beta \lambda f'.\lambda x'.f'((\lambda x.f'(f'(f'x)))\ x') \\
&\to_\beta \lambda f'.\lambda x'.f'(f'(f'(f'x'))) \\
&= \overline{4}
\end{aligned}$$

となる．さらに，

$$add = \lambda m.\lambda n.\lambda f.\lambda x.nf(mfx)$$

$$mul = \lambda m.\lambda n.\lambda f.\lambda x.n(mf)x$$

と置くと，

$$add\ \overline{m}\ \overline{n} \xrightarrow{*}_\beta \overline{m+n}$$

$$mul\ \overline{m}\ \overline{n} \xrightarrow{*}_\beta \overline{mn}$$

が成り立つ．

λ 項

$$ack = \lambda m.\lambda n.\ m\ (\lambda f.\lambda m.f(mf(\lambda f.\lambda x.fx)))(\lambda m.\lambda f.\lambda x.f(mfx))n$$

とする．これは，第 4 章の章末問題 4.3 の関数 ack を表している．すなわち，

$$ack\ \overline{m}\ \overline{n} =_\beta \overline{ack(m,n)}$$

となる(章末問題 5.4)．

論理演算と対

5.1 節(b)で，真と偽が λ 式で表現できることを紹介した．真と偽を λ 項で表現すると以下のようになる．

$$true = \lambda x.\lambda y.x$$

$$false = \lambda x.\lambda y.y$$

条件式は

$$\textbf{if}\ L\ \textbf{then}\ M\ \textbf{else}\ N = LMN$$

と定義できる．そうすると，

$$\textbf{if}\ true\ \textbf{then}\ M\ \textbf{else}\ N \xrightarrow{*}_\beta M$$

$$\textbf{if}\ false\ \textbf{then}\ M\ \textbf{else}\ N \xrightarrow{*}_\beta N$$

を満たす．この条件式は一種の省略形であるが，条件式を作る演算子 if を λ

項として定義することもできる．

$$\mathit{if} = \lambda f.\lambda x.\lambda y.fxy$$

これは

$$\mathit{if}\ L\ M\ N \xrightarrow{*}_{\beta} \textbf{if}\ L\ \textbf{then}\ M\ \textbf{else}\ N$$

を満たす．*true*，*false*，*if* もしくは **if** ⋯ **then** ⋯ **else** ⋯ を組み合わせれば，連言 *and*，選言 *or*，否定 *not* を表すことができる．

M と N との**対**(pair)を表すには，

$$(M, N) = \lambda z.\ \textbf{if}\ z\ \textbf{then}\ M\ \textbf{else}\ N$$

と定義し，対の第一成分を取り出す演算子 *first*，第二成分を取り出す演算子 *second* を，λ 項として以下のように定義する．

$$\mathit{first} = \lambda p.\ p\ \mathit{true}$$
$$\mathit{second} = \lambda p.\ p\ \mathit{false}$$

そうすると，

$$\mathit{first}(M, N) \xrightarrow{*}_{\beta} \mathit{true}\ M\ N \xrightarrow{*}_{\beta} M$$
$$\mathit{second}(M, N) \xrightarrow{*}_{\beta} \mathit{false}\ M\ N \xrightarrow{*}_{\beta} N$$

対を構成する演算子を λ 項として定義すると以下のとおりである．

$$\mathit{pair} = \lambda x.\lambda y.\lambda z.zxy$$

不動点演算子

λ 項 Y を

$$Y = \lambda f.(\lambda x.f(xx))(\lambda x.f(xx))$$

と置く．すると任意の λ 項 M に対して，

$$\begin{aligned} YM &= (\lambda f.(\lambda x.f(xx))(\lambda x.f(xx)))M \\ &\to_\beta (\lambda x.M(xx))(\lambda x.M(xx)) \\ &\to_\beta M((\lambda x.M(xx))(\lambda x.M(xx))) \end{aligned}$$

である．一方，$M(YM)$ の YM の部分を β 簡約すると

$$M(YM) \to_\beta M(\lambda x.M(xx))(\lambda x.M(xx))$$

を得る．よって，

$$YM =_\beta M(YM)$$

となる．一般に，$MN =_\beta N$ となるλ項 N をλ項 M の**不動点**(fixed point)という．λ項 YM は M の不動点となることから，Y を**不動点演算子**(fixed point operator)という．

不動点演算子 Y を用いることにより，再帰的関数をλ項によって表現することができる．すなわち，

$$f\ x = \cdots f \cdots x \cdots$$

という再帰的定義に対して，その右辺を加工して，

$$\lambda f.\lambda x.\cdots f \cdots x \cdots$$

というλ項を考える．その不動点

$$Y(\lambda f.\lambda x.\cdots f \cdots x \cdots)$$

を F とすると，任意のλ項 M に対して，

$$FM =_\beta \cdots F \cdots M \cdots$$

が成り立つ．例えば，

$$\begin{aligned} M_{body} &= \lambda f.\lambda x.\mathit{if}(x(\lambda y.\mathit{false})\mathit{true})\ \overline{1}\ (\mathit{mul}\ \ x\ \ (f\ \ (\mathit{pred}\ \ x))) \\ \mathit{pred} &= \lambda n.\lambda f.\lambda x.\mathit{second}(n(\lambda p.(f(\mathit{first}\ p), \mathit{first}\ p))(x, x)) \end{aligned}$$

という λ 項を考えると，階乗関数 *fact* は $fact = Y M_{body}$ と定義できる．$(\lambda x.M_{body}(x\ x))(\lambda x.M_{body}(x\ x))$ を $fact'$ と置くと，

$$fact \xrightarrow{*}_{\beta} fact' \xrightarrow{*}_{\beta} M_{body} fact'$$

を満たす．よって，$fact\ \overline{3}$ は

$$fact\ \overline{3} \xrightarrow{*}_{\beta} M_{body}\ fact'\ \overline{3} \xrightarrow{*}_{\beta} if\,(iszero\ \overline{3})\ \overline{1}\ (mul\ \ \overline{3}\ (fact'(pred\ \ \overline{3})))$$
$$\xrightarrow{*}_{\beta} mul\ \ \overline{3}\ (fact'\ \overline{2})$$

というふうに β 簡約される．再帰的な計算が実現されていることがわかる．

ただ，不動点演算子は上記の Y だけではない．例えば，チューリングによる次のような不動点演算子 Θ もある（章末問題 5.8 を参照せよ）．

$$\Theta = (\lambda x.\lambda y.y(xxy))(\lambda x.\lambda y.y(xxy))$$

(c) チャーチ-ロッサーの定理

チャーチ-ロッサーの定理（Church–Rosser theorem）は以下のような定理である．

定理 5.1 λ 項 M, M_1, M_2 に対して，$M \xrightarrow{*}_{\beta} M_1$ かつ $M \xrightarrow{*}_{\beta} M_2$ ならば，$M_1 \xrightarrow{*}_{\beta} M'$ と $M_2 \xrightarrow{*}_{\beta} M'$ を満たす M' が存在する． □

$$\begin{array}{ccccccccc} & M & & & & & & & \\ {}^{*}\swarrow_{\beta} & & {}_{\beta}\searrow^{*} & & & & & & \\ M_1 & & M_2 & \Longrightarrow & M_1 & & & & M_2 \\ & & & & & {}_{\beta}\searrow^{*} & & {}^{*}\swarrow_{\beta} & \\ & & & & & & {}^{\exists}M' & & \end{array}$$

チャーチ-ロッサーの定理の証明は後ほど行うこととして，まずチャーチ-ロッサーの定理から導かれることについて述べよう．

チャーチ-ロッサーの定理により，次の定理が成り立つ．

定理 5.2 λ 項 M_1, M_2 に対して，$M_1 =_{\beta} M_2$ ならば，$M_1 \xrightarrow{*}_{\beta} M'$ かつ $M_2 \xrightarrow{*}_{\beta} M'$ を満たす M' が存在する． □

$M_1 =_{\beta} M_2$ が成り立つというのは，下の図の左側のような状況にあることで

ある．チャーチ-ロッサーの定理により，右側のようにできるので，この定理は成り立つ．

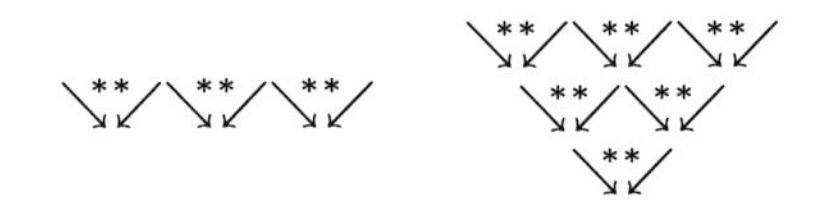

この定理は「N が β 正規形のとき，$M =_\beta N$ ならば $M = N$ である」という性質を導き，系 5.3 が得られる．また，「……」の対偶として系 5.4 を得る．

系 5.3　M の β 正規形 N が存在するならば，一意的に定まり，$M \overset{*}{\to}_\beta N$ となる．□

系 5.4　M と N とを β 正規形とする．M と N とが異なれば，$M =_\beta N$ が成り立たない．□

β 正規形である λ 項は二個以上存在するので，「任意の λ 項 M, N に対して，$M =_\beta N$ が成り立つ」ことはない．

(d)　チャーチ-ロッサーの定理の証明

λ 計算の β 簡約において，チャーチ-ロッサーの定理の証明は容易ではない．その理由の一つとして，「$M \to M_1$ かつ $M \to M_2$ ならば，$M_1 \to M'$ かつ $M_2 \to M'$ を満たす M' が存在する」という性質(ダイヤモンド性)が成り立たないことが考えられる．もしダイヤモンド性が成り立てば，次のようにチャーチ-ロッサー性(もしくは合流性)は容易に導かれる．

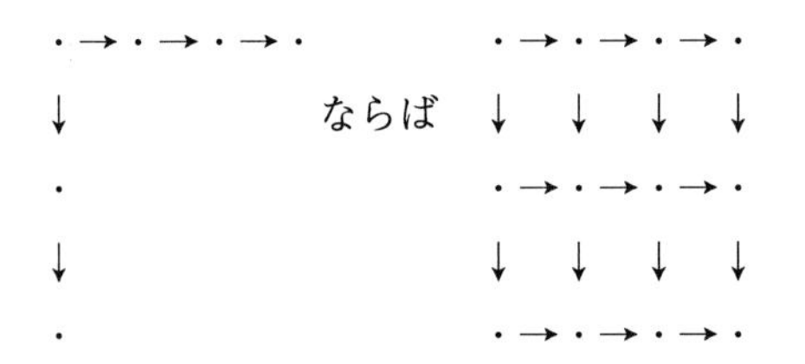

しかし，β 簡約 $\to_\beta$ ではダイヤモンド性は成り立たない．例えば，

$$(\lambda z.fzzz)((\lambda x.x)(\lambda x.x))$$

という λ 項は，左端の β レデックスに対して β 簡約を行うと，

$$f((\lambda x.x)(\lambda x.x))((\lambda x.x)(\lambda x.x))((\lambda x.x)(\lambda x.x))$$

となる．前者の λ 項の β レデックスは二つであるが，後者は三つとなって増えており，β 簡約においてはダイヤモンド性が成り立っていないことがわかる．

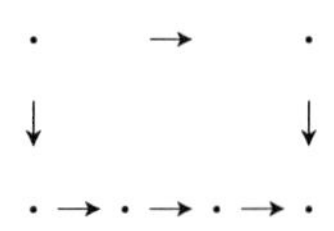

β 簡約はダイヤモンド性を満たさないので，その代わりに，ダイヤモンド性を満たすような "β 簡約の改良版" である**並列簡約**(parallel reduction) を考える．並列簡約 $M \Rightarrow_\beta N$ は以下の規則より帰納的に定義される．

$$\frac{}{x \Rightarrow_\beta x}\ \textbf{ParVar} \qquad \frac{M \Rightarrow_\beta M' \quad N \Rightarrow_\beta N'}{(MN) \Rightarrow_\beta (M'N')}\ \textbf{ParApp}$$

$$\frac{M \Rightarrow_\beta M'}{\lambda x.M \Rightarrow_\beta \lambda x.M'}\ \textbf{ParLam}$$

$$\frac{M \Rightarrow_\beta M' \quad N \Rightarrow_\beta N'}{(\lambda x.M)N \Rightarrow_\beta M'[x := N']}\ \textbf{ParBeta}$$

$M \xrightarrow{*}_\beta M'$ の過程においては，M に初めから出現する β レデックスだけではなく，β 簡約の結果発生する β レデックスが β 簡約されることもありうる．それに対して，$M \Rightarrow_\beta M'$ においては，M に初めから出現する β レデックスだけが β 簡約される．例えば，$(\lambda x.xx)(\lambda y.y) \xrightarrow{*}_\beta \lambda y.y$ は成り立つが，$(\lambda x.xx)(\lambda y.y) \Rightarrow_\beta \lambda y.y$ は成り立たない．並列簡約は反射的である．すなわち $M \Rightarrow_\beta M$ が成り立つ．このことは $\Rightarrow_\beta$ の構造に関する帰納法により示すことができる．

次の性質は，並列簡約が $\rightarrow_\beta$ よりも大きく $\xrightarrow{*}_\beta$ よりも小さい関係であることを示したものである．

命題 5.5　任意の λ 項 M, M' に対して

(1) $M \rightarrow_\beta M'$ ならば，$M \Rightarrow_\beta M'$ である．

(2) $M \Rightarrow_\beta M'$ ならば，$M \xrightarrow{*}_\beta M'$ である．　□

前者の性質は，$\rightarrow_\beta$ の構造に関する帰納法により証明すればよい．後者の性

質は，$\Rightarrow_\beta$ の構造に関する帰納法により証明すればよい(構造に関する帰納法に関しては，補題 5.6 を参照)．

並列簡約でダイヤモンド性が成り立つのは，直感的には明らかである．$M \Rightarrow_\beta M_1$ と $M \Rightarrow_\beta M_2$ を仮定する．M_1, M_2，いずれも，M にもとから現れる β レデックスを β 簡約して得られる λ 項である．したがって，$M_1 \Rightarrow_\beta M'$ と $M_2 \Rightarrow_\beta M'$ を満たすような M' として，M に現れる β レデックスをすべて β 簡約して得られる λ 項をとればよいのである．

M に現れる β レデックスをすべて β 簡約して得られる λ 項を M^* と書くこととする．M^* は以下のように帰納的に定義することができる．

$$x^* = x$$
$$(\lambda x.M)^* = \lambda x.M^*$$
$$((\lambda x.M)N)^* = M^*[x := N^*]$$
$$(LN)^* = (L^* N^*)$$

ただし，最後の式の L は，λ 抽象以外の λ 項とする．

これを用いると，並列簡約のダイヤモンド性を導くことができる．

補題 5.6　$M \Rightarrow_\beta M'$ ならば，$M' \Rightarrow_\beta M^*$ である．このことから，$\Rightarrow_\beta$ のダイヤモンド性が成り立つ．すなわち，$M \Rightarrow_\beta M_1$，かつ，$M \Rightarrow_\beta M_2$ ならば，$M_1 \Rightarrow_\beta M'$，かつ，$M_2 \Rightarrow_\beta M'$ を満たす M' が存在する．

[証明]　$M \Rightarrow_\beta M'$ の構造に関する帰納法により証明する($M \Rightarrow_\beta M'$ を導くために使われる規則の数に関する帰納法といってもよい)．$M \Rightarrow_\beta M'$ を導く最後の規則に関して場合分けを行う．最後の規則の前提が $N \Rightarrow_\beta N'$ という形をしていたら，帰納法の仮定を用いることができる．すなわち，この補題では，$N' \Rightarrow_\beta N^*$ を仮定することができる．

(i) **ParVar** の場合．$M = M' = M^* = x$ となり明らか．(ii) **ParApp** の場合．$M = M_1 M_2$, $M' = M'_1 M'_2$, $M_1 \Rightarrow_\beta M'_1$, $M_2 \Rightarrow_\beta M'_2$ と仮定する．M_1 の形により場合分けを行う．$M_1 = \lambda x.M_0$ のとき，**ParLam** より，$M'_1 = \lambda x.M'_0$, $M_0 \Rightarrow_\beta M'_0$ を得る．帰納法の仮定より，$M'_0 \Rightarrow_\beta M^*_0$ と $M'_2 \Rightarrow_\beta M^*_2$ を得る．**Par Beta** より，$M_1 M_2 = (\lambda x.M_0) M_2 \Rightarrow_\beta M^*_0[x := M^*_2] = (M_1 M_2)^*$．$M_1$ が λ 抽象でないとき，帰納法の仮定より，$M'_1 \Rightarrow_\beta M^*_1$, $M'_2 \Rightarrow_\beta M^*_2$ を得る．**ParApp** と

$*$ の定義より，$M'=M_1'M_2' \Rightarrow_\beta M_1^*M_2^*=M^*$ が導かれる．(iii) **ParLam** の場合．**ParApp** の場合と同様にして示すことができる．(iv) **ParBeta** の場合．$M=(\lambda x.M_1)M_2$, $M'=M_1'[x:=M_2']$, $M_1 \Rightarrow_\beta M_1'$, $M_2 \Rightarrow_\beta M_2'$ と仮定する．帰納法の仮定により，$M_1' \Rightarrow_\beta M_1^*$, $M_2' \Rightarrow_\beta M_2^*$ を得る．以下の命題 5.7 が成り立つので，$M'=M_1'[x:=M_2'] \Rightarrow_\beta M_1^*[x:=M_2^*]=M^*$ が成り立ち，この補題は証明された． ■

命題 5.7 $L \Rightarrow_\beta L'$ かつ $N \Rightarrow_\beta N'$ ならば，$L[x:=N] \Rightarrow_\beta L'[x:=N']$ が成り立つ． □

この命題 5.7 は，L の構造に関する帰納法により証明できる(章末問題 5.9)．

以下のようにすれば，並列簡約のダイヤモンド性(補題 5.6)から，β 簡約のチャーチ-ロッサー性(定理 5.1)を導くことができる．

[定理 5.1 の証明] $M \overset{*}{\to}_\beta M_1$, $M \overset{*}{\to}_\beta M_2$ と仮定する．命題 5.5(1)より，$M \Rightarrow_\beta{}^* M_1$, $M \Rightarrow_\beta{}^* M_2$ が成り立つ．そして，並列簡約のダイヤモンド性(補題 5.6)より，$M_1 \Rightarrow_\beta{}^* M'$, $M_2 \Rightarrow_\beta{}^* M'$ を満たす M' が存在し，命題 5.5(2)より，$M_1 \overset{*}{\to}_\beta M'$, $M_2 \overset{*}{\to}_\beta M'$ が成り立つ．よって，定理 5.1 は示された． ■

(e) 標準化

λ 項 M_1 から M_n に至る β 簡約列

$$M_1 \to_\beta M_2 \to_\beta \cdots \to_\beta M_n$$

は必ずしも一通りに決まるわけではない．しかし，ある標準的な β レデックスの選び方のもとでの標準的な簡約列を構成することができることが知られていて，その性質は標準化定理と呼ばれる．本項では，標準化定理を紹介する．

「標準的な簡約列」の概念から説明していく．

M の左から数えて n 番目に出現する β レデックスを β 簡約して N を得るとき，$M \to_\beta^n N$ と書くこととする．帰納的に定義すると次のようになる．

$$\frac{}{(\lambda x.M)N \to_\beta^1 M[x:=N]} \qquad \frac{M \to_\beta^n M'}{\lambda x.M \to_\beta^n \lambda x.M'}$$

$$\frac{M \to_\beta^n M' \quad M \text{ は}\lambda\text{抽象ではない}}{MN \to_\beta^n M'N} \qquad \frac{M \to_\beta^n M' \quad M \text{ は}\lambda\text{抽象}}{MN \to_\beta^{n+1} M'N}$$

$$\frac{N \to_\beta^n N' \quad M \text{ は λ 抽象ではない}}{MN \to_\beta^{r(M)+n} MN'} \qquad \frac{N \to_\beta^n N' \quad M \text{ は λ 抽象}}{MN \to_\beta^{r(M)+n+1} MN'}$$

ただし，$r(M)$ は M に出現する β レデックスの個数を表す．$C[(\lambda x.M)N] \to_\beta C[M[x{:=}N]]$ ならば，文脈 $C[\ ]$ に対して，$M \to_\beta^n N$ を満たす正の整数 n が一通りに決まる．

$M_0 \to_\beta M_1 \to_\beta \cdots \to_\beta M_m$ が**標準簡約列**(standard reduction sequence)であるとは，直感的に説明すると，M_i で β 簡約した β レデックスは $M_j (i<j)$ で β 簡約される β レデックスよりも必ず左にあるということである．$\to_\beta^n$ を用いて表現すると，β 簡約列 $M_0 \to_\beta M_1 \to_\beta \cdots \to_\beta M_m$ に対応する

$$M_0 \to_\beta^{n_1} M_1 \to_\beta^{n_2} \cdots \to_\beta^{n_m} M_m$$

において，

$$n_1 \leqq n_2 \leqq \cdots \leqq n_m$$

が成り立つということになる．

$M \to_\beta^1 N$ を**最左 β 簡約**(left-most　β-reduction)と呼び，$M \to_{l\beta} N$ と書く．標準簡約列 $M_0 \to_\beta^{n_1} M_1 \to_\beta^{n_2} \cdots \to_\beta^{n_m} M_m$ の最後の λ 項 M_m が β 正規形であるならば，その β 簡約はすべて最左 β 簡約であることがいえる．なぜならば，$n_m{=}1$ となるので，標準簡約列の定義から，$n_1{=}n_2{=}\cdots{=}n_m{=}1$ となるからである．

次に，証明がうまくいくようにするために，標準簡約列 $M_0 \to_\beta^{n_1} \cdots \to_\beta^{n_m} M_m$ が存在するということに対して，規則を用いた帰納的な定義を与える．上のような標準簡約列があることを $M_0 \twoheadrightarrow_{st} M_m$ と書き，$\twoheadrightarrow_{st}$ の帰納的定義を与える．$\twoheadrightarrow_{wh}$ という関係も補助的に必要となるので併せて定義を与える．

$$\frac{}{(\lambda x.M)N \twoheadrightarrow_{wh} M[x := N]}\ \textbf{WHBeta} \qquad \frac{M \twoheadrightarrow_{wh} M'}{MN \twoheadrightarrow_{wh} M'N}\ \textbf{WHAppL}$$

$$\frac{}{M \twoheadrightarrow_{wh} M}\ \textbf{WHRef} \qquad \frac{M \twoheadrightarrow_{wh} M' \quad M' \twoheadrightarrow_{wh} M''}{M \twoheadrightarrow_{wh} M''}\ \textbf{WHTrans}$$

$$\frac{L \twoheadrightarrow_{wh} x}{L \twoheadrightarrow_{st} x}\ \textbf{STVar} \qquad \frac{L \twoheadrightarrow_{wh} MN \quad M \twoheadrightarrow_{st} M' \quad N \twoheadrightarrow_{st} N'}{L \twoheadrightarrow_{st} M'N'}\ \textbf{STApp}$$

$$\frac{L \twoheadrightarrow_{wh} \lambda x.M \quad M \twoheadrightarrow_{st} M'}{L \twoheadrightarrow_{st} \lambda x.M'} \ \textbf{STLam}$$

規則 **WHRef** と規則 **WHTrans** を抜いて，規則 **WHAppL** と規則 **WHBeta** のみから定義される簡約を**弱頭部簡約**(weak head reduction)と呼び，$M \to_{wh} N$ と書く．$\twoheadrightarrow_{wh}$ は，弱頭部簡約の反射推移閉包 $\to^{*}_{wh}$ と一致する．

$\twoheadrightarrow_{st}$ の構造に関する帰納法により，次を示すことができる．

命題 5.8 λ 項 M, N に対して，$M \twoheadrightarrow_{st} N$ ならば，標準簡約列 $M \to_{\beta} \cdots \to_{\beta} N$ が存在する． □

$\twoheadrightarrow_{wh}$ に関して次のような性質が成り立つ．

命題 5.9 $M \twoheadrightarrow_{wh} M'$ ならば，$M[x{:=}P] \twoheadrightarrow_{wh} M'[x{:=}P]$． □

これは，$M \twoheadrightarrow_{wh} M'$ の構造に関する帰納法により証明される．

また，$\twoheadrightarrow_{st}$ に関して次のような性質が成り立つ．

命題 5.10

(1) $M \twoheadrightarrow_{st} M$．

(2) $L \twoheadrightarrow_{wh} M \twoheadrightarrow_{st} N$ ならば，$L \twoheadrightarrow_{st} N$．

(3) $M \twoheadrightarrow_{st} M'$ かつ $P \twoheadrightarrow_{st} Q$ ならば $M[x{:=}P] \twoheadrightarrow_{st} M'[x{:=}Q]$．

［証明］ (1)については，M の構造に関する帰納法により容易に証明できる．(2)については，$M \twoheadrightarrow_{st} N$ を導く規則に関して場合分けを用いて容易に証明できる．ちなみに「$L \twoheadrightarrow_{wh} M \twoheadrightarrow_{st} N$ ならば……」という文は，「$L \twoheadrightarrow_{wh} M$ かつ $M \twoheadrightarrow_{st} N$ ならば……」という文の略記である．

(3)は，$M \twoheadrightarrow_{st} M'$ の構造に関する帰納法による．(i) $M \twoheadrightarrow_{st} x (=M')$ の場合．$M \twoheadrightarrow_{wh} x$ であるので，命題 5.9 を適用して，$M[x{:=}P] \twoheadrightarrow_{wh} x[x{:=}P] = P \twoheadrightarrow_{st} Q$．(2)から，$M[x{:=}P] \twoheadrightarrow_{st} Q$．すなわち $M[x{:=}P] \twoheadrightarrow_{st} M'[x{:=}Q]$．(ii) $M \twoheadrightarrow_{st} y (=M', \neq x)$ の場合．$M \twoheadrightarrow_{wh} y$ であるので，命題 5.9 より，$M[x{:=}P] \twoheadrightarrow_{wh} y[x{:=}P] = y$．規則 **STVar** より，$M[x{:=}P] \twoheadrightarrow_{st} y$．$y = y[x{:=}Q]$ であるから，$M[x{:=}P] \twoheadrightarrow_{st} y[x{:=}Q]$，すなわち，$M[x{:=}P] \twoheadrightarrow_{st} M'[x{:=}Q]$．(iii) $M \twoheadrightarrow_{st} M'_1 M'_2 (=M')$ の場合．規則 **STApp** より，$M \twoheadrightarrow_{wh} M_1 M_2$，$M_1 \twoheadrightarrow_{st} M'_1$，$M_2 \twoheadrightarrow_{st} M'_2$ を満たす M_1, M_2 が存在する．命題 5.9 より，$M[x{:=}P] \twoheadrightarrow_{wh} (M_1 M_2)[x{:=}P]$ が成り立つ．帰納法の仮定より，$M_1[x{:=}P] \twoheadrightarrow_{st} M'_1[x{:=}Q]$，$M_2[x{:=}P] \twoheadrightarrow_{st} M'_2[x{:=}Q]$．規則 **STApp** より，$M[x{:=}P] \twoheadrightarrow_{st} (M'_1 M'_2)[x{:=}Q]$，す

なわち，$M[x{:=}P] \twoheadrightarrow_{st} M'[x{:=}P]$ がいえる．(iv) $M \twoheadrightarrow_{st} \lambda y.M'_0 (=M')$ の場合も同様. ■

これらの性質から次の命題が示される．これは，その次の補題の一部となる．

命題 5.11　$L \twoheadrightarrow_{st} (\lambda x.M)N$ ならば，$L \twoheadrightarrow_{st} M[x{:=}N]$.

[証明]　規則 **STApp** より，$L \twoheadrightarrow_{wh} L_1 L_2$, $L_1 \twoheadrightarrow_{st} \lambda x.M$, $L_2 \twoheadrightarrow_{st} N$．さらに，規則 **STLam** より，$L_1 \twoheadrightarrow_{wh} \lambda x.L_0$, $L_0 \twoheadrightarrow_{st} M$．規則 **WHAppL** より，$L_1 L_2 \twoheadrightarrow_{wh} (\lambda x.L_0) L_2$．**WHBeta** より，$(\lambda x.L_0) L_2 \twoheadrightarrow_{wh} L_0[x{:=}L_2]$．**WHTrans** を二回適用して，$L \twoheadrightarrow_{wh} L_0[x{:=}L_2]$．命題 5.10 の(3)より，$L_0[x{:=}L_2] \twoheadrightarrow_{st} M[x{:=}N]$．命題 5.10 の(2)より，$L \twoheadrightarrow_{st} M[x{:=}N]$．命題 5.11 は証明された. ■

次の補題が標準簡約列の存在を示すための，要となる定理である．

補題 5.12　$L \twoheadrightarrow_{st} M \to_\beta N$ ならば，$L \twoheadrightarrow_{st} N$.

[証明]　$M \to_\beta N$ の構造に関する帰納法により証明する．**Beta** の場合は，命題 5.11，そのものである．**AppL** の場合．$M=M_1 M_2$, $N=N_1 M_2$, $M_1 \to_\beta N_1$ を満たす M_1, M_2, N_1, N_2 が存在すると仮定できる．規則 **STApp** より，L_1, L_2 が存在して，$L \twoheadrightarrow_{wh} L_1 L_2$, $L_1 \twoheadrightarrow_{st} M_1$, $L_2 \twoheadrightarrow_{st} M_2$ が成り立つ．帰納法の仮定より，$L_1 \twoheadrightarrow_{st} N_1$．規則 **STApp** より，$L \twoheadrightarrow_{st} N_1 M_2$，すなわち，$L \twoheadrightarrow_{st} N$ を得る．**AppR** の場合は同様である．**Lam** の場合．$M=\lambda x.M_0$, $N=\lambda x.N_0$, $M_0 \to_\beta N_0$ を満たす M_0, N_0 が存在すると仮定できる．規則 **STLam** より，L_0 が存在して，$L \twoheadrightarrow_{wh} \lambda x.L_0$, $L_0 \twoheadrightarrow_{st} M_0$ が成り立つ．帰納法の仮定より，$L_0 \twoheadrightarrow_{st} N_0$．規則 **STLam** によって，$L \twoheadrightarrow_{st} \lambda x.N_0$，すなわち，$L \twoheadrightarrow_{st} N$．以上により，補題 5.12 は証明された. ■

以上の性質を用いて，次の**標準化定理**(standardization theorem)が証明される．

定理 5.13　$M \xrightarrow{*}_\beta N$ ならば，標準簡約列 $M \to_\beta \cdots \to_\beta N$ が存在する．

[証明]　$\xrightarrow{*}_\beta$ の定義と命題 5.8 より，「$M_0 \to_\beta M_1 \to_\beta \cdots \to_\beta M_n$ ならば，$M_0 \twoheadrightarrow_{st} M_n$」を示せば十分である．$n$ に関する数学的帰納法により証明する．$n=0$ のときは，命題 5.10 の(1)そのもの．$n>0$ のとき．帰納法の仮定より，$M_0 \twoheadrightarrow_{st} M_{n-1}$ が成り立つ．補題 5.12 より，$M_0 \twoheadrightarrow_{st} M_n$．よって，定理 5.13 が証明された. ■

λ 項 M_0 が β 正規形 M_n に簡約されるときには，標準簡約列において最後の β 簡約 $M_{n-1}\rightarrow_\beta M_n$ が $M_{n-1}\rightarrow^1_\beta M_n$ となる．標準簡約列の定義から，前にある簡約 $M\rightarrow_\beta\cdots\rightarrow_\beta M_{n-1}$ も $M\rightarrow^1_\beta\cdots\rightarrow^1_\beta M_{n-1}$ となる．この場合，標準簡約列は，最左 β 簡約の列となるのである．

系 5.14　$M\stackrel{*}{\rightarrow}_\beta N$，かつ，$N$ が β 正規形ならば，$M\stackrel{*}{\rightarrow}_{l\beta} N$ である．　□

言い換えると，β 正規形が得られる場合は，最も左の β レデックスの β 簡約を繰り返せば，必ずその β 正規形を得ることができるわけである．

(f)　評価戦略

λ 項 M から λ 項 N への β 簡約列は，一般に一通りに決まるわけではなく，何通りも存在する．前項で紹介した最左 β 簡約は，簡約に順序を設定することで，簡約列が一通りに決まるようにしたものである．このような簡約の順序付けのことを**簡約戦略**(reduction strategy)と呼び，最左 β 簡約の順序付けは**最外最左簡約戦略**(outermost leftmost reduction strategy)とも呼ばれる．正規形が求まるまで何回も簡約を行うことを**評価**(evaluation)と呼ぶこともあるので，簡約戦略は**評価戦略**(evaluation strategy)とも呼ばれる．また，評価結果である正規形を**値**(value)と呼ぶこともある．

前項で紹介した弱頭部簡約 $\rightarrow_{wh}$ も簡約戦略・評価戦略の一種であり，**名前呼び評価戦略**(call-by-name evaluation strategy)とも呼ばれる．ただ，弱頭部簡約の正規形は β 正規形ではなく，$xM_1\cdots M_n(n\geqq 0)$ という形をした λ 項であるか，もしくは λ 抽象 $\lambda x.M$ である λ 項である．

弱頭部簡約では，λ 抽象 $\lambda x.M$ の内部の λ 項 M を簡約することはない．このことは，プログラミング言語処理系における計算との共通点である．例えば，Lisp というプログラミング言語族の一種である Scheme では，

```
(lambda (x)(+ x (* 2 4)))
```

という式を書くことができる．これは

$$\lambda(x)x+(2\times 4)$$

という λ 式に対応している．ただし，Scheme では，上の式を計算しても

(* 2 4) の部分は計算されるわけではなく，

```
(lambda (x)(+ x 8))
```

を計算した結果とは等しくならない．

また，弱頭部簡約と Scheme の計算とは，簡約の順序に関して違いがある．Scheme をはじめとする多くのプログラミング言語(Haskell を除く)は，

$$MN$$

という関数適用の式を計算するとき，まず M を計算し，その結果が関数を表すデータであることを確認する．そして N を計算し，M が表す関数に N の計算結果の値を適用する．λ計算で説明してみよう．

$$\underline{((\lambda x.x)(\lambda x.x))}\ ((\lambda x.\lambda y.x)z)$$

まず，関数にあたるλ項(下線部)を簡約する．

$$(\lambda x.x)\ \underline{\underline{((\lambda x.\lambda y.x)z)}}$$

次に，引数にあたる部分(二重下線部)を簡約する．

$$(\lambda x.x)\ (\lambda y.z)$$

関数部と引数部の両方の簡約が済んだら，関数に引数を適用する．

$$\lambda y.z$$

この計算の順序は，明らかに弱頭部簡約とは異なる．このような評価戦略を**値呼び評価戦略**(call-by-value evaluation strategy)と呼ぶ．

値呼び評価戦略を表す簡約 $M \rightarrow_{cbv} N$ は，規則を用いて帰納的に定義すると次のようになる．以下では，$M \rightarrow_{cbv} N$ を**値呼び簡約**(call-by-value reduction)と呼ぶこととする．

$$\frac{M \rightarrow_{cbv} M'}{MN \rightarrow_{cbv} M'N}\ \textbf{CBVAppL}$$

直感的に説明すると「まず，関数適用 MN は関数部 M の方から簡約する」

ということである.

$$\frac{N \to_{cbv} N'}{VN \to_{cbv} VN'} \ \textbf{CBVAppR}$$

「関数部の簡約が終わったので，引数部 N の簡約をする」ということである.

$$\frac{}{(\lambda x.M)V \to_{cbv} M[x := V]} \ \textbf{CBVBeta}$$

直感的には「関数部と引数部の両方の簡約が終わったら，引数を変数に代入して，関数の計算にとりかかる」ということである.

上の記述で，V とは,

$$V ::= xV_1 \cdots V_n \ \mid \ \lambda x.M \qquad (n \geqq 0)$$

という BNF 記法により定義される λ 項を表す．ちょうど，この形の λ 項が値呼び簡約の正規形である．値呼び簡約では，項 M が与えられて $M \to_{cbv} M'$ を満たす M' は一意的に決まる．弱頭部簡約も同様である.

値呼び簡約で正規形が求まらない場合であっても，最左 β 簡約ならば正規形が求まるという場合が存在する．例えば,

$$(\lambda x.y)\Omega$$

を考えてみよう．値呼び評価戦略では Ω を簡約することになるが

$$\Omega \to_{cbv} \Omega \to_{cbv} \Omega \to_{cbv} \cdots$$

となり簡約が停止することはない．一方，最左 β 簡約では，Ω の簡約に着手する前にその外側にある β レデックスが簡約され,

$$\lambda x.y$$

となり正規形になる.

β 簡約を形式化するのに，規則を用いた帰納的定義による定義と，文脈を用いた定義を紹介した．これと同様に，値呼び簡約にも文脈を用いる方法がある．文脈は β レデックスの位置を定式化した概念であった．これに対して，値呼び評価戦略の β レデックスの位置を定式化した概念として，**評価文脈**

(evaluation context)$E[\,]$を以下のように定義する．

$$E[\,] ::= [\,] \mid (E[\,]\,N) \mid (V\,E[\,])$$

そして，値呼び簡約は以下のように定義される．

$$E[(\lambda x.M)V] \to_{cbv} E[M[x := V]]$$

評価文脈による値呼び簡約の定義と，前述の値呼び簡約の定義は同等である．

(g)　η簡約

次のような形のλ項の出現を**ηレデックス**(η-redex)という．

$$\lambda x.Mx$$

ただし，λ項Mの中に変数xは自由には出現しないとする．$\lambda x.Mx$はxにMxを対応させる関数を表すので，$\lambda x.Mx$は関数としてはMと同じであると考えられる．ηレデックス$\lambda x.Mx$をMに書き換えることを**η簡約**(η-reduction)という．Mの中に出現するηレデックスをη簡約することによりNが得られるとき，$M \to_\eta N$と書く．$M \to_\beta N$または$M \to_\eta N$のとき，$M \to_{\beta\eta} N$と書く．$\to_{\beta\eta}$の反射推移閉包を$\overset{*}{\to}_{\beta\eta}$と書く．$\overset{*}{\to}_{\beta\eta}$もチャーチ-ロッサー性を満たすことが知られている．

5.3　型付きλ計算

λ計算では，

$$(\lambda x.xx)(\lambda x.xx)$$

のように，関数xを関数xに適用する，というようなことが許される．しかし，普通の数学の世界では関数が関数自身に適用されるということはありえない．集合Aから集合Bへの関数の全体$A \to B$と集合Aとの間に共通部分は存在しないと考えるのが普通だろう．それぞれの変数に対しては，明示的ではないにせよ，その動く範囲が定まっているので，x の動く範囲を $A{\to}B$ とすると，xx という式は，「おかしな式」，すなわち，エラーと考えることができる．

そこで，各変数にその変数が動く範囲の集合を明示的に対応付けるような λ 計算を考えることができる．ただし，集合そのものを対応付けるというよりも，集合を表す式を対応付けるといった方がよい．集合を表す式を**型**(type)という．したがって，各変数には型が対応付けられている．そうすると，それに従って，各 λ 項にも型を対応付けることができる．例えば，変数 x の型が $A{\to}B$ で，y の型が A ならば，λ 項 xy の型は B である．また，xx のような λ 項は許されない．型が $A{\to}B$ である関数 x の引数の型は A でなければならないからである．

以上のように，型という仕組みを持つような λ 計算を**型付き λ 計算**(typed λ-calculus)という．また，型の仕組みを**型理論**(type theory)という．

(a)　型

BNF 記法を用いると，型は以下のように定義することができる．

$$A ::= \alpha \;\mid\; A \to B$$

A, B, C などは型を表す．α, β, γ などは**基本型**(basic type)を表す．基本型とは，自然数の全体など，基本的な集合に対応する型のことで，基本型の全体はあらかじめ定まっているものとする．また，$A{\to}B$ という型は，A から B への関数の全体に対応する．$A{\to}B$ という形の型を**関数型**(function type)という．ここで定義された基本型と関数型のみから構成される型を，特に**単純型**(simple type)と呼び，単純型に基づいて定義される型付き λ 計算を**単純型付き λ 計算**(simply-typed λ-calculus)という．ただ，単純型には，基本型と関数型以外にも，**直積型**(product type) $A{\times}B$ と**直和型**(sum type) $A{+}B$ を含めるときがある．

$$A ::= \alpha \;\mid\; A \to B \;\mid\; A{\times}B \;\mid\; A{+}B$$

直積型 $A{\times}B$ は，直感的には，A と B との直積を表す．すなわち，A の要素

と B の要素との組の全体である．直和型 $A+B$ は，A と B との直和を表す．

$\to$ は $\supset$ のように右に結合し，$\times$ と $+$ は $\wedge$ と $\vee$ のように左に結合する．すなわち，$A\to B\to C$ は $A\to(B\to C)$ を表す．

(b) 型付け

ここで考えている型付き λ 計算では，簡単のため，各変数の型は固定されているものとする．変数 x の型が A のとき，x を x^A と書くことによって，x の型を明示する．すると，各 λ 項の型は，以下のようにして定まる．

・変数 x^A の型は A である．

・M の型が B ならば，$\lambda x^A.M$ の型は $A\to B$ である．

・M の型が $A\to B$ で，N の型が A ならば，MN の型は B である．

次に，直積型についてふれておく．(M,N) を M と N の対を表す λ 項，$\pi_1(L)$ は対 L の第一成分を表す λ 項，$\pi_2(L)$ は対 L の第二成分を表す λ 項とする．これらの λ 項の型は以下のように定まる．

・M の型が A であり，N の型が B であるならば，(M,N) の型は $A\times B$ である．

・L の型が $A\times B$ であるならば，$\pi_1(L)$ の型は A である．

・L の型が $A\times B$ であるならば，$\pi_2(L)$ の型は B である．

ただ，以下では話を単純にするために，直積型と直和型については省くこととする．

λ 項の型が上の規則によって定まるとき，その λ 項は**正しく型付けされている**(well-typed)，もしくは単に，**型付けされている**(typed)という．また，「M は型 A を持つ」という言い方をすることもある．以下の議論では，正しく型付けされている λ 項のみを扱う．

ここで与えた型付けは，「項 M は，正しく型付けされるとすると，型は一通りに定まる」という**型付けの一意性**(unicity of typing)という性質を持つ．型付けの一意性が成り立つのは，単純型理論が持つ本質的な性質というわけではなく，「各変数の型は固定されている」という仮定によるものである．

(c) β 簡約と型付け

λ 計算では，β 簡約という機構により計算が表現されていた．

$$M \to_\beta N$$

という簡約があり，M が A という型により正しく型付けされているとする．このとき，簡約結果である N も同じ A という型により正しく型付けされる，ということが成り立つ．これは**サブジェクト・リダクション定理**(subject reduction theorem)と呼ばれる．定理の名前は，「M が型 A である」という文の主語(subject)である M を簡約(reduction)するにあたって成り立つ定理(theorem)であることに由来する．**主部簡約定理**という訳語を使用することもある．

この定理は，$M \to_\beta N$ の構造に関する帰納法を用いれば簡単に証明することができる．ただ，次のような代入に関する補題を用いる必要があろう．

型付けに関する代入補題 λ 項 M が型 A により型付けされていて，その M 中では x^B が自由に出現していたとする．そして，N が型 B により型付けされているとする．そのとき，λ 項 $M[x{:=}N]$ は型 A により型付けされる． □

この補題は，λ 項 M の構造に関する帰納法により簡単に証明される．

(d) 正規化可能性

型のない λ 計算では，Ω のように β 正規形を持たない λ 項が存在したが，驚くべきことに，上で定義した型付きの λ 計算においては，**強い意味での正規化可能性**(strong normalizability)が成り立つ．

弱い意味での正規化可能性(weak normalizability)とは，以下の性質である．

正しく型の付いた λ 項 M に対して，β 正規形に至る β 簡約列

$$M \to_\beta M_1 \to_\beta M_2 \to_\beta \cdots \to_\beta M_n$$

(M_n は β 正規形)が存在するとき，M は弱い意味で正規化可能であるという．

うまく簡約すれば，β 正規形に到達することができるが，へたに簡約した場合は，β 正規形に到達できないかもしれないということである．一方，強い意味での正規化可能性(単に，**強正規化可能性**ともいう)は，以下の性質である．

正しく型の付いたλ項 M に対して，M から始まる無限 β 簡約列

$$M \to_\beta M_1 \to_\beta M_2 \to_\beta \cdots$$

が存在しないとき，M は強い意味で正規化可能であるという．

平たく言うと，どのように簡約しようが必ず簡約が止まるということを保証する性質なのである．もちろん，強正規化可能性があれば，弱正規化可能性は導かれる．

単純型付きλ計算は強正規化可能性を持つ，すなわち，すべての正しく型の付いたλ項 M が強正規化可能であることが知られている．

以下では，単純型付きλ計算における β 簡約に関する強正規化可能性の証明(章末問題5.13)は割愛する．そのかわりに，値呼び簡約 $\to_{cbv}$ において無限簡約列

$$M_1 \to_{cbv} M_2 \to_{cbv} M_3 \to_{cbv} \cdots$$

が存在しないことを示すこととする．値呼び簡約や弱頭部簡約では，先頭のλ項が決まるとそれより後の簡約列は一通りしかないので，弱正規化可能性と強正規化可能性とが一致してしまう．これらの評価戦略では，「λ項 M が(弱，強)正規化可能である」といわないで，「M が**停止する**(halt)」ということが多い．本章では，単に「M が停止する」といった場合，「M が値呼び簡約において停止する」ということを意味する．

停止性や強正規化可能性の証明においてしばしば利用されるのが，**論理的関係**(logical relation)を用いたテクニックである．

値呼び簡約の停止性を証明する場合，型の添字を持つ単項述語 R_A を型の構造に関して帰納的に定義する．

- 型 α のλ項 M が停止するならば，$R_\alpha(M)$ である．
- 型 $A \to B$ のλ項 M が停止し，$R_A(N)$ を満たす任意の N に対して $R_B(MN)$ が成り立つならば，$R_{A\to B}(M)$ である．

述語 R_A は，$R_A(M)$ を満たす λ 項 M の集合と同一視することができるのだが，集合としての定義に言い換えると次のようにも書くことができる．

$$R_\alpha = \{M \mid M \text{ は型 } \alpha \text{ で，停止する}\},$$

$$R_{A\to B} = \{M \mid M \text{ は型 } A\to B \text{ で，停止し，}$$
$$\text{任意の } N \text{ に対して } N\in R_A \text{ ならば } (MN)\in R_B\}$$

集合 R_A の要素の λ 項が停止することは明らかである．この集合 R_A が型 A の λ 項全体の集合と一致することを示せば，すべての正しく型付けされた λ 項が停止することがわかる．まず，次のような補題を準備する．

補題 5.15 $M\to_{cbv}M'$ とする．このとき，

$$R_A(M) \leftrightarrow R_A(M')$$

が成り立つ．

[証明] (→ の証明)型 A の構造に関する帰納法により証明する．(i) $A{=}\alpha$ の場合．$R_\alpha(M)$ と $M\to_{cbv}M'$ を仮定する．前者より M は停止するので，M' も停止する．M は型 α で型付けされているので，サブジェクト・リダクション定理から，M' も型 α で型付けされる．(ii) $A{=}C\to D$ の場合．$R_{C\to D}(M)$ と $M\to_{cbv}M'$ を仮定する．N を $R_C(N)$ を満たす λ 項とする．仮定の前者より，$R_D(MN)$ が成り立つ．$MN\to_{cbv}M'N$ であるので，帰納法の仮定を用いて，$R_D(M'N)$．$R_C(N)$ を満たす任意の N に対して，$R_D(M'N)$ となることがいえた．$R_D(M'N)$ から，$M'N$ は停止することがわかるのだが，もし，M' が停止しないとすると，これに矛盾する．よって，M' は停止する．したがって，$R_{C\to D}(M')$ が成り立つ．

(← の証明)型 A の構造に関する帰納法により証明する．(i) $A{=}\alpha$ の場合．$R_\alpha(M')$ と $M\to_{cbv}M'$ を仮定する．前者より，M' は停止することがわかる．そして，M が値呼び簡約されたものとして，M' が一通りに定まることから，M も停止することがいえる．よって，$R_\alpha(M)$ である．(ii) $A{=}C\to D$ の場合．$R_{C\to D}(M')$ と $M\to_{cbv}M'$ を仮定する．N を $R_C(N)$ を満たす λ 項とする．R_D の定義より，$R_D(M'N)$ が成り立つ．また，二番目の仮定より，$MN\to_{cbv}M'N$ がいえる．ここで帰納法の仮定を用いて，$R_D(MN)$ が成り立つ．

$R_C(N)$ を満たす任意の N に対して，$R_D(MN)$ となることがいえた．$R_D(MN)$ より，MN が停止することがわかるのだが，もし，M が停止しないとすると，これに矛盾する．よって，M は停止する．したがって，$R_{C\to D}(M)$ が成り立つ． ■

注意　β 簡約 $\to_\beta$ の強正規化可能性の証明より，値呼び簡約 $\to_{cbv}$ の停止性の証明が簡単である理由は，$M\to_{cbv}M'$ が成り立っているとき，M に対して M' が一通りに定まることから，

$$M \text{ の停止性} \leftrightarrow M' \text{の停止性}$$

が成り立つからである．$\to_\beta$ についてはそうはならない．ちなみに，弱頭部簡約 $\to_{wh}$ についても，$M\to_{wh}M'$ が成り立つとき，M に対して M' が一通りに定まるので，$\to_{cbv}$ と同様に停止性の証明は難しくない．

変数 x^A は，R_A を満たす項である．その性質を若干強めたものが次の補題である．

補題 5.16　任意の型 A，任意の自然数 $n\geqq 0$，$R_{A_i}(M_i)$ を満たす任意の λ 項 $M_i(0\leqq i\leqq n)$ に対して，

$$R_A(x^{A_1\to\cdots\to A_n\to A}M_1\cdots M_n)$$

が成り立つ．

[証明]　A の構造に関する帰納法により証明する．(i) $A=\alpha$ の場合．$M_1,\ldots,M_n$ は停止するので，$xM_1\cdots M_n$ も停止する．よって，$R_A(xM_1\cdots M_n)$ が成り立つ．(ii) $A=C\to D$ の場合．N を $R_C(N)$ を満たす λ 項とする．(i)の場合と同様に，$xM_1\cdots M_n$ は停止する．帰納法の仮定により，$R_D(xM_1\cdots M_nN)$ が成り立つ．したがって，$R_{C\to D}(xM_1\cdots M_n)$．よって，本補題は示された． ■

次に，型 A の λ 項 M が $R_A(M)$ であることを示す．ただ，実際に示すのは以下のように，もう少し強めた性質である．

補題 5.17　M を型 A の λ 項とする．任意の変数 $x_1^{A_1},\ldots,x_n^{A_n}$ と，$R_{A_1}(N_1),\ldots,R_{A_n}(N_n)$ を満たす任意の λ 項 $N_1^{A_1},\ldots,N_n^{A_n}$ に対して，

$$R_A(M[x_1^{A_1}{:=}N_1,\ \ldots,\ x_n^{A_n}{:=}N_n])$$

が成り立つ．

［証明］ λ項 M の構造に関する帰納法により証明する．(i-1) $M{=}x_i$ の場合．$M[x_1^{A_1}{:=}N_1,\ldots]{=}N_i$ となる．仮定より，$R_{A_i}(N_i)$．すなわち，$R_A(M[x_1^{A_1}{:=}N_1,\ldots])$．(i-2) $M{=}y{\neq}x_i(0{\leqq}i{\leqq}n)$ の場合．$M[x_1^{A_1}{:=}N_1,\ldots]{=}y^A$ となる．補題 5.16 より，$R_A(M[x_1^{A_1}{:=}N_1,\ldots])$．(ii) $M{=}M_1M_2$ の場合．型 C が存在して，M_2 は型 C で，M_1 は型 $C{\to}A$ となる．帰納法の仮定より，$R_{C\to A}(M_1[x_1^{A_1}{:=}N_1,\ldots])$, $R_C(M_2[x_1^{A_1}{:=}N_1,\ldots])$ が成り立つ．$R_{C\to A}$ の定義より，$R_A(M_1[x_1^{A_1}{:=}N_1,\ldots]M_2[x_1^{A_1}{:=}N_1,\ldots])$，すなわち $R_A(M[x_1^{A_1}{:=}N_1,\ldots,x_n^{A_n}{:=}N_n])$ が成り立つ．(iii) $M{=}\lambda x^C.M_0$ の場合．$A{=}C{\to}D$ を満たす型 D が存在して，M_0 の型を D と置くことができる．λ項 L を $R_C(L)$ を満たす任意のλ項とする．帰納法の仮定より，

$$R_D(M_0[x_1^{A_1}{:=}N_1,\ \ldots,\ x_n^{A_n}{:=}N_n,\ x{:=}L])$$

が成り立つ．

$$((\lambda x^C.M_0)[x_1^{A_1}{:=}N_1,\ \ldots,\ x_n^{A_n}{:=}N_n])L \\ \to_{cbv} M_0[x_1^{A_1}{:=}N_1,\ \ldots,\ x_n^{A_n}{:=}N_n,\ x{:=}L]$$

であるから，補題 5.15 より，

$$R_D(((\lambda x^C.M_0)[x_1^{A_1}{:=}N_1,\ \ldots,\ x_n^{A_n}{:=}N_n])L)$$

よって，

$$R_{C\to D}((\lambda x^C.M_0)[x_1^{A_1}{:=}N_1,\ \ldots,\ x_n^{A_n}{:=}N_n])$$

が成り立つ．したがって，本補題は示された．∎

定理 5.18　正しく型付けされたλ項は停止する．

［証明］ M を型 A のλ項であるとする．前補題により，$R_A(M)$ が成り立つ．R_A の定義より，M は停止する．よって，本定理は示された．∎

(e)　明示的型付けと暗黙的型付け

前項で定義したように，各変数にその変数が持つ型を付記して，型を明示するような型付けのスタイルを**明示的型付け**(explicit typing)と呼ぶ．それに対して，そのような型の付記をせず，λ 項の構文と型付けの機構を分離するような型付けのスタイルを**暗黙的型付け**(implicit typing)と呼ぶ．前項で紹介した単純型付き λ 計算は明示的型付けだったわけだが，本項では単純型付き λ 計算で暗黙的型付けであるようなものを紹介する．

明示的型付けの場合は，$f^{A\to B}x^A$ というふうに，変数の型が決められているので，λ 項の型を決めることができる．しかし，暗黙的型付けでは，変数に型を対応付けているわけではない．したがって，暗黙的型付けでは λ 項の型は，自由変数の型が与えられれば決まるものとして定義される．例えば，

$$f\ x$$

の型付けは，自由変数に関する型の情報として，

$$f \text{ の型は } A\to B,\ x \text{ の型は } A$$

が与えられたとき，

$$f\ x \text{ の型は } B$$

と決まる．上の「自由変数に関する型の情報として①が与えられたとき，λ 項②の型は③と決まる」という三項関係を

$$① \vdash ②\ :\ ③$$

と書く．これを**型判断**(type judgement)と呼ぶ．自由変数の型情報を記述する上の①の部分は，**型割り当て**(type assignment)，もしくは，**型環境**(type environment)と呼ばれ，変数と型の対の有限集合

$$\{x_1{:}A_1,\ \ldots,\ x_n{:}A_n\}$$

である．ただし，$x_1,\ldots,x_n$ は相異なるものとする．型判断の中では，

$$x_1{:}A_1,\ \ldots,\ x_n{:}A_n \vdash M : A$$

というように中括弧 { } は省略して書く．$n{=}0$ のときは，さらに，$\vdash M{:}A$ というふうに書く．型割り当てを表すのに，Γ, Δ などを用いる．

型判断は，次の規則により帰納的に定義される．

$$\frac{1 \leqq i \leqq n}{x_1{:}A_1,\ \ldots,\ x_n{:}A_n \vdash x_i : A_i}\ \textbf{ImpVar}$$

$$\frac{\Gamma \vdash M : A \to B \quad \Gamma \vdash N : A}{\Gamma \vdash MN : B}\ \textbf{ImpApp}$$

$$\frac{\{x : A\} \cup \Gamma \vdash M : B}{\Gamma \vdash \lambda x.M : A \to B}\ \textbf{ImpLam}$$

型判断を導く証明木を**型付け導出木**(typing derivation tree)と呼び，各規則を**型付け規則**(typing rule)と呼ぶ．

以下は λ 項 $\lambda x.x$ を対象とする型付け導出木の例である．

$$\dfrac{\dfrac{}{x : \alpha \vdash x : \alpha}\ \textbf{ImpVar}}{\vdash \lambda x.x : \alpha \to \alpha}\ \textbf{ImpLam}$$

(f) 型推論

前項で紹介した，暗黙的型付けに基づく単純型付き λ 計算では，型判断の帰納的定義は，λ 項の構造に関する帰納法に従っている．したがって，型判断 $\Gamma \vdash M{:}A$ が成り立つかどうかは決定可能である．型判断の成否を調査することを**型検査**(type checking)と呼ぶ．それに対して，項 M が与えられたとき，これが正しく型付けすることができるかどうかを確かめ，さらに，どのような型を持つのかを調べることを**型推論**(type inference)と呼ぶ．本項では，暗黙的型付けに基づく単純型付き λ 計算における型推論を紹介する．

5.3 節(a)において型は，

$$A ::= \alpha \ \mid \ A \to B$$

と定義され，α は基本型とした．本項では，α を**型変数**(type variable)とする．型変数の全体も，基本型と同様，あらかじめ定まっている．型変数と基本型との違いは，型変数は型による代入という操作の対象となるという点にある．例えば，型 $\alpha{\to}\alpha$ に現れる型変数 α に対して，型 $\beta{\to}\gamma{\to}\beta$ を代入したりする．

$$(\alpha \to \alpha)[\alpha := (\beta \to \gamma \to \beta)] = (\beta \to \gamma \to \beta) \to (\beta \to \gamma \to \beta)$$

以下に型推論アルゴリズムの概要を示す．

［入力］　項 M

［出力］　型 A と型割り当て Γ，もしくは，「型付け不可能」という通知．

［処理内容］

1. 制約抽出手続き $\mathbf{Extract}(\{x_1{:}\alpha_1, \ldots, x_n{:}\alpha_n\}, M, \alpha)$ を実行する．ただし，$x_1, \ldots, x_n$ は M の自由変数であり，$\alpha, \alpha_1, \ldots, \alpha_n$ を相異なる型変数とする．
2. $\mathbf{Extract}$ の実行により得られた等式集合 $\mathcal{E}$ に対して単一化を行う．
   (i) 単一化に成功し，単一化 σ が得られたら，型割り当て $\{x_1{:}\sigma(\alpha_1), \ldots, x_n{:}\sigma(\alpha_n)\}$ と型 $\sigma(\alpha)$ を出力する．
   (ii) 単一化に失敗したならば，「型付け不可能」という通知を出力する．

上で，型と型との単一化とは，型変数を変数とし，$\to$ をアリティ 2 の関数記号とすることにより，型を「項」とみなして行う単一化である．

制約抽出手続き $\mathbf{Extract}$ は，型割り当て，λ 項，型の三つ組 (Γ, M, A) を入力とし，型と型との等式の集合 $\mathcal{E}$ を出力する．入力である λ 項 M に関して帰納的に定義される．

$$\mathbf{Extract}(\{x_1{:}A_1,\ \ldots,\ x_n{:}A_n\}, x_i, A) = \{A_i = A\}$$

$$\mathbf{Extract}(\Gamma, \lambda x.M, C) = \mathbf{Extract}(\{x : \alpha\} \cup \Gamma, M, \beta) \cup \{C = \alpha \to \beta\}$$

ただし，α, β は，いままで出てきたことがない型変数

$$\mathbf{Extract}(\Gamma, MN, B) = \mathbf{Extract}(\Gamma, M, \gamma \to B) \cup \mathbf{Extract}(\Gamma, N, \gamma)$$

ただし，γ は，いままで出てきたことがない型変数

そして，得られた型の等式の単一化を求める．

$\mathbf{Extract}(\Gamma, M, A)$ は，λ 式 M の構造に関して帰納的に定義されているの

で，必ず停止する．そして，型の等式の単一化手続きは，2.2 節(f)で紹介した項に対する単一化手続きなので停止する．よって，上の型推論アルゴリズムも停止する．

Extract に関する以下の性質は，λ 項 M の構造に関する帰納法により証明される．

補題 5.19 型割り当て Γ，λ 項 M，型 A，型代入 θ に対して，

「手続き $\mathbf{Extract}(\Gamma, M, A)$ が型等式の有限集合 $\mathcal{E}$ を出力し，θ が $\mathcal{E}$ の単一化となる」$\Leftrightarrow$「$\theta(\Gamma)\vdash M{:}\theta(A)$ が成り立つ」 □

この補題より，型推論アルゴリズムの健全性が成り立つ．

定理 5.20(**型推論アルゴリズムの健全性**) M の自由変数を $x_1, \ldots, x_n$ とし，$\alpha, \alpha_1, \ldots, \alpha_n$ を型変数とする．このとき，型等式の集合 $\mathbf{Extract}(\{x_1{:}\alpha_1, \ldots, x_n{:}\alpha_n\}, M, \alpha)$ の単一化 θ が存在するならば，$\theta(\Gamma)\vdash M{:}\theta(A)$ が成り立つ． □

一般に，λ 項 M が与えられたとき，型判断 $\Gamma\vdash M{:}A$ を成立させるような型割り当て Γ，型 A は何通りもあるが，**Extract** と単一化アルゴリズムを用いて求められた型判断が最も一般的であることが知られている．最も一般的な型判断を主要型付けと呼び，以下のように定式化する．

型判断 $\Gamma\vdash M{:}A$ が**主要型付け**(principal typing)であるとは，$\Gamma'\vdash M{:}A'$ を満たす任意の型割り当て Γ'，型 A' に対して，Γ の型変数への代入 σ が存在して，$\Gamma'{=}\sigma(\Gamma)$, $A'{=}\sigma(A)$ が成り立つことである．

そして，補題 5.19 から以下の定理が成り立つ．

定理 5.21(**主要型定理**) λ 項 M の自由変数を $x_1, \ldots, x_n$ とし，$\alpha, \alpha_1, \ldots, \alpha_n$ を型変数とする．そして，型等式の集合 $\mathbf{Extract}(\{x_1{:}\alpha_1, \ldots, x_n{:}\alpha_n\}, M, \alpha)$ が単一化可能である．その最汎単一化を θ とする．このとき，

$$\theta(\{x_1{:}\alpha_1,\ \ldots,\ x_n{:}\alpha_n\}) \vdash M : \theta(\alpha)$$

は，主要型付けである． □

(g) 自然演繹

第 2 章では，演繹体系として，ヒルベルト流，シーケント計算，導出原理

を紹介した．本項ではもう一つ**自然演繹**(natural deduction)と呼ばれる演繹体系を紹介する．ここにきて，λ計算の章であるにもかかわらず自然演繹を紹介する理由は，自然演繹が型付きλ計算と同一視できるからである．このことは次の項で紹介したい．

自然演繹は，その名前に「自然」が冠せられていることからわかるように，わたしたちが通常行っている自然な推論を基にした演繹体系である．わたしたちの証明は，

(1)　A を仮定する．

(2)　B を仮定する．

(3)　(1)と(2)より，A かつ B である．

というふうに，いくつかの仮定から結論を導くということを繰り返しながら証明を構成していく．自然演繹の証明図は，0個以上の仮定と呼ばれる論理式と1個の結論と呼ばれる論理式を持つ図である．論理式を節点とし，**推論規則**(inference rule)を枝とする木である．

もっとも単純な証明図は，仮定と結論が同一の論理式 A であり，証明図は

$$A$$

という一つの論理式 A から構成されるものとなる．

このような証明図から始めて，以下で紹介する証明を構成する手続きを何回か適用して得られる図が証明図である．以下の記述の中で

$$\begin{array}{c} B_1 B_2 \cdots B_n \\ \vdots\ \Pi \\ A \end{array}$$

という表現は，仮定が $B_1, \ldots, B_n$ で，結論が A であるような証明図を表す．Π はこの証明図をさす名前である．証明図の名前には，Π の他，Δ などを用いる．仮定の集合を $\Gamma=\{B_1, \ldots, B_n\}$ と置いて，

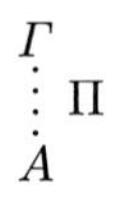

のように書くこともある．ただ，仮定が何であるか重要でない場合は，注目し

ている仮定だけを図に書くこともある．以下は証明を構成する手続きの一つである．

$$\boxed{\begin{array}{l}\Gamma\\ \vdots\ \Pi_1\\ A\end{array}}\ \text{と}\ \boxed{\begin{array}{l}\Gamma\\ \vdots\ \Pi_2\\ B\end{array}}\ \text{から}\ \boxed{\dfrac{\begin{array}{c}\Gamma\\ \vdots\ \Pi_1\\ A\end{array}\quad\begin{array}{c}\Gamma\\ \vdots\ \Pi_2\\ B\end{array}}{A\wedge B}\,\wedge I}\ \text{が作られる}$$

新たに作られる証明図の仮定は，Γ である．しかし，このように書くのは若干冗長であるので，以下では単に，新たに作られる証明図だけを書くことにより，証明図を構成する手続きを記述することもある．

図の中の長い横棒を**推論規則**(inference rule)と呼ぶ．そして，その右に付記している「$\wedge I$」は推論規則の名前である．「連言(∧)の導入規則(I)」と読む．「導入規則」という名は，新たに論理記号 ∧ が導入されることによる．論理記号が消去される場合もある．

$$\dfrac{\begin{array}{c}\vdots\\ A\wedge B\end{array}}{A}\,\wedge E_L \qquad \dfrac{\begin{array}{c}\vdots\\ A\wedge B\end{array}}{B}\,\wedge E_R$$

「$\wedge E_L$」は，「連言の左(L)消去規則(E)」と読み，「$\wedge E_R$」は，「連言の右(R)消去規則(E)」と読む．

選言に対しては，

$$\dfrac{\begin{array}{c}\vdots\\ A\end{array}}{A\vee B}\,\vee I_L \quad \dfrac{\begin{array}{c}\vdots\\ B\end{array}}{A\vee B}\,\vee I_R$$

という導入規則の他，以下のような消去規則がある．

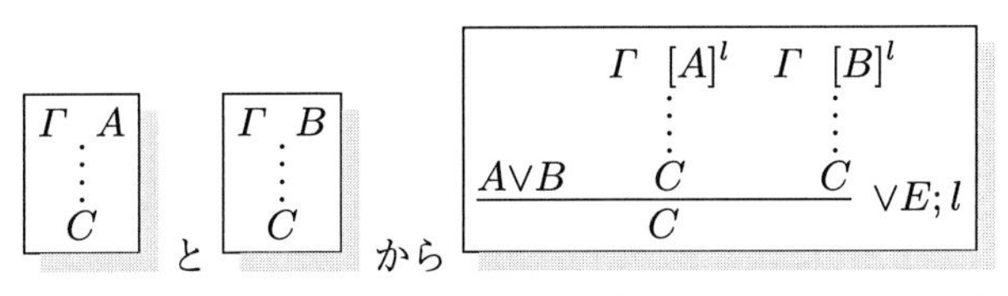

ここで，上の一つめの証明図は，A という仮定を持ち，上の二つめの証明図は，B という仮定を持っている．そして，新たに構成される証明図ではこれらの仮定が，$[A]^l$ や $[B]^l$ と記されているが，これは仮定から除外されたこと

を表すマークである．一つめの証明の仮定は，$\Gamma\cup\{A\}$ であり，二つめの証明の仮定は，$\Gamma\cup\{B\}$ である．そして，三つめの証明の仮定は，$\Gamma\cup\{A\vee B\}$ となる．このように仮定を除外することを，仮定を**ディスチャージ**(discharge)するという．l は，ディスチャージされた仮定と，それに対応する推論規則との対応を示すために付けられたラベルである．

含意，否定については次のようになる．

$$\frac{\begin{matrix}[A]^l\\ \vdots\\ B\end{matrix}}{A\supset B}\subset I;l \qquad \frac{\begin{matrix}\Gamma\\ \vdots\\ A\supset B\end{matrix}\quad\begin{matrix}\Gamma\\ \vdots\\ A\end{matrix}}{B}\subset E \qquad \frac{\begin{matrix}[A]^l\\ \vdots\\ \bot\end{matrix}}{\neg A}\neg I;l \qquad \frac{\begin{matrix}\Gamma\\ \vdots\\ \neg A\end{matrix}\quad\begin{matrix}\Gamma\\ \vdots\\ A\end{matrix}}{\bot}\neg E$$

これらの他に，証明図に対して「使っていない仮定を加える」という操作がある．これを仮定の**水増し**(weakening)と呼ぶ．例えば，$A\supset(B\supset A)$ という論理式の証明は，仮定の水増しを用いて，次のように構成される．

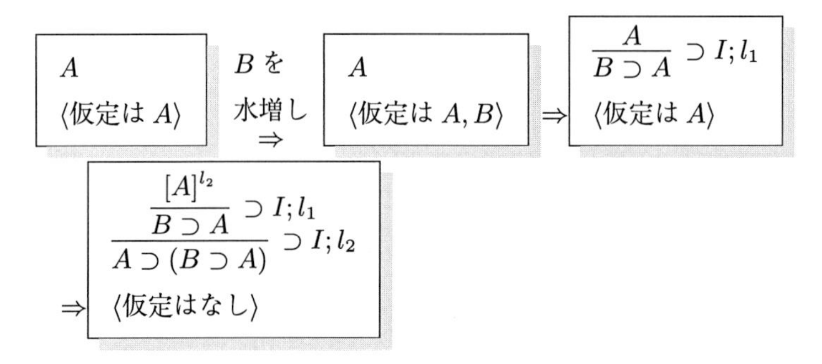

証明図自体には仮定 B が現れておらず，しかも，その証明図に現れない仮定がディスチャージされて，ラベル l_1 が付けられていることに注意してほしい．

ここまでの推論規則で構成されるものが，直観主義命題論理の証明図である．

さらに，以下の左端の推論規則も加えて構成されるものが，古典命題論理の証明図である．

$$\dfrac{\begin{matrix}[\neg A]^l \\ \vdots \\ \bot\end{matrix}}{A}\ RAA; l \qquad \dfrac{\begin{matrix}\vdots \\ \neg\neg A\end{matrix}}{A}\ \neg\neg E \qquad \dfrac{}{((A \supset B) \supset A) \supset A}\ \text{Peirce's law}$$

この推論規則は，A の否定を仮定して，矛盾を導けば，A であると結論できることを意味しており，いわゆる**背理法**(帰謬法，reductio ad absurdum)を形式化している．上の中央の**二重否定の除去規則**(double negation elimination rule)$\neg\neg E$ や右端の**パースの法則**(Peirce's law)を加えても古典命題論理が得られることが知られている．

また，一階述語論理に関する推論規則は以下のとおりである．

$$\dfrac{\begin{matrix}\vdots \\ \forall x A[x]\end{matrix}}{A[t]}\ \forall E \qquad \dfrac{\begin{matrix}\Gamma \\ \vdots \\ A[y]\end{matrix}}{\forall x.A[x]}\ \forall I \qquad \dfrac{\begin{matrix}\vdots \\ A[t]\end{matrix}}{\exists x A[x]}\ \exists I \qquad \dfrac{\exists x A[x] \quad \begin{matrix}[A[y]]^l \quad \Gamma \\ \vdots \\ C\end{matrix}}{C}\ \exists E; l$$

ただし，$\forall I$，および，$\exists E$ において，仮定 Γ 中の論理式において変数 y は自由に出現してはならない．

(h) カリー-ハワードの対応

型付き λ 計算と直観主義論理との対応として，**カリー-ハワードの対応**(Curry-Howard correspondence)というものが知られている．これは，以下の表のような対応である．

型付き λ 計算	直観主義論理
型	論理式
関数型 $A \to B$	含意 $A \supset B$
直積型 $A \times B$	連言 $A \wedge B$
直和型 $A + B$	選言 $A \vee B$
λ 項	自然演繹の証明図

例えば，「M の型が $A \to B$ で，N の型が A ならば，MN の型は B である」という型付けの規則を「型 $A \to B$ の λ 項と型 A の λ 項があれば，型 B の λ 項を作ることができる」と読み換える．そうして，上の表の対応に従えば，

$$\boxed{\begin{array}{c} \vdots\ \Pi \\ A \supset B \end{array}} \text{ と } \boxed{\begin{array}{c} \vdots\ \Delta \\ A \end{array}} \text{ から } \boxed{\dfrac{\begin{array}{c}\vdots\ \Pi \\ A \supset B\end{array} \quad \begin{array}{c}\vdots\ \Delta \\ A\end{array}}{B} \supset E} \text{ を作ることができる}$$

と対応付けられる．すなわち，λ 項の構造と証明の構造が対応付けられる．λ 項の関数適用は，推論規則 $\supset E$ に対応する．

λ 項における変数 x^A は，論理式 A の仮定に相当する．「変数 x^A の型は A である」は，「論理式 A を仮定とする証明 A は，論理式 A を証明している」という推論規則に対応し，「M の型が B ならば，$\lambda x^A.M$ の型は $A{\to}B$ である」は，

$$\boxed{\begin{array}{c} A \\ \vdots \\ B \end{array}} \text{ から } \boxed{\dfrac{\begin{array}{c}[A]^l \\ \vdots \\ B\end{array}}{A \supset B}} \text{ を作ることができる}$$

に対応する．よって

「論理式 A を仮定して論理式 B を導く証明 M から，論理式 $A{\supset}B$ の証明 $\lambda x^A.M$ が得られる」

λ 抽象が，推論規則 $\supset I$ に対応する．そして，λ 抽象における変数の束縛が，仮定のディスチャージに相当する．前項で紹介した，$A{\supset}(B{\supset}A)$ の証明図に対応する λ 項は，

$$\lambda x^A.\lambda y^B.x$$

となる．

型付き λ 計算における項(d)で言及した正規化定理は，「すべてのうまく型付けられた λ 項 M は，簡約を繰り返し，$M \xrightarrow{*}_\beta V$ を満たす正規形 V を得ることができる」という定理であった．サブジェクト・リダクション定理とあわせると，「型 A により型付けされた λ 項が存在するならば，型 A により型付けされた正規形である λ 項が存在する」ということがいえる．章末問題 5.15 によると，正規形はカットを用いない証明に対応するので，上のことをカリー–ハワードの対応で読み換えると，「すべての証明に対して，それと同じ結論を

持つカットを用いない証明が存在する」という性質になる．これはちょうど，カット除去定理になることがわかる．

このように，カリー-ハワードの対応では，単に型と論理式，λ 項と証明という対応にとどまらず，その上に展開される諸構造も対応するということがわかっている．

(i) 多相型

恒等関数 $\lambda x.x$ は $\alpha{\to}\alpha$ という型の他に，$(\alpha{\to}\alpha){\to}(\alpha{\to}\alpha)$ という型を持つので，

$$(\lambda x.x)(\lambda x.x)$$

という λ 項は正しく型付けされる（ただし，x の型は二か所の λ 抽象化において異なる）．一方，

$$(\lambda f.ff)(\lambda x.x)$$

という λ 項は，$(\lambda x.x)(\lambda x.x)$ に β 簡約されるものの，$\lambda f.ff$ の引数 f は一通りの型しか持ち得ないので，ここまでで紹介してきた単純型付き λ 計算では，型付けすることができない．

多相型(polymorphic type)とは，いく通りもの(単純)型を表現する式である．例えば，上記の $\lambda x.x$ に対しては，

$$\forall\alpha.\alpha \to \alpha$$

という多相型が与えられる．型変数 α が具体化されて，$\alpha{\to}\alpha$ という型の他，$(\alpha{\to}\alpha){\to}(\alpha{\to}\alpha)$ などを表す．言い方を変えると，$\alpha{\to}\alpha$ や $(\alpha{\to}\alpha){\to}(\alpha{\to}\alpha)$ などをひとまとめにしたものが，多相型 $\forall\alpha.\alpha{\to}\alpha$ である．

多相型を導入した型付き λ 計算を**多相 λ 計算**(polymorphic λ-calculus)と呼ぶ．**二階型付き λ 計算**(second-order typed λ-calculus)と呼ばれることもある．また，最初に多相 λ 計算を提唱したジラールが名付けた**システム *F***(system *F*)が用いられることもある．

型と項

多相λ計算の型は以下の BNF 記法により定義される．

$$A ::= \alpha \mid A \to B \mid \forall\alpha.A$$

ここで，α は型変数を表す．$\forall\alpha.$ は，一階述語論理の $\forall x.$ や $\exists x.$，二階論理の $\forall X.$ と同様に，型変数の束縛を行う．束縛されない型変数の出現を自由であると呼ぶ．$\forall\alpha.\alpha{\to}\alpha$ における α の三か所の出現はいずれも束縛されている．$\forall\alpha.\alpha{\to}\beta$ における型変数 β の出現は自由である．

単純型付きλ計算の型には，直積型 $A{\times}B$ や直和型 $A{+}B$ を含めていたが，多相λ計算では，直積型や直和型は $\to$ と $\forall$ を用いて表現することができるので，直積型や直和型を含めない．

5.3 節(b)と同様に，各変数には型が固定されているものとし，変数 x の型が A のとき，x を x^A と書くこととする．

多相λ計算のλ項は，以下のように定義される．

$$M ::= \mid x^A \mid \lambda x^A.M \mid (MN) \mid \Lambda\alpha.M \mid (MA)$$

$\Lambda\alpha.M$ はλ項 M を型変数 α に関して抽象化したものであり，**型抽象**(type abstraction)と呼ぶ．そして，型抽象されたλ項 M に対して型 A を適用したものが (MA) である．これを**型適用**(type application)と呼ぶ．

型付けは，5.3 節(b)で与えられた規則の他に以下のような規則を追加する．

- M の型が A であり，M に出現する各自由変数において型変数 α が自由に出現しないならば，$\Lambda\alpha.M$ の型は $\forall\alpha.A$ である．
- M の型が $\forall\alpha.A$ であるならば，MB の型は $A[\alpha{:=}B]$ である．

簡約については，β 簡約の他，型抽象と型適用に関する簡約が定義されている．

$$(\Lambda\alpha.M)A{\to}_{\Lambda}M[\alpha{:=}A]$$

$\to_{\beta}\cup\to_{\Lambda}$ を $\to_{\beta\Lambda}$ と書き，その反射推移閉包を $\to^{*}_{\beta\Lambda}$ と書くこととする．

一つめの型付け規則の条件「M に出現する各自由変数において型変数 α が自由に出現しない」は，シーケント計算の「$\forall$ 右」の規則

$$\frac{\Gamma \to \Delta, A[a]}{\Gamma \to \Delta, \forall x A[x]}$$

に付随する条件「変数 a は Γ と Δ に自由に現れない」に対応するものである．もし，上記のような条件がないとすると，$\Lambda\alpha.x^\alpha$ という λ 項も正しく型付けられ，型 $\forall\alpha.\alpha$ を持つことになってしまう．この λ 項は，型適用により，任意の型の項となってしまい，さまざまな病的な現象を引き起こしてしまう．例えば，$\lambda x^\alpha.((\Lambda\alpha.x^\alpha)(\beta{\to}\beta))((\Lambda\alpha.x^\alpha)\beta)$ という λ 項は，$\alpha{\to}\beta$ という型を持つことになるが，型抽象と型適用の簡約を適用すると，$\lambda x^\alpha.x^{\beta\to\beta}x^\beta$ となる．変数 x の型は固定されていることになっていたのだが，変数 x の型は互いに食い違うことになってしまう．

次に，多相型が現れる例をあげる．λ 項 $\Lambda\alpha.\lambda x^\alpha.x^\alpha$ の型は，$\forall\alpha.\alpha{\to}\alpha$ である．λ 項

$$\lambda f^{\forall\alpha.\alpha\to\alpha}.f^{\forall\alpha.\alpha\to\alpha}(\beta \to \beta)(f^{\forall\alpha.\alpha\to\alpha}\beta)$$

は，型 $(\forall\alpha.\alpha{\to}\alpha){\to}\beta{\to}\beta$ となる．したがって，λ 項

$$(\lambda f^{\forall\alpha.\alpha\to\alpha}.f^{\forall\alpha.\alpha\to\alpha}(\beta \to \beta)(f^{\forall\alpha.\alpha\to\alpha}\beta))(\Lambda\alpha.\lambda x^\alpha.x^\alpha)$$

は正しく型付けされ，型 $\beta{\to}\beta$ を持つ．

多相 λ 計算において，サブジェクト・リダクション定理，強正規化可能性定理が成立することが知られている．

定理 5.22（多相 λ 計算のサブジェクト・リダクション定理） 項 M が型 A を持つとする．$M{\to}M'$ ならば，M' も型 A を持つ． □

定理 5.23（多相 λ 計算の強正規化可能性定理） 項 M が型 A を持つとする．このとき，無限簡約列

$$M \to M_1 \to M_2 \to \cdots$$

は存在しない． □

多相型によるデータ型の表現

多相型を用いれば直積型，真偽値型，自然数型などを表現することができ

る．

型なし λ 計算での真偽値に対応する λ 項 $\lambda x.\lambda y.x$，$\lambda x.\lambda y.y$ はいずれも型 $\alpha{\to}\alpha{\to}\alpha$ を持つ．この型から得られる多相型 $\forall\alpha.\alpha{\to}\alpha{\to}\alpha$ を，真偽値型 Bool $=\forall\alpha.\alpha{\to}\alpha{\to}\alpha$ と定義する．そして，真 *true*，偽 *false* を以下のように定義すれば，それらは共に型 Bool となる．

$$\mathit{true} = \Lambda\alpha.\lambda x^{\alpha}.\lambda y^{\alpha}.x^{\alpha}$$

$$\mathit{false} = \Lambda\alpha.\lambda x^{\alpha}.\lambda y^{\alpha}.y^{\alpha}$$

λ 項 M,N の型を共に A とし，L を型 Bool の λ 項とする．このとき，条件式は

$$\textbf{if}\ L\ \textbf{then}\ M\ \textbf{else}\ N = L\ A\ M\ N$$

と定義される．そうすると，

$$\textbf{if}\ \mathit{true}\ \textbf{then}\ M\ \textbf{else}\ N \to^{*}_{\beta\Lambda} M, \quad \textbf{if}\ \mathit{false}\ \textbf{then}\ M\ \textbf{else}\ N \to^{*}_{\beta\Lambda} N$$

が成り立つ．

直積型を

$$A{\times}B = \forall\alpha.(A \to B \to \alpha) \to \alpha$$

と定義する．型 A の λ 項 M，型 B の λ 項 N に対して，これらの対を

$$(M, N) = \Lambda\alpha.\lambda f^{A\to B\to\alpha}.fMN$$

と定義し，

$$\mathit{first} = \lambda p^{\forall\alpha.(A\to B\to\alpha)\to\alpha}.pA(\lambda x^{A}.\lambda y^{B}.x)$$

$$\mathit{second} = \lambda p^{\forall\alpha.(A\to B\to\alpha)\to\alpha}.pB(\lambda x^{A}.\lambda y^{B}.y)$$

と定義すれば，

$$\mathit{first}(M, N) \to^{*}_{\beta\Lambda} M$$

$$\mathit{second}(M, N) \to^{*}_{\beta\Lambda} N$$

が成り立つ．

自然数は，型なし λ 計算と同様に，チャーチの数字に基づいて表現する．チャーチの数字は $\lambda f.\lambda x.f(f(\cdots(fx)\cdots))$ という形をした λ 項である．これは，$(A{\to}A){\to}A{\to}A$ という形をした型により型付けできるので，これらを多相型でまとめて，自然数型 Nat として

$$\mathsf{Nat} = \forall\alpha.(\alpha \to \alpha) \to \alpha \to \alpha$$

と定義することができる．自然数は，多相 λ 計算の λ 項として

$$\Lambda\alpha.\lambda f^{\alpha\to\alpha}\lambda x^{\alpha}.f(f(\cdots(fx)\cdots))$$

と表現することができる．これは，型 Nat の λ 項である．零 0 や後継者関数 S はそれぞれ，以下のように表現される．

$$\overline{0} = \Lambda\alpha.\lambda f^{\alpha\to\alpha}\lambda x^{\alpha}.x$$
$$\overline{S} = \lambda m^{\mathsf{Nat}}.\Lambda\alpha.\lambda f^{\alpha\to\alpha}.\lambda x^{\alpha}.f(m\alpha fx)$$

与えられた自然数の回数だけ関数を繰り返し適用する**繰り返し演算子**(iteration operator) *iter* を

$$\mathit{iter} = \lambda f^{A\to A}.\lambda x^{A}.\lambda n^{\mathsf{Nat}}.nAfx$$

と定義すれば，

$$\mathit{iter}\,FZ\overline{0} \to^{*}_{\beta\Lambda} Z$$
$$\mathit{iter}\,FZ(\overline{n{+}1}) =^{*}_{\beta\Lambda} F(\mathit{iter}\,FZ\overline{n})$$

が成り立つ．そして，型 $A{\to}B{\to}A$ の項 F に対して，G_F は

$$\lambda x^{A\times\mathsf{Nat}}.(F(\pi_1(x))(\pi_2(x)), \mathit{succ}(\pi_2(x)))$$

の略記とすると，これに関して，

$$G_F(M,N) \to^{*}_{\beta\Lambda} ((FMN), \mathit{succ}(N))$$

が成り立つ．そして，*rec* を以下のように定義する．

$$rec = \lambda l^A.\lambda f^{A\times\mathsf{Nat}}.\lambda n^{\mathsf{Nat}}.\pi_1(iter\ \ (l,\overline{0})\ G_f\ n)$$

これは,

$$rec\ \ L\ M\ \overline{0} \to^*_{\beta\Lambda} L$$
$$rec\ \ L\ M\ \overline{n{+}1} =^*_{\beta\Lambda} M(rec\ \ L\ M\ \overline{n})\overline{n}$$

という性質を持つ．これを用いると階乗関数は,

$$rec\ \ (\lambda x^{\mathsf{Nat}}.\lambda y^{\mathsf{Nat}}.\,mul\ \ x\ y)\ \overline{0}$$

というふうに表現することができる．このように rec を用いれば，原始帰納的関数は多相 λ 計算で表現できる．

第 4 章の章末問題 4.3 で紹介した関数 ack が，型なし λ 計算で表すことができることについては，章末問題 5.4 でふれた．これと同様にして，多相 λ 計算の λ 項として表すことができる．

$$\lambda m^{\mathsf{Nat}}.\lambda n^{\mathsf{Nat}}.m\ (\mathsf{Nat}\to\mathsf{Nat})\ (\lambda f^{\mathsf{Nat}\to\mathsf{Nat}}.\lambda m^{\mathsf{Nat}}.f(m\ \mathsf{Nat}\ f\ \overline{1}))\ \ \overline{S}\ n$$

第 4 章の章末問題 4.3(iv) にあるように，関数 ack は原始帰納的ではない．多相 λ 計算で表現できる関数の集合は原始帰納的関数全体の集合よりも真に大きいことがわかる．

依存型

直感的には，λ 項がデータやプログラムを表現し，型はデータやプログラムの集合を表現している．数学では，データをパラメタとして持つような集合がある．例えば，n 次元実ベクトル空間

$$\mathbb{R}^n$$

は，自然数 n をパラメタとして持つ集合である．

型付き λ 計算においても，このように項をパラメタとする型を考えることができる．例えば，A の n 個の直積を表す型 A^n を考えることができる．さ

らに，次のような**依存型**(dependent type)と呼ばれる型を導入する．

$$\Pi n : \mathsf{Nat}.A^n$$

この型を持つ項 M があったとする．M を関数として，型 Nat の項 $\overline{3}$ に適用することができる．その項 $M\overline{3}$ の型は，A^3，すなわち，$A \times A \times A$ ということになる．このように，引数に依存して型が決まるので「依存型」と呼ぶのであろう．関数型 Nat→A の項 N も，型 Nat の項に適用することができるという点では共通であるが，適用した項の型は常に A であり，引数には依存していないという点で異なる．なお，

$$\Pi n : \mathsf{Nat}.A$$

という依存型は，関数型 Nat→A と同じものとなる．

一方，この Π と双対的なものとして，

$$\Sigma n : \mathsf{Nat}.A^n$$

という型がある．この型は「ある n が存在していて，A^n という型」を表す．項 M がこの型を持つとすると，Nat の項と，その項(n とする)に依存して決まる型 A^n の項とを得ることができる．これは第一成分の項に，第二成分の項の型が依存するような対であると考えられる．通常の対の射影と同様に，M の第一成分と第二成分を，$\pi_1(M), \pi_2(M)$ と書く．なお，

$$\Sigma n : \mathsf{Nat}.A$$

という依存型は，直積型 Nat×A と同じものとなる．

前者の依存型を **Π 型**(Π-type)，もしくは**依存関数型**(dependent function type)と呼び，後者の依存型を **Σ 型**(Σ-type)，もしくは**依存直積型**(dependent product type)と呼ぶ(1.1 節(h))．

多相型・依存型におけるカリー–ハワードの対応

λ 項 M を型変数 α により λ 抽象($\Lambda\alpha$)することを可能にしたのが，多相型のしくみであった．これをカリー–ハワードの対応で言い換えると，

命題 $\forall\alpha.A$ の証明 $\Lambda\alpha.M$ から，任意の型 B に対して，$A[x{:=}B]$ という命題の証明を得ることができる

ということになる．型変数 α は 2.3 節でみた二階の変数(アリティ 0)に対応し，多相型の $\forall\alpha$ は，二階の変数に対する全称 $\forall X$ に対応する．ただ，多相 λ 計算には，背理法のような古典論理を特徴付ける推論規則を証明することができないことが知られている．したがって，多相 λ 計算は，直観主義二階命題論理に対応するといえる．

一方，依存型の $\Pi x{:}\,A.P(x)$ は，項の変数による型の抽象を可能とするものである．命題を項により抽象すると考えれば，これは一階の変数 x に対する全称 $\forall x$ に対応するということになる．おおまかに言うと，依存型を持つ型付き λ 計算は，直観主義一階述語論理に対応し，依存型を持つ多相 λ 計算は直観主義二階述語論理に対応するのである．

章末問題

5.1　[5.1 節(c)] M の自由変数の全体からなる集合を $\mathbf{FV}(M)$ と書く．$\mathbf{FV}(M)$ を帰納的に定義せよ．

5.2　[5.1 節(c)] 通常の閉じた λ 項 M を，デブルーイン記法の λ 項に変換する関数 $\mathbf{deBruijn}(M)$ を定義せよ．ただし，デブルーイン記法の λ 項は次のように定義する．

$$M := x \mid n \mid (MN) \mid (\lambda M)$$

ただし，n は自然数(0 以上の整数)であり，束縛変数を表す．x は自由変数を表す．

[ヒント]　$\mathbf{dB}$(項, 変数の列) という関数を項の構造に関する帰納法により定義すればよい．

5.3　[5.2 節(a)] 文脈を用いて定義された β 簡約と，帰納的に定義された β 簡約が同じであることを証明せよ．

5.4　[5.2 節(b)] λ 項

$$ack = \lambda m.\lambda n.\, m\ (\lambda f.\lambda m.f(mf(\lambda f.\lambda x.fx)))(\lambda m.\lambda f.\lambda x.f(mfx))n$$

が

$$ack\ \overline{m}\ \overline{n} =_\beta \overline{ack(m,n)}$$

を満たすことを示せ．

5.5　[5.2節(b)]連言 *and*，選言 *or*，否定 *not* を表す λ 項を *true*，*false*，*if* などを用いて定義せよ．

5.6　[5.2節(b)]チャーチの数字が0であるという述語 *iszero* を表す λ 項を定義せよ．

5.7　[5.2節(b)]1以上の自然数ならば1減算した数を返し，0ならば0を返すような関数 *pred* を表す λ 項を定義せよ．

5.8　[5.2節(b)]5.2節(b)で定義した Θ は $\Theta M \xrightarrow{*}_\beta M(\Theta M)$ を満たすことを示せ．

5.9　[5.2節(d)]命題5.7を証明せよ．

5.10　[5.2節(f)]値呼び簡約では，5.2節(b)で紹介した *fact* のように，不動点演算子 Y を用いて定義された再帰的関数をうまく計算することができない．どのようにうまく計算できないのかを確かめて説明せよ．

5.11　[5.2節(f)]Y ではうまくいかないが，以下のように定義される Y_{cbv} ではうまくいく．Y_{cbv} を用いて *fact* を再定義し，*fact* $\overline{3}$ を計算して，うまくいっていることを確かめてみよ．

$$Y_{cbv} = \lambda f.(\lambda x.\lambda y.f(xx)y)(\lambda x.\lambda y.f(xx)y)$$

5.12　[5.2節(f)]$Y_{cbv} \to_\eta \cdot \to_\eta Y$ であることを示せ．

5.13　[5.3節(d)]以下の性質を証明し，単純型付き λ 計算の強正規化可能性を証明せよ．ただし，関係 R_A は，

$$R_\alpha = \{M \mid M \text{ は型 } \alpha \text{ で，強正規化可能}\},$$

$$R_{A\to B} = \{M \mid M \text{ は型 } A\to B \text{ で，強正規化可能で，}$$
$$\text{任意の } N \text{ に対して } N\in R_A \text{ ならば } (MN)\in R_B\}$$

と定義する．

(1) 次の性質を証明せよ．

(i) $R_A(M)$，かつ，$M \to_\beta M'$ ならば，$R_A(M')$．

(ii) M が変数もしくは関数適用であり，かつ，$M \to_\beta M'$ を満たす任意の M' に対して $R_A(M')$ が成り立つならば，$R_A(M)$ が成り立つ．

ただし，(ii)から次の性質(ii′)が自明に導かれることに注意せよ．

(ii′) M が変数もしくは関数適用であり，かつ，正規形ならば，$R_A(M)$ が成り立つ．

(2) 次の性質を証明せよ．M を型 A の λ 項とする．任意の変数 $x_1^{A_1},\ldots,x_n^{A_n}$ と，$R_{A_1}(N_1),\ldots,R_{A_n}(N_n)$ を満たす任意の λ 項 $N_1^{A_1},\ldots,N_n^{A_n}$ に対して，

$$R_A(M[x_1^{A_1}{:=}N_1,\ \ldots,\ x_n^{A_n}{:=}N_n])$$

が成り立つ．

(3) 型 A の λ 項 M は $M{\in}R_A$ を満たす．すなわち，任意の正しく型付けされた λ 項は，強正規化可能である．

5.14　[5.3 節(e)]5.3 節(b)で定義した明示的型付けでは，各変数に対して，あらかじめ一通りに型を対応付けていたが，それぞれの変数に型を対応付けるのではなく，λ 抽象において，$\lambda x{:}\,A.M$ というふうに束縛変数に対してのみ型を指定するような明示的型付けもある．λ 項を

$$M ::= x \ \mid\ \lambda x{:}\,A.M \ \mid\ (MN) \ \mid\ (M,N) \ \mid\ \pi_1(M) \ \mid\ \pi_2(M)$$

とし，型付け規則を定義せよ．

5.15　[5.3 節(h)]次のような型付け規則を考える．

$$\frac{1 \leqq i \leqq n}{x_1{:}A_1,\ \ldots,\ x_n{:}A_n \vdash x_i : A_i}$$

$$\frac{\{x : A\}{\cup}\Gamma \vdash M : B}{\Gamma \vdash \lambda x{:}\,A.M : A \to B}$$

$$\frac{\Gamma \vdash N : A \quad \{x : B\}{\cup}\Gamma \vdash M : C}{\{f : A \to B\}{\cup}\Gamma \vdash M[x := (fN)] : C}$$

$$\frac{\Gamma \vdash M : A \quad \Gamma \vdash M : B}{\Gamma \vdash (M,N) : A{\times}B}$$

$$\frac{\{x : A,\ y : B\}{\cup}\Gamma \vdash M : C}{\{z : A{\times}B\}{\cup}\Gamma \vdash M[x := \pi_1(z),\ y := \pi_2(z)] : C}$$

この型付け規則により型付けされる λ 項が正規形であることを示せ．

ちなみに，型判断 $x_1{:}A_1,\ldots,x_n{:}A_n{\vdash}M{:}A$ を $A_1,\ldots,A_n{\to}A$ と読み換える．関数型 $A{\to}B$ を含意 $A{\supset}B$ とみなし直積型 $A{\times}B$ を連言 $A{\wedge}B$ とみなすと，シーケント計算におけるカット規則以外の推論規則として読み換えることができる．カット規則に対応する型付け規則は

$$\frac{\Gamma \vdash N : A \quad \{x : A\} \cup \Gamma \vdash M : C}{\Gamma \vdash M[x := N] : C}$$

となる.

5.16　[5.3 節(i)]多相 λ 計算の λ 項

$$\lambda m^{\mathsf{Nat}}.\lambda n^{\mathsf{Nat}}.m\ (\mathsf{Nat} \to \mathsf{Nat})\ (\lambda f^{\mathsf{Nat} \to \mathsf{Nat}}.\lambda m^{\mathsf{Nat}}.f(m\ \mathsf{Nat}\ f\ \overline{1}))\ \ \overline{S}\ n$$

が, 正しく型付けされていることを確認せよ.

章末問題解答

第1章

1.1

(i) $2^{\varnothing}=\{\varnothing\}$, $2^{\{\varnothing\}}=\{\varnothing,\{\varnothing\}\}$.

(ii) $A^{\varnothing}$ は一つの関数からなる集合．$A^{\{\varnothing\}}$ は A に等しい($A^{\{\varnothing\}}$ の元は A の元と同一視できる)．

(iii) A から B への関数を $A\times B$ の部分集合と考えると，$\varnothing^{\varnothing}$ は一点集合 $\varnothing$ と定義することができる．また，$\varnothing^{\varnothing}$ を $\varnothing$ の要素の0個の列の集合と考えても，$\varnothing^{\varnothing}$ は空列から成る一点集合に等しいと考えた方が自然である．なお，集合 A の要素の数を $|A|$ で表すとき，$|A^B|=|A|^{|B|}$ が常に成り立つべきである．数学では0の0乗 0^0 が未定義とされるが，離散的な場合は，数学においても $0^0=1$ と考えるのが一般的である．

(iv) A^0 は一つの元からなる集合．$A^1=A$.

(v) $\varnothing^0$ は($\varnothing^{\varnothing}$ と同様に)定義されない．$\varnothing^1=\varnothing$.

(vi) $A^0\to B$ は B に等しい($A^0\to B$ の元は B の元と同一視できる)．$A^1\to B=A\to B$.

(vii) $\varnothing^0\to B$ は定義されない．$\varnothing^1\to B=B^{\varnothing}$.

1.3　$C^{A\times B}$ の要素である関数 f が与えられたとき，$a\in A$ に対して $g_a(b)=f(a,b)$ によって関数 g_a を定義する．すると，$a\in A$ に $g_a\in C^B$ を対応させる関数を f に対応させればよい．

第2章

2.18

(i) $\varGamma_\omega$ が矛盾していると仮定すると，閉じた論理式 $A_1,\ldots,A_n\in\varGamma_\omega$ が存在して，$A_1\wedge\cdots\wedge A_n\supset\bot$ が演繹体系によって証明可能である．$A_1,\ldots,A_n$ のうち，$\varGamma_0$ に追加された $\exists xA[x]\supset A[c]$ という形の論理式の中で，最後に追加されたものを $\exists xB[x]\supset B[d]$ とする．簡単のためにこれを A_n とすると，$A_1,\ldots,A_{n-1}$ に d は現れない．$A_1\wedge\cdots\wedge A_{n-1}\wedge(\exists xB[x]\supset B[d])\supset\bot$ が証明可能であるので，$\forall y(A_1\wedge\cdots\wedge A_{n-1}\wedge(\exists xB[x]\supset B[y])\supset\bot)$ も証明可能である．したがって，y は $A_1,\ldots,A_{n-1}$ に現れないので，$A_1\wedge\cdots\wedge A_{n-1}\supset\bot$ は証明可能である．このようにして，

Γ_0 に追加された論理式を順に除くことができるので，Γ_0 が矛盾してしまう．

(ii) 命題論理のコンパクト性の議論と同様．

(iii) Γ_ω を含む極大無矛盾集合を Γ^* とする．エルブラン領域を領域とする構造を定義する．閉じた原子論理式 $P(t_1,\ldots,t_n)$ は，Γ^* に現れるときに真に解釈する．こうして定義される構造のもとで，Γ^* に属する論理式は真になる(否定が Γ^* に属する論理式は偽になる)．論理式の大きさに関する帰納法による．おおよその議論は以下のようである．

命題論理の論理記号に対する議論は命題論理のコンパクト性の場合と同様．

閉じた論理式 $\exists xA[x]$ が Γ^* に属しているとき，$\exists xA[x]$ に対応して $\exists xA[x]\supset A[c]$ が Γ_0 に追加されたとすると，Γ_ω は極大無矛盾なので，$A[c]$ が Γ^* に属していなければならない．したがって，帰納法の仮定より $A[c]$ は真になるので，$\exists xA[x]$ も真になる．

閉じた論理式 $\forall xA[x]$ が Γ^* に属しているとき，Γ_ω は極大無矛盾なので，任意の閉じた項 t に対して $A[t]$ は Γ^* に属していなければならない．したがって，帰納法の仮定より $A[t]$ は真になるので，$\forall xA[x]$ も真になる．

(iv) Γ^* から作られた構造によって Γ_0 は充足される．

(v) Γ_0 が充足不能ならば，Γ_0 は矛盾する．したがって，Γ_0 の有限部分集合 $\{A_1,\ldots,A_n\}$ が存在して，$\neg A_1\vee\cdots\vee\neg A_n$ が証明できる．

第3章

3.6　タブローの中のシーケントに現れる論理式の大きさに関する帰納法により，論理式がシーケントの左辺に現れるならば，そのシーケントにおいて真となり，右辺に現れるならば偽になることを示す．タブローの中のシーケント $w{=}P_1,\ldots,P_m,\bigcirc A_1,\ldots,\bigcirc A_{m'}\to Q_1,\ldots,Q_n,\bigcirc B_1,\ldots,\bigcirc B_{n'}$ に対して，定義より，P_i は w において真となり Q_j は偽となる．シーケント $A_1,\ldots,A_{m'}\to B_j$ を崩して得られるシーケント(の一つ)を w' とする．w から w' へ到達可能である．

w' の求め方から，A_i が $\Box A$ という形でなければ，A_i を崩して得られる論理式に帰納法の仮定を用いることができる．A_i が $\Box A$ という形の場合，$\Box A$ が $A\wedge\bigcirc\Box A$(すなわち $A\wedge\bigcirc A_i$)に書き換わる．$A\wedge\bigcirc\Box A$ は $A,\bigcirc\Box A$ に崩されるので，さらに A を崩して得られる論理式に対して帰納法の仮定を用いることにより，A は w' において真であることがわかる．

また，$\bigcirc A_i$ は w' から到達可能なシーケントの左辺にも現れ続けるので，それらのシーケントにおいてもやはり A が真となる．したがって，w' において $\Box A$ が真となり，w において $\bigcirc\Box A$(すなわち $\bigcirc A_i$)が真となる．

右辺の B_j が $\Box B$ という形でなければ，B_j を崩して得られる論理式に帰納法の仮定を用いることができる．B_j が $\Box B$ という形の場合，$\Box B$ は $B\wedge\bigcirc\Box B$(すなわち $B\wedge\bigcirc B_j$)に書き換わる．$B\wedge\bigcirc\Box B$ は，B または $\bigcirc\Box B$(すなわち $\bigcirc B_j$)に崩される(どちらかが選択される)．タブローの作り方より，w は削除されなかったので，w' より，$\wedge$ 右によって B を選んで得られるシーケント w'' に到達可能である(w' 自身かもしれない)．B を崩して得られる論理式に対して帰納法の仮定を用いることにより，B は w'' において偽であることがわかる．したがって，w' において $\Box B$ が偽となり，w において $\bigcirc\Box B$(すなわち $\bigcirc B_j$)が偽となる．

3.7

(i) シーケント $w{=}P_1,\ldots,P_m,\bigcirc A_1,\ldots,\bigcirc A_{m'}\to Q_1,\ldots,Q_n,\bigcirc B_1,\ldots,\bigcirc B_{n'}$ に対して，$W_0(w)\neq\varnothing$ ならば，任意の j に対して，シーケント $A_1,\ldots,A_{m'}\to B_j$ を崩して得られるシーケント w' が存在して $W_0(w')\neq\varnothing$ が成り立つ．$w'_0\in W_0(w')$ とする．

B_j が $\Box B$ という形をしているとき，w'_0 より到達可能で B を偽にするような世界 w''_0 が存在する(w'_0 自身かもしれない)．この世界 w''_0 は，w' から到達可能で $\wedge$ 右によって B を選んで得られるシーケント w'' を偽にすることができる．したがって，$w''_0\in W_0(w'')\neq\varnothing$ が成り立つ．

以上のように，$W_0(\Gamma\to\Delta)\neq\varnothing$ を満たすシーケント $\Gamma\to\Delta$ は，タブローの構成中にお互いに依存し合って，決して削除されることはない．

3.14　シーケント s_k に現れる論理式の大きさに関する帰納法により，論理式が s_k の左辺に現れるならば w_k において真となり，右辺に現れるならば偽になることを示す．$s_k{=}P_1,\ldots,P_m,\bigcirc A_1,\ldots,\bigcirc A_{m'}\to Q_1,\ldots,Q_n,\bigcirc B_1,\ldots,\bigcirc B_{n'}$ に対して，監視情報付きクリプキ構造の経路の定義より，P_i は w_k において真となり Q_j は偽となる．また，s_{k+1} はシーケント $A_1,\ldots,A_{m'}\to B_1,\ldots,B_{n'}$ を崩して得られるシーケントの一つである．

s_{k+1} の求め方から，A_i が $\Box A$ という形でなければ，A_i を崩して得られる論理式に帰納法の仮定を用いることができる．A_i が $\Box A$ という形の場合，$\Box A$ が $A\wedge\bigcirc\Box A$(すなわち $A\wedge\bigcirc A_i$)に書き換わる．$A\wedge\bigcirc\Box A$ は $A,\bigcirc\Box A$ に崩されるので，さらに A を崩して得られる論理式に対して帰納法の仮定を用いることにより，A は s_{k+1} において真であることがわかる．

また，$\bigcirc A_i$ は $s_{k+2},s_{k+3},\ldots$ の左辺にも現れ続けるので，それらのシーケントにおいてもやはり A が真となる．したがって，s_{k+1} において $\Box A$ が真となり，

s_k において $\bigcirc\Box A$(すなわち $\bigcirc A_i$)が真となる．

右辺の B_j が $\Box B$ という形でなければ，B_j を崩して得られる論理式に帰納法の仮定を用いることができる．B_j が $\Box B$ という形の場合，s_k の右辺に $\bigcirc\Box B$ が現れているので，経路条件より，ある $k' \geqq k+1$ が存在してシーケント $s_{k'}$ は $\wedge$ 右によって B を選んで得られる．B を崩して得られる論理式に対して帰納法の仮定を用いることにより，B は $\pi^{k'}$ において偽であることがわかる．したがって，s_{k+1} において $\Box B$ が偽となり，s_k において $\bigcirc\Box B$(すなわち $\bigcirc B_j$)が偽となる．

3.15　π^k がシーケント s_k を偽にするように，うまく s_k を選んで行く．いま $s_k = P_1, \ldots, P_m, \bigcirc A_1, \ldots, \bigcirc A_{m'} \rightarrow Q_1, \ldots, Q_n, \bigcirc B_1, \ldots, \bigcirc B_{n'}$ まで選ばれたとする．s_{k+1} は，$A_1, \ldots, A_{m'} \rightarrow B_1, \ldots, B_{n'}$ を崩して得られるシーケントである．

特に，B_j が $\Box B$ という形をしているとき，$\Box B$ は $B \wedge \bigcirc\Box B$(すなわち $B \wedge \bigcirc B_j$)に書き換わる．$B \wedge \bigcirc\Box B$ は，B または $\bigcirc\Box B$(すなわち $\bigcirc B_j$)に崩される(どちらかが選ばれる)．このとき，π^{k+1} において B が成り立っているならば，B を選んで s_{k+1} を求める．こうすることにより経路条件が満たされる．

3.21　以下の図のようになる．

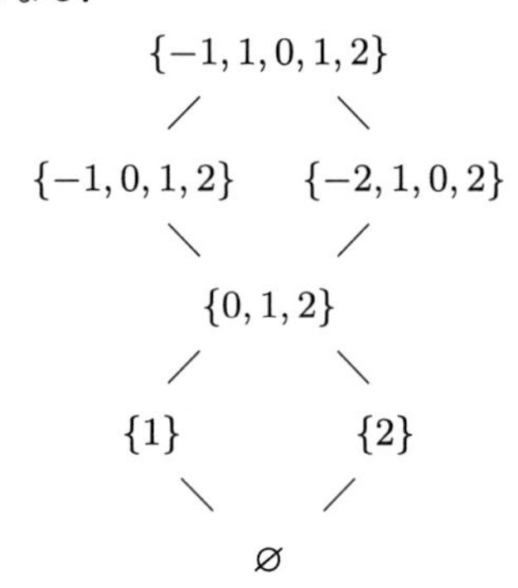

第4章

4.4　$f(x,y) = h(p(x,y))$, $h(z) = g_h(\mu w.(f_h(z,w)=0))$ と置く．$g(x) = \mu y.(f(x,y) = 0)$ を求めるには，$y=0$, $w=0$ と置いた後で，次のような手続きを実行すればよい．

- もし $f_h(p(x,y),w)=0$ かつ $g_h(w)=0$ ならば y を返す．
- もし $f_h(p(x,y),w)=0$ かつ $g_h(w) \neq 0$ ならば，y を 1 増やし $w=0$ と置き最初に戻る．
- もし $f_h(p(x,y),w) \neq 0$ ならば，w を 1 増やし最初に戻る．

この手続きに従ってチューリング機械を構成することができるので，部分関数 $g(x)$ は部分帰納的であることがわかる．

4.8

(i) $h(x){=}g(\mu y.(f(x,y){=}0))$ と置く．$f(x,y)$ と $g(y)$ は原始帰納的であるので，$f(x,y)$ と $g(y)$ を表現する論理式 $A_f[x,y,z]$ と $A_g[y,w]$ が存在する．すると，$h(x)$ を表現する論理式 $A_h[x,z]$ は，

$$\exists y(A_f[x,y,0]\wedge\forall y'(y'{<}y \supset \exists z' A_f[x,y',S(z')])\wedge A_g[y,z])$$

と定義することができる．

(ii) R_0 が帰納的であると仮定すると，R_0 の特性関数 $h(x)$ は帰納的であるので，$h(x)$ を表現する論理式 $A_h[x,y]$ が存在する．すると，演繹体系が無矛盾ならば，

$$R_0 = \{x \in \mathbb{N} \mid A_h[\overline{x},0] \text{ は証明可能}\}$$

が成り立つ．ところが，論理式 $A_h[x,0]$ の符号を x_0 とすると，x_0 が R_0 に属するとしても属さないとしても矛盾する．したがって，R_0 は帰納的ではない．

(iii) R を証明可能な論理式の符号の全体とする．R は帰納的に可算である．また，算術の演繹体系が完全ならば，論理式 A は証明可能でないことをいうには，$\neg\forall A$ が証明可能であることをいえばよい．したがって，証明可能でない論理式の符号の全体は帰納的に可算である．$\mathbb{N}{-}R$ は，論理式の符号でない自然数と証明可能でない論理式の符号の全体である．論理式の符号の全体は帰納的であるので，$\mathbb{N}{-}R$ は帰納的に可算である．したがって，R は帰納的であることがわかった．

(iv) (iii)より，演繹体系が無矛盾ならば R_0 は帰納的である．ところが，これは(ii)と矛盾する．

第5章

5.1 $\mathbf{FV}(x){=}\{x\}$, $\mathbf{FV}(\lambda x.M){=}M{-}\{x\}$, $\mathbf{FV}(MN){=}\mathbf{FV}(M){\cup}\mathbf{FV}(N)$.

5.2

$$\begin{aligned}
&\mathbf{deBruijn}(M) = \mathbf{dB}(M,(\,))\\
&\mathbf{dB}(x_i,(x_1,\ldots,x_n)) = i\\
&\mathbf{dB}(x,(x_1,\ldots,x_n)) = x\\
&\mathbf{dB}((MN),(x_1,\ldots,x_n)) = \mathbf{dB}(M,(x_1,\ldots,x_n))\mathbf{dB}(N,(x_1,\ldots,x_n))\\
&\mathbf{dB}(\lambda x.M,(x_1,\ldots,x_n)) = \lambda\mathbf{dB}(M,(x,x_1,\ldots,x_n))
\end{aligned}$$

5.5

$$\textit{and} = \lambda x.\lambda y.\ \textit{if}\ x\ y\ \textit{false}$$

$$\textit{or} = \lambda x.\lambda y.\ \textit{if}\ x\ \textit{true}\ y$$

$$\textit{not} = \lambda x.\ \textit{if}\ x\ \textit{false}\ \textit{true}$$

5.6 $\textit{iszero}{=}\lambda x.x(\lambda y.\textit{false})\textit{true}$

5.14

$$\frac{1 \leqq i \leqq n}{x_1 \!:\! A_1,\ \ldots,\ x_n \!:\! A_n \vdash x_i : A_i}$$

$$\frac{\Gamma \vdash M : A \to B \quad \Gamma \vdash N : A}{\Gamma \vdash MN : B}$$

$$\frac{\{x : A\} \cup \Gamma \vdash M : B}{\Gamma \vdash \lambda x{:}\ A.M : A \to B}$$

$$\frac{\Gamma \vdash M : A \quad \Gamma \vdash N : B}{\Gamma \vdash (M, N) : A \times B}$$

$$\frac{\Gamma \vdash M : A \times B}{\Gamma \vdash \pi_1(M) : A} \quad \frac{\Gamma \vdash M : A \times B}{\Gamma \vdash \pi_2(M) : B}$$

索　引

あ 行

か 行

さ 行

た 行

な 行

は 行

ま　行

や 行

ら 行

わ 行

■岩波オンデマンドブックス■

論理と計算のしくみ

2007年 6 月27日　第 1 刷発行
2013年 2 月15日　第 4 刷発行
2017年 2 月10日　オンデマンド版発行

著　者　萩谷昌己（はぎやまさみ）　西崎真也（にしざきしんや）

発行者　岡本　厚

発行所　株式会社　岩波書店
〒101-8002　東京都千代田区一ツ橋 2-5-5
電話案内　03-5210-4000
http://www.iwanami.co.jp/

印刷／製本・法令印刷

ISBN 978-4-00-730580-1　　Printed in Japan